Ingo Faustmann

Modellbahn

Clever sammeln und sparen

DB
221 107 - 6

Ingo Faustmann

MODELL BAHN

Clever sammeln und sparen

SCONTO

Lektorat: Rudolf Heym
Satz: satz-bau Leingärtner, Nabbung
Repro: Scanner Service
Umschlaggestaltung: Heinz Kraxenberger unter Verwendung eines Fotos der Gebr. Fleischmann GmbH & Co. KG
Herstellung: Gabriele Kutscha
Druck: MKT Print, Slovenia

Bildnachweis:
Willy Kosak/Archiv GeraNova
Zeichnungen der Leitfigur: Marek Mann

Die Deutsche Bibliothek – CIP- Einheitsaufnahme
Ein Titeldatensatz für diese Publikation ist bei der Deutschen Bibliothek erhältlich.

Neu bearbeitete Ausgabe 2005

ISBN 3-86517-061-7

Der Autor:
Ingo Faustmann, Jahrgang 1960, ist als freier Autor mit dem Thema Modelleisenbahnen bestens vertraut: Seit mehr als zehn Jahren verfasst er Berichte, Kolumnen und Bücher dazu. Bekannt wurde er durch seine kritischen Kolumnen in den deutschen Magazinen „BahnWelt" und „Modelleisenbahner" sowie in der österreichischen Fachzeitschrift „Schienenverkehr aktuell". Der Autor lebt, zusammen mit seiner Frau, seinen Katzen und seiner Modellbahn, in einem kleinen Ort in der Südeifel.

Einführung
Reich werden mit Modellbahnen?

Das ist der Traum eines jeden Modellbahnfans: Man investiert sein Geld in Loks und Wagen, fährt ein bisschen mit ihnen – und nach ein paar Jahren lassen sich überzählige Stücke mit „sauberem Gewinnaufschlag" locker wieder verkaufen. Auf diese Weise würde sich das Hobby nach einem ein mal angelegten Grundstock quasi von selbst finanzieren, da man sich von dem eingestrichenen Verkaufserlös einer veräußerten Lok ja schon mindestens eine neue kaufen könnte.
Die Frage ist daher: Gilt diese Wahrheit überhaupt – oder muss man sie sehr differenziert sehen und über eine profunde Marktkenntnis verfügen, damit man beim Sammeln nicht viel mehr Geld in den Sand setzt als man sich das auch nur in seinen kühnsten Träumen vorher ausgemalt hat? Ja: Stimmt das vielleicht alles überhaupt nicht, was uns einige Sammlerkataloge jährlich immer wieder aufs Neue nahe bringen wollen – und steigen womöglich mehr Sammler aus dem Markt aus als neue einsteigen, so dass die Preise immer weiter purzeln?
Wenn dem so wäre, dann käme es ja geradezu einer Katastrophe gleich, überhaupt Modelleisenbahnen zu sammeln. Ganz vorurteilsfrei lautet die Fragestellung daher: Wie komme ich an die Informationen und entwickle ein Gespür dafür, was am Markt „gehen könnte" – und was andererseits so absolut flopverdächtig ist, dass man sich daran lieber gar nicht erst die Finger verbrennen sollte.
Bei der richtigen Einschätzung der Marktlage will Ihnen dieses Buch helfen. Es wird Ihnen Informationen und Einschätzungen aufbereiten, die Sie als Insiderwissen so unter Garantie in keinem Sammlerkatalog irgendeiner Marke auch nur annähernd präsentiert bekommen. Und es wird sie in die Lage versetzen, mit größerer Sicherheit die Preisnotierungen für Modellbahnprodukte in der Zukunft abschätzen zu können.
Dabei darf freilich nicht vergessen werden, dass bei allen Hobbys, in denen die Sammelobjekte auch zur Wertanlage dienen sollen, nicht immer nur aktuelle Tatsachen, sondern zusätzlich auch unvorhersehbare psychologische Faktoren oder unternehmerische (Fehl-) Entscheidungen mit im Spiel sein können, die sich überhaupt nicht vorausberechnen lassen. Hier sind schon zwei davon:

- Modellbahnhersteller ABC hat schon einmal eine saubere Pleite hingelegt. Die gefeuerten Arbeiter der Fertigungsabteilung waren so sauer, dass sie am letzten Tag alle noch vorhandenen Ersatzteile in die nächsten Müllcontainer kippten, bevor der Letzte das Werkstor von außen zumachte. Dem nächsten Investor – der weit entfernt jenseits des großen Teichs sitzt – blieb nun nichts anderes mehr übrig als kundzutun, Verschleiß- und Ersatzteile könne man für Altprodukte der Marke überhaupt nicht mehr liefern. Die Folge: Dieses Fabrikat fällt bei Sammlern und erst recht bei Betriebsbahnern massiv in der Gunst und damit auch im Wert – ganz abgesehen davon, dass man in Szenekreisen immer wieder hört, der neue Eigentümer würde sich, wenn's irgendwie geht, am liebsten auch schon wieder von der Marke trennen, fände er bloß einen ernsthaften Interessenten …
- Produzent XYZ verfügt über so eine Marktmacht, dass er seine Kunden mit schöner Regelmäßigkeit massiv vor den Kopf stößt, so dass ihnen mehrmals jährlich Hören und Sehen vergehen. Alle digitalen Steuergeräte mussten die Modellbahnen vor gar nicht so langer Zeit wegschmeißen und gegen andere ersetzen, um neue mehr oder minder tolle Zusatzfunktionen überhaupt nutzen zu können. Und dann sind da noch die krass limitierten Hochpreisprodukte, die nicht mal jeder erstehen kann, der sie auch haben will. Immer mehr Sammler geben deshalb entnervt auf und überfluten mit ihrem eigenen Bestand nun auch noch den Second-Hand-Markt. Die Konsequenz: Der Sammlermarkt kippt und das Preisniveau jener Marke rutscht gewaltig in den Keller.

Beim Blick hinter die Kulissen der Szene wird uns Bert Eisenwahn helfen, der sich Ihnen in fünf unterschiedlichen Stimmungslagen immer dann präsentiert, wenn es einen besonders guten Tipp gibt – oder aber wenn etwas furchtbar ärgerlich ist.
Sehen Sie Bert einfach als den idealtypischen Sammler von Modelleisenbahnen an, sozusagen als den netten Nachbarn von nebenan, bescheiden und unauffällig: Er fährt mit einer zehn Jahre alten Rostlaube zur Arbeit, bei der schon zweimal in letzter Zeit die Heckscheibe rausgefallen ist, wenn man vorn die Fahrertür schwungvoll zugemacht hat – und er hat sich außer einer neuen Jeans im Winterschlussverkauf in den letzten drei Jahren nichts Neues zum Anziehen gekauft. Dafür aber schiebt er bei seinem Arbeitgeber massig Über-

stunden und am Wochenende Zusatzschichten, lässt sie sich auszahlen und kann sich deshalb viel mehr neue Loks und Wagen kaufen als die meisten seiner Freunde.

Bert ist also genau genommen der Hobbyfreund, den sich die Produzenten warm halten müssten, denn an ihm verdienen sie (wie auch die Händler und Versandhändler) mehr als an zwanzig Familienvätern, die einmal im Jahr zum ersten Advent in einen Laden hereingeschneit kommen und eine kleine Rangierlok zur Erweiterung ihrer bescheidenen Ovalanlage kaufen wollen. In diesem Buch werden wir sehen, wie die Industrie mit so einem Fan umgeht, dann ist die Frage einfacher zu beantworten, welche Tendenzen für das Modellbahnen-Sammeln in der Zukunft wahrscheinlich sein dürften.

Wir leben in einer Zeit, in der gerade eine neue Währung etabliert wurde. Preisangaben, die rückwärts gerichtet sind – also auf Vergangenem als Basiszeitraum aufbauen – werden in in diesem Buch stets in der altbekannten DM-Währung angegeben, schließlich werden Sammlerkataloge aus dem Zeitraum vor der Währungsumstellung auch nicht neu – und mit Euro-Preisen – gedruckt.

An dieser Stelle möchte ich es nicht versäumen, mich bei den Informanten aus Industrie, Handel sowie der Börsen- und Hobbyszene zu bedanken. Diese sind in diesem Werk allesamt mit Pseudonymen bedacht worden, um auch weiterhin tätig sein zu können.

Wenn Sie mit mir in Kontakt treten wollen, dann schreiben Sie bitte an den Verlag, der Ihre Zuschrift gern weiterleitet. Ihre Infos fließen dann gegebenenfalls in die nächsten kritischen Modellbahn-Ratgeber mit ein.

Ich wünsche meinen Lesern, dass sie die Informationen in diesem Buch mit Gewinn nutzen und auch in der Zukunft viel Freude mit unserem gemeinsamen Hobby haben werden – auch wenn Sie vielleicht schon morgen einmal eine neue Lok kaufen werden, die der Hersteller ein Jahr später in Fudern zum halbem Preis „raushaut", da sie im Handel einfach „nicht ging". So etwas sollte Sie nicht entmutigen, abgesehen davon, dass jedes Modell auch einen individuellen Wert hat – und der ist unabhängig davon, was am Markt gerade als Top oder Flop gehandelt wird.

Ihr Ingo Faustmann

Inhalt

Lektion 1

Die Modellbahn als Hobby: Sammeln, fahren – oder beides?

Bevor wir uns im Detail mit dem Hobby des Modellbahn-Sammelns als Wertanlage beschäftigen, darf zunächst einmal eine Frage gestellt werden, die da ganz platt ausgedrückt lautet: Ist es eigentlich normal, Modellbahnen zu sammeln – oder sind Eisenbahnmodelle nicht eigentlich zum Spielen und Fahren gedacht? Haben hier also etliche Leute das Hobby vielleicht missverstanden?

So eine Frage ist durchaus legitim, wenn man das Hobby mit anderen Sammelgebieten vergleicht. Mit Münzen und Briefmarken zum Beispiel. Diese beiden Sammelbereiche sind nämlich durchaus anders gelagert, denn historische Marken und Münzen haben im Prinzip keinen Gebrauchsnutzen – sieht man mal davon ab, dass man sie sich, in chicen Alben einsortiert, jeden Abend selbst anschauen kann, wenn einem das persönlich etwas bringt.

Modelleisenbahnen aber sind primär nicht unbedingt dafür gedacht, um in Schachteln oder Vitrinen aufbewahrt zu werden. Gewiss, wenn es nur genügend Leute gibt, die das anders sehen, wächst und gedeiht der Markt von ganz allein, nur müssen diejenigen, die diesen Markt als Hersteller bedienen, dann höllisch aufpassen, dass sie ihr Angebot auf exakt diese Käuferschaft zuschneiden und diese Kunden nicht gehörig vergrätzen. Was aber heißt das nun im Detail fürs Hobby und die Sammelleidenschaft?

These 1: Viele Leute sammeln „aus Versehen" Modellbahnen

Viele, die Miniatur-Eisenbahnen sammeln, haben das ursprünglich „eigentlich gar nicht so gewollt". Wie man weiß, benötigt man dreierlei für das Hobby: *Zeit, Geld und Platz.* Dabei ist eines klar: Ohne Geld geht überhaupt nichts. Wer nun finanziell nicht gänzlich schwach auf der Brust ist, hat aber sehr oft durchaus die Probleme, dass es ihm an Zeit und manchmal sogar an einem ausreichend großen Eisenbahnzimmer mangelt, um mit dem Hobby so richtig loslegen zu können. Zur Selbstberuhigung gibt man dann folgende Thesen aus:

- Wenn ich denn später mal in Rente gegangen bin, habe ich endlich massig Zeit – und dann mache ich nichts weiter als Modellbahn!
- Wenn die Kinder in zehn Jahren aus dem Haus sind, starte ich den riesigen Wanddurchbruch – und dann baue ich endlich die megagroße Anlage in den ehemaligen Kinderzimmern auf.

Also kann man sich behelfen und schon einmal damit anfangen, Loks und Wagen zu kaufen und bei sich zu horten, denn irgendwann wird sich schon die Gelegenheit ergeben, in geeigneten Räumlichkeiten und vielleicht bei einem Alters-Teilzeitjob genügend Zeit und Raum fürs schöne Hobby zu haben.

Bis dahin aber ist es noch lange hin, und so füllen sich langsam aber sicher das erste Ein-Meter-Regal mit Schachteln an Rollmaterial und die erste Vitrine mit ein paar darin ausgestellten Zügen, so dass man sich nicht nur als der pure „Schachtelbahner" fühlen muss.

Quasi ganz automatisch ist man zum Sammler avanciert, und deshalb kommt einem auch überhaupt nicht die Idee darüber nachzudenken, welchen Nutzen es einem eigentlich stiftet, bei sich an die 100 Loks „gebunkert" zu haben, mit denen man später fünf mittelgroße Bahnbetriebswerke auf einer Anlage mühelos füllen könnte.

Reift in einem dann noch weiter die Entscheidung, dass man als Sammler von allen Ärgernissen eines Betriebsbahners auf Dauer verschont bleibt, da man weder Ersatzteile braucht noch irgendwelche handwerkliche Fähigkeiten des Anlagenbaus beherrschen muss, dann hat sich das Hobby schleichend in eine ganz andere Richtung verlagert.

Und überhaupt: Wenn man will, könnte man sich ja jederzeit wieder von seinen unbenutzten Stücken trennen, sein Sammelgebiet leicht verändern und sich von den (mit Gewinn?) veräußerten Exemplaren wieder andere Neuware kaufen. Folglich ist es durchaus einleuchtend, dass man auch mit dieser Hobbyvariante eine Menge Freude haben kann.

These 2: Sammeln und Fahren schließen sich aus

Kommen wir noch einmal auf das anfangs erwähnte Briefmarken-Hobby zurück. Wer zum Beispiel seine Sammelabteilung „postfrische Briefmarken" sammlungswürdig erhalten möchte, der muss auf zweierlei Tatsachen gut aufpassen, die da wären:

- Wer eine Briefmarke rüpelhaft aus einem 10er-Block so herausreißt, dass es die Zacken schon leicht mitnimmt, hat die Marke für Sammler erfolgreich entwertet.

■ Und wer gar mal ganz gern ausprobieren möchte, ob es wirklich stimmt, dass die gummierten Rückseiten der Marken von vor 20 Jahren noch scheußlicher schmecken als diejenigen im aktuellen Jahrtausend, der hat den Wert so einer Marke mit einem einzigen Schleck gar sträflich von 100 auf null Prozent gebracht …

Was sich da fast schon witzig anhört, ist durchaus mit dem Modellbahnsektor vergleichbar. Eine absolut triviale Weisheit lautet dort nämlich:

Was gebraucht ist, ist nicht mehr neu – und damit unter Puristen auch nicht mehr sammlungswürdig.

Das klingt logisch, wird aber von zahlreichen Hobbyfans gar zu oft vergessen, die der irrigen Ansicht sind, eine Doppelstrategie würde folgendermaßen funktionieren: Erst fährt man so lange mit einer Lok wie man Lust hat – und dann bietet man sie als „Fast-Neuware" auf dem Sammlermarkt an.

Diese Pseudo-Strategie ist nicht nur töricht, sondern geht völlig am Markt vorbei. Denken Sie nur an den Automarkt mit seinen Tageszulassungen: Wer einen (vom Hersteller oder Händler subventionierten) Neuwagen als Tageszulassung erwirbt, kauft im Prinzip ein Auto, mit dem der Chef vielleicht zweimal um seinen Hof herumgegurkt ist und ihn zu diesem Zweck auf seinen Namen zugelassen hat. Das Resultat für Sie als Käufer: Sie werden stolzer Zweitbesitzer bei einem Kilometerstand von 20 und zahlen um die 10 % weniger für das Gefährt als den offiziellen Listenpreis, ohne nun derbe handeln zu müssen. So ein Rabatt kann also bei einem Auto in der Preisklasse von 25.000 € bereits 2.500 € ausmachen – und das ist nicht gerade wenig Schotter.

Wer nun mit einer neuen Lok mehr als auch nur einen Meter einmal hin- und zurückfährt, sollte nicht ernsthaft glauben, so ein gebrauchtes Modell später zu Höchstpreisen in den Sammlermarkt drücken zu können. Besuchen Sie einmal ein paar sogenannte Tauschbörsen und Sie werden sehen, dass es genügend Modellbahnfreaks gibt, die diesem krassen Missverständnis erlegen sind. Abgedroschene Phrasen wie: „Ist fast wie neu" zeigen eindeutig, dass Anbieter solcher Gebrauchtware offenbar keinen blassen Schimmer davon haben (oder haben wollen), was einen Sammler eigentlich entzückt. Ist ein Stück also „höchstens eine Stunde gelaufen, wirklich!", dann ist das meist eine vornehme Umschreibung dafür, dass einem die abgefahrenen Haftreifen meist schon entgegenfallen, will man die Lok auch nur einmal zur Ansicht aus der Schachtel nehmen.

These 3: Gesammelt wird nicht nur das Gehäuse

Ein auf Tauschbörsen und von Second-Hand-Händlern sehr gern gebrauchtes Argument geht in die Richtung, dass es eigentlich nur die Haube einer Lok bzw. eine bestimmte Lackierungsvariante oder Betriebsnummer sei, die dasjenige Produkt als teuer und sammlungswürdig ausweist. Soll heißen: Auch wenn die „Mühle" absolut abgespielt ist, ist sie dennoch extrem selten am Markt und kostet deshalb gepfeffert viel Geld. Da viele Loks und Lokvarianten auf der gleichen Plattform aufgebaut sind, könne sich der Käufer ja dann zusätzlich eine fast identische neue Lok der gleichen Produktfamilie nachkaufen, das Unterteil umsetzen – und so ganz locker die Maschine wieder in den „neuen Ursprungszustand" bringen …

So eine Betrachtungsweise mag im Einzelfall schon möglich sein, vorausgesetzt der Hersteller hat in der Zwischenzeit wirklich keine einzige Änderung am Fahrgestell oder Innenleben einer Lok vorgenommen (was meist so nicht hinkommt); doch lässt diese Sichtweise außer Betracht, dass es der Käufer wäre, der auf eigene Kosten eine zweite Lok kaufen müsste, um aus zwei Maschinen letztendlich eine für den Sammlermarkt brauchbare zu basteln. Daneben gilt es zu bedenken:

- Für Sammler ist nicht nur der einwandfreie Zustand einer Lok interessant, sondern auch die Existenz des Originalkartons. Es gibt durchaus Fabrikate, da zahlen Leute bei Versteigerungen für einen vierzig Jahre alten Originalkarton („OKT") in tadellosem Zustand 100 € oder noch mehr, da eine wertvolle ältere Lok mit OKT alles und ohne OKT überhaupt nichts wert ist!
- Die OKTs sollten im Übrigen nicht nur einfach „da" sein, sie sollten auch so perfekt aussehen wie die Loks oder Wagen, die sich innen drin befinden. Das „vergessen" gern viele Börsenprofis, die ihre Kartons jedes Wochenende auf so viele Börsentische nacheinander knallen, bis die letztendlich so aussehen, dass dem Sammler schon beim ersten Anblick das schiere Entsetzen erfasst. Ganz abgesehen davon macht es sich wirklich „hervorragend", wenn auf einem OKT die Preisschilder schon viermal abgerissen wurden und stattdessen jemand nun mit einem Filzstift draufgeschmiert hat, wieviel das mehr oder minder gut erhaltene Stück innen drin denn nun bringen soll …

These 4: Sammler brauchen keine Zusatznutzen

In den letzten Jahren haben Hersteller die Tendenz verstärkt, elektronische Spielereien jeglicher Art in Modellbahnprodukte hineinzubauen, wohl auch um potentiellen Hobby-Interessenten zu zeigen, dass die Modelleisenbahn ein sehr modernes Hobby sei, welches sich keineswegs vor der Computer-und-Co.-Generation verstecken müsse.

Einige Highlights aus diesem Angebot:

- Wer will, kann seine ganze Anlagensteuerung über den PC laufen lassen, möglichst noch so, dass alles komplett automatisch abläuft. Den Spielspaß, den die Modellbahn eigentlich mal bieten sollte, entwickelt man auf diese Weise langsam aber sicher zu einem Programmierspaß für PC-Freaks um.
- Bei Loks kann man Zusatzscheinwerfer oder Lokpfeifen separat zuschalten, Bremsenquietschen simulieren – oder sogar Dieselmotoren digital dröhnen lassen, die dann zwar – zugegeben – im Miniaturformat meist entsetzlich hohl oder blechern klingen, womit man aber nach Meinung vieler Fortschrittsexperten den Markt, wie es so schön heißt, „total innovativ" bereichert, das alles gegen einen satten Preisaufschlag, versteht sich.
- Wem es schon nicht vergönnt war, in seinem Hauptberuf Lokführer zu werden, um im anstrengenden Schichtwechseldienst wöchentlich viele Überstunden absolvieren zu dürfen, der kann sich mit sogenannten Video-Überwachungswagen die Perspektive des Lokführers einfach auf den heimischen Bildschirm holen. Alles in allem also ein toller passiver Spaß, wenn man vom heimischen Oh rensessel im ersten Stock aus im TV-Gerät hautnah verfolgen kann, wie der einen Stockwerk tiefer kreisende geschobene Wendezug schon wieder in der kritischen Tunnelweiche entgleist und einem zwei Sekunden später der ICE aus der Gegenrichtung in die Flanke rast.

Bleiben wir einmal bei diesen Funktionswagen, die, vollgestopft mit moderner Technik, durchaus zwischen 500 und 1.000 € im Laden kosten. Das ist verdammt viel Geld für den Betriebsbahner, der in der Praxis seine Hobbymark meistens zweimal umdrehen muss, bevor er sich etwas leistet – oder anders gesagt: Solche Produkte übersteigen oft das Budget derjenigen, für die sie eigentlich gedacht sind.
Dem Sammler wäre der Preis so eines Videowagens noch ziemlich egal, nur hat er leider überhaupt kei-

nen Nutzen davon: Weder bei Aufbewahrung in der Schachtel noch als Standmodell in der eigenen Vitrine offenbart sich ihm der Produktvorteil so eines technischen Wunderwerks im Miniaturmaßstab.
Und noch schlimmer: Der Sammler, der seine Neukäufe auch unter dem Aspekt der Wertsteigerung sieht, wird sich dreimal überlegen, ob er in ein so teures Teil überhaupt Geld investiert oder es tunlichst bleiben lässt. Denn: Verkaufen könnte er es allerhöchstens später an die aktiven Betriebs- und Spielbahner – aber diejenigen, die sich so etwas gegenwärtig aus Kostengründen nicht zulegen, werden fünf Jahre später dafür ganz sicher nicht noch einmal 20 % mehr bezahlen wollen, als die teuren Artikel schon heute im Laden kosten.
Somit bewegen sich die Hersteller bei dem Spagat, sich zeitgemäß-innovativ zu geben und dabei trotzdem die (finanziell potente) Sammlerschaft zu bedienen, auf einem gefährlich schmalen Weg. Da kann man schnell viel falsch machen, so dass letztendlich zunächst die aktiven Spiel- und Betriebsbahner aufgrund des Preisniveaus aussteigen – und im nächsten Schritt dann auch noch gleich die Sammler, die mit bestimmten Produktlinien nun rein gar nichts anfangen können. Kommt es dazu, so ist die Zeit für die Herren Geschäftsführer und Vertriebsleiter gekommen, sich nach einem finanzkräftigen Investor für die eigene Marke umzusehen …

These 5: Der Markt ist heftig ins Schlingern geraten

Je weiter wir in das Thema einsteigen, um so deutlicher wird eine Tendenz, die man von den Händlern in der Branche immer häufiger bestätigt bekommt:
Immer weniger Fans kaufen immer mehr Modellbahnartikel.
Oder anders gesagt: Die finanzielle Mittelschicht steigt verstärkt aus, je teurer das Hobby wird. Umsatzmäßig wird das aber durch diejenigen aufgefangen, die – möglichst noch systematisch – sammeln und deshalb einen Hobbyetat zum Ausgeben haben, mit dem sie mühelos 10 Betriebs- und Spielbahner auf einmal ersetzen können.
Diese Tendenz sollte eigentlich jeden Sammler erfreuen, denn sie heißt in der praktischen Umsetzung nichts anderes, als dass es die Hersteller nun (wenn sie es nur richtig anfangen) verstärkt auf den Sammlermarkt abgesehen haben und deshalb die fahrenden Spielspaß-Bahner mehr und mehr vernachlässigen. Damit müsste der Sammlermarkt rein theoretisch wachsen und das hieße, dass man sein

Geld relativ risikolos in Modelleisenbahnen anlegen könnte. Wir werden allerdings noch analysieren, dass dies in der Praxis so nicht ganz bestätigt wird. Eine nicht ganz unbedeutende Firma am Markt wird dennoch nicht müde, einmal jährlich die neuesten Absatzzahlen bekanntzugeben, und die lauten mit schöner Regelmäßigkeit jedes Jahr immer wieder neu:

1. *Der Umsatz ist schon wieder um ein paar Prozentpunkte gestiegen, und*
2. *wir verkauften auch im letzten Jahr wieder ganze Europaletten an Anfangspackungen und sorgten somit für den kolossal starken Nachwuchsschub fürs Hobby.*

Fangen wir mal bei der zweiten Behauptung an, die sich der objektiven Nachprüfbarkeit weitgehend entzieht – abgesehen von dem subjektiven Eindruck, dass eigentlich so langsam jede Familie hierzulande mindestens drei Anfangspackungen auf ihrem Dachboden verstaut haben müsste, rechnet man die herausposaunten Erfolgszahlen der letzten zehn Jahre einmal wirklich zusammen.

Doch selbst wenn es so wäre, heißt das noch gar nichts, denn der Sprung von den preislich subventionierten Anfangspackungen hin zum zügigen (und teuren) Ausbau des Hobbys als Systemspielzeug ist kein Automatismus: Die meisten Käufer kommen nämlich über ihre einmal erworbene Startpackung nicht hinaus und stehen dem Hobby somit gar nicht weiter zu Verfügung. Und zu den Umsatzsteigerungen ist ganz generell anzumerken:

Umsatz ist nicht gleich Gewinn.

Das klingt banal, heißt aber letztendlich, dass man aus einer reinen Umsatzzahl noch überhaupt gar nichts schlussfolgern kann. Nehmen wir einmal an, der fiktive Hersteller „Die Spiel- und Rumpelbahner Metall-GmbH" trumpft mit 3 % Umsatzzuwachs im abgelaufenen Geschäftsjahr auf. Dann könnte das theoretisch sogar Folgendes heißen:

- Da der Hersteller am Jahresanfang die Preise um fünf Prozent, wie es so schön heißt, „nach oben angepasst" hatte, setzte er de facto um zwei Prozent weniger Ware um als noch ein Jahr zuvor.
- Hat der Produzent sein Programm bereinigt, alle 100-€-Loks aus dem Angebot geworfen und gegen Sammlerware der Preisklasse 200 € ersetzt, dann heißt das genaugenommen: Bei einem Umsatzeinbruch von fast 50 % – gemessen an seinem Stück-Umsatz – bleibt das Umsatzvolumen trotzdem gleich, denn der Anbieter hat ja fürs gleiche Geld wie ein Jahr zuvor Ware verkauft!

Diese Tatsache ist für Sie als Sammler, der auch mit der Wertstabilität oder gar dem Wertzuwachs von Modellbahnprodukten liebäugelt, eminent wichtig. Kaufen also immer weniger Leute immer mehr teure Produkte, dann bedeutet dies in letzter Konsequenz:

1. Die Anzahl der Hobbyfreunde stagniert oder nimmt gar ab, da verstärkt Spiel- und Betriebsbahner aussteigen.
2. Da das Preisniveau gleichzeitig groteskerweise weiter steigt (weil Hersteller die Sammler im Visier haben), wird es in der Zukunft noch schwieriger, neue Hobbyfreunde zu gewinnen.
3. Jeder (Extrem-) Sammler, der irgendwann entnervt aufgibt, da er bei der hochpreisigen Neuheitenflut auch nicht mehr mithalten kann oder will, reißt ein ziemliches Loch in die Kasse der Händler, Halbprofis und Spekulanten, da tendenziell weniger Sammler auf hohem Niveau wieder „nachwachsen" als gerade aus der Szene aussteigen.
4. Nimmt der Markt also ab (während aber gleichzeitig jedes Jahr aufs Neue eine wahre Neuheitenflut auf uns einströmt, die gesammelt werden kann und muss), dann beginnt ein zum Teil ruinöser Verdrängungswettbewerb auf Seiten der Anbieterschaft. Folglich purzeln die Preise, da man sich in einem sinkenden Markt bevorzugt über den Preis profilieren kann.
5. wird es dann für den Sammler, der auf Wertstabilität seiner Loks und Wagen pokert, immer wichtiger, die Tendenzen und Trends des sehr differenzierten und komplizierten Marktes richtig einzuschätzen, damit er sich nicht diejenigen Artikel hinlegt, die schon nach einem Jahr nur noch die Hälfte ihres ehemaligen Verkaufspreises wert sind.

These 6: Der Sammler und Fahrer kauft im Doppelpack

Und damit sind wir – als Bonbon dieser Analyse – schon beim totalen „Auswuchs" der Szene angekommen. Die Beschäftigung mit Loks und Wagen auf der eigenen Anlage macht freilich auch heute immer noch am meisten Spaß. Deshalb ist ja das Rollmaterial genaugenommen in letzter Zeit überproportional teuer geworden, denn alles muss nicht nur superdetalliert sein, sondern die Loks haben zudem ruckfrei anzufahren, sich leise auf der Anlage zu bewegen, möglichst schon im Kriechtempo voll beleuchtet zu sein – und sollten als

I-Tüpfelchen die vorbildgerechte Höchstgeschwindigkeit nicht krass überschreiten.
Da Sammeln und Fahren sich, wie wir gesehen haben, ja leider fast ausschließen, gedeiht langsam aber sicher eine nicht unvermögende Hobbyschicht, die mein Händler Ole so charakterisiert:
„Die Tendenz geht zweifelsohne zur Zweitlok."

Was verbirgt sich hinter dieser sonderbar klingenden Aussage?
Tatsächlich gibt es Leute, die kaufen sich eine neue Lok gleich im Zweierpack, damit sie mit der einen fahren können, während die andere als Sammelobjekt unberührt im Originalkarton im Eisenbahnregal auf eine Wertsteigerung hoffen darf. Dass man diese Spielart finanziell nicht unbegrenzt lange durchhalten kann, ist sicher jedem Leser sofort einleuchtend.
Deshalb grenzen die meisten Hobbyfans, wie wir noch sehen werden, ihr Sammel- und Fahrgebiet auch immer weiter ein. Das heißt, sie spezialisieren sich in einem inzwischen stark ausufernden Neuheitenangebot und suchen sich daraus nur noch diejenigen Artikel heraus, die exakt zum eigenen Gebiet passen. Folglich wird der Sammlermarkt dadurch fast zu einem Lotteriespiel, den nur noch derjenige durchschauen kann, der sich täglich mit Marktpreisen und Sammler-Vorlieben beschäftigt.
Und wer das Hobby in letzter Konsequenz mit System betreiben will, der differenziert nicht nur zwischen dem Sammler und dem Betriebsbahner, sondern noch eine Stufe weiter so wie unser Hobbyfreund Hinnerk Harms. Hinnerk verrät uns:
„Ich kaufe mir jede Märklin-Neuheit, die meinem Sammelgebiet entspricht, dreimal. Lok 1 ist zum Fahren gedacht. Mit der mach' ich also Geld kaputt, habe aber meine Freude damit. Lok 2 ist für die Vitrine gedacht. Die würde ich auch dann behalten, sollte ich mich mal von Lok 1 wieder trennen, falls ich meine Anlage auf eine andere Epoche umstellen sollte. Und Lok 3 ist das echte Sammlerstück: Die schweiße ich samt Schachtel mit einem Einschweißgerät in Folie ein und lagere sie staubdicht und abgeschieden vom Sonnenlicht in meinem Keller, wo ein Raumtrockner die Temperatur auf konstant 19° C bei 45% Luftfeuchtigkeit hält. Damit kann die Maschine, optimal gelagert, nicht schon durch meine eigene Dummheit wirklich an Wert verlieren!"

Bei dieser Spielart des Sammelns staunt man fast Bauklötze. Damit hätten wir also einen Fan, der salopp gesagt mit seinem Umsatz fast einen ganzen Modellbahnshop am Leben hält. Ich kann nur hoffen, dass es seinem Händler gelingt, für ihn wirklich jede auch noch so limitierte Neuheit dreimal heranzukarren, denn wenn Hinnerk ansonsten schon morgen die Lust am Sammeln verliert und aufhört, dann ist der Laden, der ihn mit den weißen und grauen Schachteln „aufrüstet", vielleicht ganz rasch pleite, da er diesen Umsatzeinbruch beim besten Willen nicht anderweitig auffangen kann.
Was will das alles dem Sammler-Spezialisten sagen? Der Markt wie auch die Vorlieben der Modellbahner und Sammler werden immer komplexer, so dass Verallgemeinerungen, was auf jeden Fall gesammelt wird und was schon bei Auslieferung durch den Hersteller als Megaflop gelten muss, meist einen hohen Unsicherheitsfaktor aufweisen. Nur wer bereit ist, Zeit (und natürlich Geld) zu investieren und ganz tief in die Szene einsteigt – wozu auch eine gute Portion psychologisches Einfühlungsvermögen gehört –, eignet sich wirklich dafür, das Modellbahn-Sammelhobby auch unter dem Aspekt der Wertanlage zu betreiben.

Wer sich noch immer auf Plattheiten der Branche verlässt und zum Beispiel glaubt, je limitierter eine Neuheit ist, desto senkrechter werde sich automatisch ihr Wertzuwachs entwickeln, der hat leider herzlich wenig vom aktuellen Sammlermarkt verstanden.

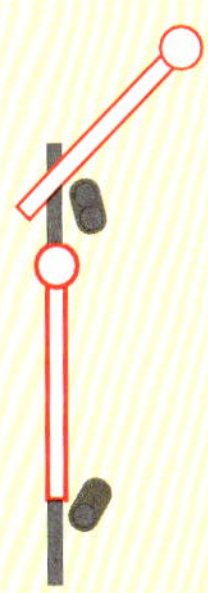

Derjenige kann sich allerhöchstens damit trösten, dass er sich in guter Gesellschaft befindet. Denn jedes Jahr bricht mit schöner Regelmäßigkeit eine unübersehbare Anzahl an Fach- und Versandhändlern für Modellbahnen unter einem riesigen Warendruck zusammen und muss Pleite anmelden, weil die Inhaber auf die falschen Produkte (oder auf die falschen und angeblich so fachhandelsfreundlichen Firmen) gesetzt haben. Und das, obwohl man eigentlich annehmen sollte, dass gerade diejenigen Experten, die sich beruflich mit Modellbahnen beschäftigen, in der Lage sein müssten, die Marktlage und die Vorlieben der Käufer richtig einzuschätzen ...

LÖWENBRÄU
MÜNCHEN
DIE GROSSE WELTMARKE

Lektion 2

Systematisch sammeln: Was ist „in" und was „total out"?

Wer sich mit dem Sammeln von Modelleisenbahnen auseinandersetzt, sollte zunächst einmal in sich gehen und abklären, was er eigentlich primär will:

- Entweder eine Sammlung nach eigenem Interessengebiet aufbauen und davon im Laufe der Zeit auch mal wieder etwas – am besten mit Gewinn – weggeben, oder aber
- ausschließlich nach dem Aspekt der Wertanlage kaufen, um später einmal die erworbenen Artikel mit einem Aufschlag weiterzuveräußern.

Wer beim Lesen jetzt stockt, hat schon einmal das Grundproblem verstanden: Viele sammeln nämlich zunächst einmal das, was ihnen persönlich am besten gefällt und nehmen an, das seien exakt die Sachen, die auch anderen gefallen und deshalb später locker wieder „losgeeist" werden können.

Dazu ist generell zu sagen:

- Die absolute Fehleinschätzung des Marktes nach dem Motto: „Was ich klasse finde, finden auch alle Hobbykollegen toll!" teilen viele Fans mit zahlreichen Modellbahnhändlern, die es eigentlich besser wissen müssten und kaufmännische Gewinnerwartungen sauber von eigenen Vorlieben zu differenzieren haben, wollen sie am Markt dauerhaft überleben.
- Was beliebt ist, muss noch lange nicht begehrt sein! Selbst wenn Sie also zufällig den „Zeitgeist" exakt treffen und das sammeln, was den meisten anderen Modellbahnfans auch gefällt, so heißt das noch lange nicht, dass exakt diese Artikel später auch im Wert steigen werden, denn wenn die Industrie den Markt richtig eingeschätzt hat, dann wird sie – wenn sie klug ist – vor allem diejenigen Produkte in großen Stückzahlen produzieren, für die es auch eine große Nachfrage gibt. Bei einer großen Produktionsauflage ist es aber zweifelhaft, ob diese Produkte in absehbarer Zeit am Markt einen Wertzuwachs erzielen werden.

Die Frage ist also: Was tun? Soll ich lieber das sammeln was mir gefällt – oder das, von dem anzunehmen ist, dass es im Wert auf jeden Fall steigen dürfte? Klar: Am besten wäre es, wenn die eigenen Vorlieben und die am Markt im Wert steigenden Objekte sich überschneiden oder gar deckungsgleich sind. Das kann passieren, nur meist ist es nicht so.

Deshalb empfehle ich Ihnen Folgendes:

- Sie sind kein Händler, sondern Modellbahnfreund. Damit haben Sie sich für ein schönes Hobby und gegen einen speziellen Beruf entschieden. Denn wenn Sie täglich von morgens bis abends nur mit dem Verkauf von Modellbahnprodukten, unzufriedenen Kunden, knallharten Hersteller-Attacken und womöglich noch dem netten Bankdirektor von nebenan zu tun hätten, der Ihnen gerade den Dispo um 50% gekürzt hat, weil er selbst das Risiko seiner Bank minimieren möchte, dann hätten Sie womöglich überhaupt keine Freude mehr am Sammeln von schönen Loks und Wagen.
- Ist die Gewinnerzielungs-Absicht also nicht Ihr Beruf, dann liegt es nahe, sich vor allem mit den schönen Seiten, die das Hobby bietet, auseinanderzusetzen. Dabei ist es sicher nicht verkehrt, auch ein bisschen darauf zu schielen, was vielleicht später am Markt gut gehen könnte. Denn es ist ja nicht verboten, sein eigenes Hobby dadurch mitzufinanzieren, dass man Teile davon später mal wieder teurer abgeben und sich damit umgerechnet die nächsten Neuheiten günstiger kaufen kann. Das ausschließliche Streben nach Profit verdirbt aber auf die Dauer unter Garantie die Freude am Hobby.
- Nicht ganz unlogisch ist es, dass Sie sich in Ihrem eigenen Sammelgebiet am besten auskennen. Deshalb können Sie auch dort treffsicherer eine Prognose wagen, was wohl jetzt und in der Zukunft am Markt „gehen" könnte und was nicht. Folglich ist die Chance größer, dass Sie sich beim Kauf von Artikeln, die auch (aber nicht ausschließlich!) der Wertanlage dienen sollen, in diesem Bereich nicht so stark „verpokern" werden. Ganz abgesehen davon: Warum wollen Sie sich als moderner Epoche V-Bahner, der quietschrote Loks liebt, denn eigentlich eine bestimmte Länderbahnlok der Epoche I hinlegen, nur weil die in dem Ruf steht in der Zukunft zu einem gesuchten Sammlerobjekt zu avancieren?

Wenn Sie sich die Second-Hand-Profis ansehen – also diejenigen Leute, die haupt- oder nebenberuflich mit Modellbahnen handeln –, dann bekommen Sie auf den Börsentischen dieser Experten auch kein Angebot präsentiert, das wie Kraut und Rüben aussieht, denn auch diese Fachleute haben sich auf etwas spezialisiert. Es macht sich also nicht gut, auf seinem Tisch eine Mischung von Spur Z-Gleisen, Gleichstrom-HO-Loks der Epoche II und Wechselstrom-Maschinen der Epoche V aufzutürmen und dieses Sortiment noch mit einer Puppenküche zu garnieren. Tun Sie sich so etwas nicht an, denn das wäre so, als würden Sie gleichzeitig mit hochwertigen deutschen Sportwagen wie mit koreanischen Autos der unteren Mittelklasse handeln.

Blechspielzeug – eine Chance für den Sammler?

Ich nehme an, dass die meisten Leser dieses Buches sich mit zeitgemäßen Modellbahnprodukten beschäftigen – Modellen also, die innerhalb der letzten 20–25 Jahre gebaut worden sind. Schon manchem hat sich in der Vergangenheit die Frage gestellt, ob er unter Wertgesichtspunkten nicht vielleicht „völlig falsch" sammelt, denn so richtig teuer ist meist die ältere Ware, die schon 50 Jahre und mehr auf dem Buckel hat.

Es gibt Fachmagazine, die regelmäßig über Auktionsergebnisse informieren und die über Highlight-Preisgebote von Modellbahnspielzeug auf Versteigerungen ganz entzückt berichten. Da kann es durchaus mal vorkommen, dass einem Sammler ein Uraltbahnhof von Märklin, der sich auch heute noch im Topzustand befindet, einfach 1000 € mehr wert ist als der gerade von irgendeinem jährlich publizierten Sammlerkatalog taxiert wird. Und wenn sich gar zwei streiten und sich gegenseitig hochbieten, da sie dieses edle Teil unbedingt besitzen müssen, dann kann der Preis für so ein gesuchtes Objekt ganz rasch in schwindelerregende Höhen steigen (zusätzlich zu dem dann auch noch fälligen sogenannte Aufgeld für den Auktionator, auf das es in solchen Preiskategorien aber offenbar auch nicht mehr ankommt).

Bedenken Sie, dass es sich hier um einen gänzlich anders gelagerten Liebhabermarkt handelt, der mit den heutigen modernen Modelleisenbahnen im Prinzip rein gar nichts mehr zu tun hat. Wenn Sie hier einsteigen wollen und über das nötige Kleingeld verfügen, dann können Sie, grob verallgemeinernd, relativ sicher sein, dass zum Beispiel Märklin-Blechspielzeug, dass noch aus Formen von vor dem Zweiten Weltkrieg hergestellt wurde, bei gutem Erhaltungszustand tendenziell zumindest nicht im Wert sinken wird. Ganz gewiss sind solche Objekte schön anzusehen, aber zum Fahren auf Ihrer eigenen Anlage eignen sie sich nun wahrhaftig nicht – und wenn Sie zu denjenigen Modellbahnern gehören, die sich schon über die noch heute im Märklin-Programm befindlichen ultraverkürzten 24-cm-Blechwagen den Bauch vor Lachen halten, dann wäre es unter Garantie nichts für Sie, sich selbst mit historischen Produkten zu beglücken, denn an deren Detaillierungsreichtum und Maßstabsgenauigkeit dürften Sie wenig Freude haben.

Wie sammle ich logisch und konsequent?

Wie wir bereits gesehen haben, ist es nie verkehrt, die Sache mit dem Sammeln und der Wertanlage irgendwie systematisch anzugehen, damit man

In diesem Zusammenhang möchte ich vor zwei Missverständnissen warnen:

- Wenn zum Beispiel viele Märklin-Produkte, die im Jahre 1950 hergestellt wurden, 50 Jahre später um die Jahrtausendwende kräftig im Wert angezogen haben, so heißt das noch lange nicht, dass dieser Logik folgend alles, was 1975 produziert wurde, im Jahre 2025 nun auch kräftig im Wert gestiegen sein wird. Denn in den 70-ern produzierte man bereits mit gänzlich anderen Fertigungstechniken und hantierte mit ganz anderen Produktionsmengen, so dass es schon aus diesem Grund äußerst zweifelhaft erscheint, dass diese Artikel durch die Bank einen ähnlichen Wertzuwachs erleben dürften.
- Auch wenn älteres Blechspielzeug hochpreisig im Sammlermarkt angeboten wird, setzt diese Tatsache noch lange nicht die Logik außer Kraft, dass es für jedes Angebot auch einen interessierten Nachfrager geben muss, der bereit ist, für ein gutes altes Stück eine entsprechende Summe Bares hinzublättern. Es nützt Ihnen also erdenklich wenig, ein laut Sammlerkatalog 5.000 Euro teures Schmuckstück anzubieten, wenn diejenigen, die Sie mit diesem Angebot gerade erreichen, dieses Teil entweder schon haben oder halt selbst nicht für ihre Sammlung brauchen. Dies kommt auch bei Auktionen oft genug vor – und wenn das Stück dann nicht einmal für 4.000 Euro erfolgreich unter den Hammer kommt, dann muss der Anbieter es halt wieder mit nach Hause nehmen und auf bessere Zeiten hoffen.

01 150

sich nicht ein Sammelsurium hinlegt, das letztendlich bunt gemischt nicht als schlüssige Sammlung, sondern als unkontrolliertes Anhäufen von Modellbahnschachteln bezeichnet werden muss.
Weiter vorn habe ich ausgeführt, dass die meisten Hobbyfreunde eher unfreiwillig mit dem Sammeln beginnen und sich zunächst einmal das anschaffen, was sie glauben, später einmal auf ihrer eigenen Anlage, die am Tag X wachsen und gedeihen wird, auch einsetzen zu können.
Viele Modellbahner fangen nach einem festen „Beschaffungsplan" mit ausgewählten sogenannten Standardloks an, die in großer Zahl im Maßstab 1:1 in Deutschland, Österreich und der Schweiz anzutreffen sind oder es in den letzten 20 Jahren zumindest einmal waren. Andere setzen auf Optik und kaufen sich das, was „total heiß" aussieht; das können Farbvarianten in Demolackierungen sein – oder gar amerikanische Modelle, die in Form und Design für europäische Gemüter mitunter recht exotisch und damit interessant aussehen. Beide Spielarten führen zu Nachteilen, die einem bald sonnenklar werden:

- Wer sich nur das kauft, was einem sehr eingeschränkten und eigens definierten Spezialbereich zuzuordnen ist (Beispiel: Eine Nebenbahn-Dieselstrecke in Norddeutschland in der Epoche III), schließt auf diese Weise sehr viele schöne Modelle von vornherein aus, die er sich nach seiner sklavischen Selbstbeschränkung schon aus Prinzip gar nicht kaufen darf. Windschnittige ICEs oder schmucke verkehrsrote österreichische Eurofimawägelchen sind also im eben genannten Fall absolut tabu für so einen Sammler.
- Das andere Extrem ist derjenige Fan, der sich das kauft, was ihm optisch gefällt. Leider ist es so, dass uns Hobbyfreunden meist sehr viel mehr gefällt, als wir uns eigentlich leisten können. Versucht man also auch nur ansatzweise, sich alles das zu kaufen, was man in Form und Farbe einfach toll findet, dann kann man sicher sein, sich selbst in relativ kurzer Zeit in den finanziellen Ruin getrieben zu haben. Denn abgesehen davon, dass die europäischen Bahnverwaltungen in offenbar immer kürzeren Abständen dazu neigen, ihre Fahrzeuge nach neuen Designvorstellungen umlackieren zu lassen, mischen in nun auch noch verstärkt zahlreiche Privatbahnen mit, die auch sehr viele interessante und bunte Fahrzeuge zu bieten haben. Will man deren Nachbildungen auch noch alle sammeln, wird man unter Garantie binnen kürzester Zeit sehr unglücklich werden, wenn einem die Puste bei dieser Sammelwut ausgeht.

Was also ist zu tun? Um ehrlich zu sein: Den Spagat zwischen diesen beiden Extremen schafft fast niemand (und der Autor dieses Buches auch nicht). Wichtig aber ist, dass Sie sich, bevor Sie ziellos etwas zusammenkaufen, überhaupt dessen bewusst werden, was Ihre Zielrichtung ist, denn ansonsten stürzt die Neuheiten – und Angebotsflut unaufhörlich auf Sie ein und wird zur Last und Plage, und das nicht nur finanziell.
Jedem ist es unbenommen sich auch mal etwas zuzulegen, was eigentlich gar nicht zu seinem Sammelgebiet passt – aber wenn das nicht zur täglichen Regelmäßigkeit ausartet, ist daran ja im Grunde genommen nichts verwerflich, denn mit dem Hobby ist's wie im richtigen Leben auch: Man macht einfach öfter mal etwas, von dem man als rational denkender Mensch weiß, das hätte man lieber nie machen sollen …
Sie könnten eine Sammlung, einmal einfach gesagt, nach den folgenden Kriterien differenzieren: Sie sammeln entweder:

- bestimmte Marken (z. B. Fleischmann)
- bestimmte Länder (z. B. Deutschland)
- bestimmte Epochen (z. B. Epoche IV mit Computerziffer) oder
- bestimmte Loktypen (z. B. nur Dieselloks).

Das Anlegen und Ausfüllen dieses Rasters kann ich jedem Hobbyfreund nur empfehlen, denn auf diese Weise wird man sich selbst erst einmal darüber klar, was wann eigentlich will. Das könnte dann z. B. so aussehen:

Spurweite:	HO Gleichstrom
Marken:	
Länder:	Deutschland, Frankreich, Luxemburg
Epochen:	ab Epoche IV aufwärts
Loktypen:	alles außer Dampfloks + Straßenbahnen

Betrachten wir einmal das ausgefüllte Raster, dann ist dazu einiges anzumerken:

- Je weiter Sie in einer Zeile einschränken (z. B. Deutschland statt Europa), um so überschaubarer wird zwangsläufig Ihr Sammelgebiet.
- Lassen Sie irgendwo eine Lücke (z. B. bei „Marken", da Sie markenübergreifend sammeln), erweitert das den Kreis der Sammelobjekte ungemein.

- Sie können auch (wie bei „alles außer Dampfloks + Straßenbahnen") negativ ausgrenzen und so eine Sammlungseinschränkung vornehmen.

Natürlich ist es möglich, individuelle weitere Einschränkungen oder Erweiterungen vorzunehmen. Hier sind ein paar Gedankenansätze, wie Sie Ihr Gebiet noch individueller definieren könnten:

- Da es durchaus einen Übergangszeitraum gibt, in dem sich Epochen überschneiden, ist es also kein schlimmer „Ausreißer", wenn neben zwei Epoche IV-141ern und 110ern auch mal eine Epoche III-E 40 im Bahnhof steht.
- Einige Fans wählen das Sammelgebiet nicht nur nach Landesgrenzen aus, sondern danach, was in dem betreffenden Land effektiv fährt. Der „Deutschland-Sammler" kann sich dann also getrost auch österreichische 1044er oder belgische Mehrsystem-Elloks des Typs 16 anschaffen, da diese Maschinen auf deutschen Gleisen regelmäßig eingesetzt wurden und werden.
- Noch diffiziler wird es, bildet man eine bestimmte Region nach. Nehmen wir an, Bert hat den Bahnhof Trier nachgebaut. Dann wäre es zwangsläufig logisch, für die Epoche IV auch bestimmte luxemburgische Dieselloks und französische Dieseltriebwagen zu sammeln, dafür aber z. B. keine deutschen Altbau-Elloks der Baureihen 116–118, da die in ihren Umlaufplänen niemals die Moselstrecke heruntergekommen sind.

Im Folgenden wollen wir uns jetzt einmal die Länder, Epochen und Loktypen genauer vornehmen, auch unter dem Aspekt des Sammelns als Geldanlage. Später werden dann die einzelnen Hersteller bewertet und deren Produktpolitik einer Einschätzung unterzogen.

Und was die Spurweite angeht: Am weitesten verbreitet ist heutzutage der Maßstab 1:87. Produkte dieses Maßstabs werden auch bevorzugt gesammelt. Je kleiner die Miniaturbahn wird (N oder gar Z), um so mehr ist sie für den Anlagenbau – nicht aber für den Sammler – interessant, da sich auf kleiner Fläche halt mehr zum Fahren unterbringen lässt. Und je größer die Spurweite wird, um so kleiner wird auch gleichzeitig das Produktangebot. Das mag einmal am Preis solcher Modelle liegen, ganz gewiss aber auch an ihrem eingeschränkten Gebrauchswert, denn es ist nur wenigen Leuten vergönnt, Platz für eine Großanlage im Maßstab 1:32 zu haben.

Sammelgebiet: Länder

Fangen wir ganz einfach bei den Binsenweisheiten an: Es wird grundsätzlich dasjenige am häufigsten gesammelt, was im eigenen Land fährt. In Deutschland stehen also deutsche Triebfahrzeuge am höchsten in der Käufergunst, in Österreich sind es österreichische Maschinen.

Dabei mag – zumindest in informierten Kreisen – noch eine Ausnahme Gültigkeit besitzen, nämlich die, ob bestimmte Baureihen auch im Ausland zugelassen sind und dort umlaufbedingt auch fahren oder fuhren. Deshalb erfreut folglich eine deutsche BR 103 auch das Herz vieler österreichischer Modellbahner, andererseits wird eine ÖBB-V-Lok der Reihe 2045 für deutsche Fans weitestgehend uninteressant bleiben, da sie nie bis in deutsche Grenzgebiete verkehrte (und sogar manch österreichische Landstriche nie in ihrem Leben durchfahren hat).

In Deutschland existiert zumindest ab der Epoche IV eine interessante „Brett-vorm-Kopf-Einschränkung", die weiterhin in Loks diesseits und jenseits des ehemals „Eisernen Vorhangs" unterteilt. Sogenannte „DDR-Lokomotiven" lassen sich in den Altbundesländern schlechter verkaufen als eine Bügelfalten-E 10 oder TEE-farbene E 03. Dabei ist manchen Fans scheinbar noch gar nicht aufgefallen, dass man viele Loktypen aus dem Bereich der ehemaligen DR (Ost) längst auch in westlichen Betriebshöfen vorfindet.

Dass beispielsweise 232er-Dieselloks schon seit Jahren auch im Ruhrgebiet fahren und in Oberhausen beheimatet sind, scheint verborgen geblieben zu sein wie die Tatsache, dass die kantigen Maschinen der BR 155 (auch „Kraftcontainer" genannt) auch von Mannheim aus eingesetzt werden – und die relativ modernen Elloks der BR 143 Mannheim, Stuttgart, Düsseldorf und Frankfurt als Heimat-Dienststellen haben.

Mit Güterwagen sieht es mitunter nicht besser aus. Der „typische" Modellbahner in Deutschland „braucht" ausschließlich Wagen mit aufgedrucktem DB-Keks. Er weiß nicht oder will nicht zur Kenntnis nehmen, dass massenweise Wagen ausländischer Bahnverwaltungen, die als EUROP-, Transfesa- oder RIV-Wagen kreuz und quer durch Europa fahren, auch seine vorbildgerechte Modellbahnsammlung durchaus bereichern könnten. Dabei würden ihm zwei Stunden Beobachtungszeit in einem gut frequentierten Güterbahnhof durchaus reichen, um sein gesamtes Weltbild heftig durcheinanderzubringen, was für Wagen in einen „typischen deutschen" Güterzug alles eingereiht sind. Aber das alles ändert nichts daran: Der Marktwert von aktuellen Miniaturbahnartikeln scheint um so höher zu sein, je heimischer das Produkt aussieht. Auch wenn es durchaus eine Fangemeinde für amerikanische Loks und Wagen gibt, ist den meisten Fans schon klar, dass Loks und Wagen aus dem Land der unbegrenzten Möglichkeiten ebensowenig in Deutschland zu sehen sind wie schwedische Elloks, da uns irgendwie mehr oder minder große Teiche von den dortigen Bahnverwaltungen trennen. Folglich sammeln nur wenige Leute Modellbahnen nach diesen Vorbildern – und im Fall der Fälle ist eine Loknachbildung einer norwegischen oder portugiesischen Diesellok verdammt schwer wieder abzusetzen, findet man dafür nicht einen ganz speziellen Liebhaber, den exakt diese Modelle interessieren.

Beim Blick über die Landesgrenzen haben sich in den letzten zehn Jahre die Vorlieben kräftig verschoben. Noch zu Beginn der 90-er Jahre standen französische oder belgische Lokmodelle hierzulande viel höher im Kurs als das im neuen Jahrtausend noch der Fall ist. Die charakteristischen französischen Sybic-Maschinen der Reihe BB 26.000 oder die typischen französischen „Nasenloks" der BR 15.000 und BB 22.200 zum Beispiel gelten inzwischen eher als die absoluten Exoten, was sich quer durch alle Hersteller in einem Preisrutsch auf dem Sammlermarkt ausdrückt.

Demgegenüber scheinen die südlichen Länder immer höher im Kurs zu stehen: Neben Modellen der ÖBB und SBB werden langsam aber sicher auch immer häufiger FS-Modelle gesammelt. Dafür gibt es in Fachkreisen ziemlich triviale Erklärungstheorien, zum Beispiel die, dass die Deutschen verstärkt in Italien Urlaub machen und nicht mehr so viel in Frankreich, so dass sie folglich auch weniger SNCF-Maschinen an den Bahnübergängen zu sehen bekommen.

Wissenschaftlich untersucht wurde das bisher nicht, jedoch ist es eine Tatsache, dass – sieht man mal vom Einsatz elektrischer Mehrsystemloks ab – an der deutsch-französischen Grenze nun einmal aufgrund unterschiedlicher Stromsysteme grundsätzlich Schluss ist. Deshalb können z. B. österreichische Loktypen, die eine Zulassung auf DB-Gleisen haben, in Süddeutschland freizügig eingesetzt werden, was den Elloks, die auf die beiden in Frankreich herrschenden Stromsysteme ausgerichtet sind, hierzulande so nicht möglich ist.

Angemerkt werden muss jedoch, dass es auch das Angebot ist, was sich mitunter die Nachfrage erst schafft. Schauen Sie sich einmal das derzeitige An-

86 005

gebot an Themenheften und Videos zum Thema Österreich und Schweiz an. Es steht Ihnen frei, wenn Sie das wollen, sich meterweise Videofilme über fast alle österreichischen Strecken zu Gemüte zu führen, bis Sie viereckige Augen haben – oder Sie können kiloweise Buchpublikationen, Bildbände und Sonderhefte über Schweizer Strecken und Triebfahrzeuge horten, bis sich bei Ihnen die Bücherregale durchbiegen.
Auch jede Produktneuheit der SBB und ÖBB im Maßstab 1:1 ist den Magazinen ausgiebige Bildberichte wert. So gab es die ersten großformatigen Fachartikel über die mehr oder minder schöne neue österreichische Ellokbaureihe 1016 – auch „Taurus" genannt – schon lange bevor die ÖBB die erste Maschine auch nur abgenommen hatten. Und auch die Modellbahner wissen, dass sie sich gleich in mehreren Spurweiten mit dieser Maschine eindecken können, in HO sogar gleich bei zwei Anbietern auf einmal.

Demgegenüber verläuft die Berichterstattung über unsere westlichen Nachbarn allgemein eher auf Sparflamme. Über die letzten französischen „Krokodil"-Einsätze im Dépôt Thionville berichteten die meisten Fachblätter schon gar nicht – und wer sich mit der modernen französischen Bahn im Miniaturmaßstab auseinandersetzen will, hat beim Schreiben dieser Zeilen auf das hierzulande nicht gerade stark verbreitete und beliebte Fabrikat Jouef zurückzugreifen, um zumindest in der Spurweite HO die neuesten Mehrsystemloks der SNCF, SNCB und CFL für seine Anlage oder Sammlung herzubekommen.
Es ist müßig, darüber zu diskutieren, warum das so ist, beziehungsweise, wie es zu dieser Entwicklung gekommen ist – ob also die Zeitschriften dem allgemeinen Wunschtrend folgten oder aber ob sie diese „Go-South-Tendenz" eher selbst initiiert haben. Tatsache ist jedenfalls: Miniaturmodelle des französischen und des BeNeLux-Marktes sind im deutschsprachigen Raum weniger gefragt als noch vor zehn Jahren und werden mit abnehmender Tendenz gesammelt. Und das wird kaum an der Sprachbarriere unterschiedlicher Landessprachen liegen, denn die gab es im letzten Jahrtausend bekanntlich auch schon ...
Kehren wir noch einmal auf deutsche Schienen zurück. Hier tummeln sich vermehrt Privatbahnfahrzeuge, die einerseits Ganzzüge quer durch die Republik fahren und die andererseits im Zuge der Nahverkehrs-Regionalisierung von der Deutschen Bahn AG ganze Strecken übernehmen und auf denen in Eigenregie den Bahnbetrieb organisieren. Da in den meisten Fällen mit Loks gefahren wird, die auch die DB AG verwendet, sind solche Maschinen natürlich auch für die Modellbahnindustrie interessant, sofern es sich um Farbvarianten handelt, die man ohne einen aufwändigen Formenbau auch im Minimaßstab relativ kostengünstig realisieren kann. Dieses Sammelgebiet befindet sich erst in den Anfängen, und die Frage ist daher, ob man so etwas unter dem Gesichtspunkt der Wertanlage sammeln sollte oder lieber eher nicht.

Der Tipp:

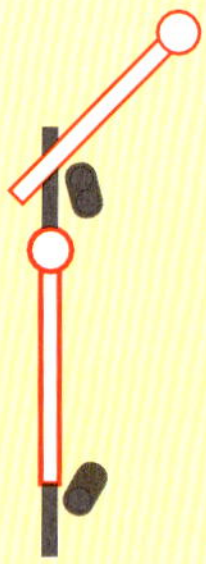

- Die Pauschalansicht: „Privatbahnen interessieren niemanden", würde ich mit Vorsicht genießen, erst recht, da diese Bahngesellschaften ihr Netze immer weiter ausbauen und zudem immer mehr Streckenkilometer auch auf DB-Gleisen erbringen.
- Triebfahrzeuge, die Züge über eine größere Distanz befördern, werden auch für die Sammler und Betriebsbahner von Interesse sein, beispielsweise eine grüne BASF-145.
- Demgegenüber werden Loks und Triebwagen, die nur im Regionalverkehr verkehren, auf dem Modellbahnmarkt weiterhin als absolute Exoten gelten und kaum gesammelt werden. Eine V 60-Rangierlok der Karsdorfer Eisenbahngesellschaft mit ihrer schmucken Farbgebung oder ein schöner pinkfarbener 628er-Triebwagen der im norddeutschen Zeven ansässigen EVB werden deshalb nur auf einen regional begrenzten Interessentenkreis treffen.

Dabei gilt die Faustregel: Solche Maschinen bringt man als Modellbahnnachbildungen entweder nur in ihrem Einsatzgebiet wieder los – oder aber die Sache lässt sich „über den Preis regeln". Und das heißt: Purzelt der Preis so eines Modells auf zum Beispiel die Hälfte dessen, was man noch vor zwei Jahren selbst dafür bezahlt hat, dann wird man Liebhaber finden, die sich sagen: „Was soll ich mit dem Teil – aber schön sieht's aus, und bei DEM Preis kann ich ja eigentlich nix falsch machen!" Das ist eine finanziell schmerzliche Erfahrung, und die müssen Sie nicht unbedingt machen, denn das haben schon viele andere Modellbahnfans vor Ihnen so ausprobiert ...

Sammelgebiet: Epochen

Jetzt wird's erst so richtig schön, denn mit Eisenbahnen spielt man nicht einfach so vor sich hin, wie es einem gerade Spaß macht. Das Hobby ist in den letzten Jahren immer weiter professionalisiert worden, und wer nicht mindestens drei Vorbild- und Modellzeitschriften regelmäßig liest, der ist eh bald vom Grundwissen abgehängt, das sich auf immer höherem Niveau stabilisiert. Früher kaufte man das, was man kriegen konnte, und das war pro Loktyp in den meisten Fällen die einzig verfügbare Variante. Wer etwas auf sich hält und in der Szene nicht peinlich auffallen will, hat sich in den letzten beiden Jahrzehnten sehr umstellen müssen, denn heute legt sich der Hobbyfreund am besten nur noch das zu, was exakt (!) zur eigenen ausgewählten Epoche auch passt. „Man" stellt nicht einfach einen modernen ICE oder französischen TGV neben eine grüne Dampflok aus der Länderbahnzeit in seinen Bahnhof und erfreut sich daran, dass beide optisch hervorragend aussehen.

Wer das wagt, wird von den Sammlern und den Betriebsbahnern ganz schnell als sogenannter „Spielbahner" abqualifiziert. Das ist eine Gattung Hobbyfreunde, die (zum Glück) noch nicht ganz ausgestorben ist und das Hobby auch unter dem Gesichtspunkt sieht, dass es in erster Linie einfach nur Spaß machen sollte.

Bezeichnet man sich aber selbst als Profi – was immer das auch sein mag – so hat man sich wenigstens auf eine Epoche festgelegt – einen Zeitraum also, in dem verschiedene Fahrzeuge sich, zumindest theoretisch, alle einmal begegnet sein könnten. Ganz grob werden die folgenden fünf Modellbahnepochen unterschieden:

- **Epoche I:** Länderbahnzeit (ca. 1870–1920)
- **Epoche II:** „Reichsbahnzeit" bis zum Zweiten Weltkrieg (ca. 1920–1945)
- **Epoche III:** „Frühe Bundesbahnzeit" (ca. 1945–1968)/adäquat DR-Ost-Zeit
- **Epoche IV:** „Neuere Bundesbahnzeit"; die Fahrzeuge haben bereits Computernummern (140 097-7 anstatt E 40 097)/adäquat DR-Ost-Zeit
- **Epoche V:** Fahrzeuge der modernen „neuen Bahn"
(ca. 1985 bis heute; ab 1994 in Deutschland DB AG)

Diese grobe Einteilung finden zahlreiche Experten allerdings viel zu einfach und meinen, man müsse viel weiter in Unterepochen differenzieren (z.B. Epoche IIIa und IIIb). Das ist ihnen unbenommen, aber für ein Hobbyverständnis auf „Normalniveau" lassen wir es hier einmal bei dieser Differenzierung, von der ich persönlich meine, dass sie sehr hilfreich ist.

Damit noch nicht genug: Wann nun eine Epoche exakt endet, kann man, so sagen viele Freaks, nicht nur daran sehen, ob eine Lok z.B. schon mit einer Computerziffer oder noch ohne beschriftet ist, denn es werden ja nicht – wie bei der Umstellung der Uhr auf Sommerzeit – am Tage x alle Maschinen auf einmal mit einer neuen Nummer bepinselt. Wer also etwas auf sich hält, hat vor dem Kauf eines Lok- oder Wagenmodells eine Lupe dabei. Irgendwo am Längsträger wird er dann ein (hoffentlich konturenscharf) aufgedrucktes Untersuchungsdatum finden, aus dem sich anhand des letzten Untersuchungsdatums und der Art der Revision feststellen lässt, ob das so begutachtete Fahrzeug vielleicht zwar noch eine Epoche III-Beschriftung aufweist, aber „eigentlich" schon eher in die Epoche IV gehört.

Nehmen wir einmal an, das tangiert sie noch nicht besonders. Und Sie wollen zudem auch nicht an der Diskussion teilnehmen, ob wir uns alle vielleicht schon längst in der Epoche VI befinden (und wenn ja, warum eigentlich und wo denn nun der exakte Schnitt verläuft ...). Dann ändert das alles nichts daran, dass eine generelle Epocheneinteilung – zumindest einmal in fünf allgemein akzeptierte Abschnitte – in der Fach- und Hobbywelt als Differenzierungsmerkmal für Sammler erfolgreich in den Köpfen verankert ist, und das heißt: Sie sammeln am besten nicht quer durch die Bank alles, sondern legen sich auf eine Epoche fest – oder auf mehrere zusammenhängende.

Es gibt auch einen Grund, warum man so verfahren sollte. Denn heutzutage produziert die Industrie (weil es vom Markt inzwischen auch so gewünscht wird) einen Lok- und Wagentyp nacheinander in so vielen Farb- und Epochenvarianten, dass man sich von manchen Maschinen durchaus fast ein ganzes Dutzend kaufen müsste, wollte man sie alle besitzen. Das ist ein bisschen viel, und so tut man gut daran, diese Spezialisierung mitzumachen.

Ganz abgesehen davon ist es so, dass die Hersteller, wenn sie einen Loktyp nacheinander in fünf Varianten zerlegen, je Variante logischerweise weniger Stück absetzen als noch zu Zeiten, als es nur einen einzigen Aufguss gab, den sich der Fan dann zu kaufen hatte. Kleinere Teilauflagen (die mit Be-

RhB
415

druckungs- und zum Teil auch Formänderungen verbunden sind) treiben aber zwangsläufig die Kosten für ein Modell und damit auch dessen Verkaufspreis hoch. Und das will uns sagen: Schon aus dem Grund können wir uns im Normalfall nicht locker alle Varianten nacheinander kaufen, wenn uns nicht unsere Erbtante zufällig dazu in die Lage versetzt hat.

Welche Epochen sammelt man denn nun am besten?

Die meisten Hobbyfans fühlen sich am ehesten derjenigen Epoche verbunden, zu der sie persönlich eine Beziehung haben. Was heißt das praktisch?

Viele von uns, die sich schon seit langer Zeit auch fürs 1:1-Vorbild der Modelleisenbahn interessieren, können sich sicher noch an die Zeiten erinnern, als sie 20 waren. Da wartete man gern einmal am nächsten Bahnhof – in herrlich verschneiter Winterlandschaft bei aufgehender Sonne – mit dem Knipskasten bewaffnet auf die Loks und Züge, die man dann auf die Platte bannte und später beim gemeinsamen Diaabend mit Freunden gern präsentierte.

Je älter man wird, desto träger wird man meistens auch, und Vierzigjährige überlegen schon eher, ob man sich das eigentlich noch antun sollte, sich den Allerwertesten bei klirrender Kälte am Bahndamm halb abzufrieren, um ein paar Aufnahmen zu machen. Man kann sich ja lieber einen prächtigen Bildband der bevorzugten Epoche kaufen und den dann abends am Kaminfeuer bei einer Flasche Wein gemütlich genießen. Und damit ist es genau auf den Punkt gebracht: Die Generation also, die auch finanziell in der Lage ist, Modellbahnen zu sammeln oder eine größere Anlage aufzubauen, verfügt manchmal über Platz und meistens über Geld. Sie ist im Schnitt von 40 Jahren an aufwärts alt und hat es im Leben bereits zu etwas gebracht. Das müssen die 20-Jährigen sich erst noch erarbeiten, und in deren Finanzbudget haben die erste Wohnungseinrichtung und das erste zumindest teilweise bar bezahlte Auto einen größeren Stellenwert als teure Modellbahnmodelle, die den Hobby-Luxusgütern zuzurechnen sind – es gibt also schöne Sachen, die man gern hätte, die man aber nicht unbedingt zum Leben braucht.

Was heißt das nun für den Sammler- und Käufermarkt? Wenn es also so ist, dass die erwachsenen Modellbahnkäufer bevorzugt ihre eigenen Jugenderinnerungen mit Modellen auffrischen, dann wird es in der Epoche I und zunehmend auch in der Epoche II ein bisschen dünn. Warum das so ist, lässt sich ganz vorsichtig vielleicht so formulieren: Die Zielgruppe, die diese Modelle favorisiert, gehört nicht mehr zu den Jüngsten im Lande und ist deshalb zahlenmäßig im Abnehmen begriffen. Eindeutig bevorzugt wird zur Zeit die Epoche III, und zunehmend verlagert sich diese Tendenz hin zur Epoche IV. Einen Sonderfall stellt zudem „die aktuelle neue Bahn" dar, denn die 1:1-Vorbilder sieht man an jedem Bahnhof und an jeder Strecke und findet deshalb auch schneller einen Bezug dazu. Da aber eher die jüngeren Leute allem Neuen gegenüber aufgeschlossen sind als wertkonservative ältere Generationen, hat auch diese Epoche in der Modellbahnwelt damit zu kämpfen, dass diejenigen, die sich am ehesten Epoche V- (oder VI-?) Modelle kaufen würden, oft nicht das nötige Kleingeld dafür übrig haben. Folglich fällt schon aus diesem Grund die Nachfrage nach solchen Modellen etwas geringer aus als nach den klassischen Epoche III- bis Epoche IV-Maschinen.

Wer meint, jetzt schon über das notwendige Epochen-Grundwissen zu verfügen, wird sich enttäuscht sehen. Es dreht sich alles nämlich nicht nur um Epochen, sondern zudem auch noch um die Farbvarianten, die man typischerweise bestimmten Epochen zurechnen kann.

Nehmen wir uns einmal die deutsche Diesellok der Baureihe 216 als Beispiel, die es als Serienlok auch in vielen Varianten als Modell gibt (z. B. in der Spurweite HO von Brawa und Märklin). Die Produktion der Serienloks des großen Vorbildes erfolgte ab 1964, und gebaut wurden die Ordnungsnummern von V 160 (=216) 011 bis 216 224. Diese Baureihe hat auch in unserem Jahrtausend noch den Einsatz auf DB-Gleisen erlebt und eignet sich daher für verschiedene Varianten. Möglich sind deshalb die folgenden Modellnachbildungen:

Epoche III	■ V 160 altrot	++
Epoche IV	■ 216 altrot	++
	■ 216 ozeanblau/beige („türkis-beige", alias „t/b")	+
Epoche V	■ neurot mit Latz (und DB-„Rundkeks")	–
	■ verkehrsrot (mit DB AG-„Magerkeks")	+/–

Und nun wird es erst so richtig schön kompliziert, wenn es an die Bewertung geht, welche Varianten denn wohl bei Betriebsbahnern und Sammlern am höchsten im Kurs stehen und deshalb am häufigsten anzutreffen sein dürften. Dazu sehen wir uns die letzte Spalte einmal genauer an, die mit „Beliebtheits-Plus bzw. -Minus" ergänzt wurde:

- Eine schöne klassisch rote V 160/216 gehört in jede „richtige" DB-Sammlung.
- Der Farbton türkis-beige war immer eine Sache des Geschmacks. Geradezu schlimm macht sich diese Lackierung meist an Altbauelloks (z. B. BR 118, 144, 194), und auch Dieselloks mit runden Fronten (Beispiele: die BR 220 und 221) sehen nach allgemeiner Einschätzung in „t/b" einfach zum Weinen furchtbar aus. Bei anderen Maschinen – wie der 216 oder den V-Loks der Baureihen 211/212 – konnte man sich aber mit der Zeit ganz gut dran gewöhnen, und so sind die Miniaturnachbildungen recht beliebt, auch wenn sie nicht ganz so hoch in der Käufergunst stehen wie die schönen alten roten Loks.
- Was sich die DB danach dann mit dem Farbton neurot alias orientrot leistete, empfinden viele nur noch als reine Zumutung. Der Spitzname „himbeerrot" für diese unglückliche Farbtopfwahl kommt sicher nicht von ungefähr, und dass die Schnellfahrloks der Baureihe 103, die in ihrer TEE-Farbgebung früher einmal wahrhaft schnittig ausgesehen haben, in der neuroten Variante unter Eisenbahnfreunden vulgär als „Coladosen" bezeichnet werden, spricht da schon Bände – ganz abgesehen davon, dass es ein wirklich gewöhnungsbedürftiger und mutiger Designschritt war, Loks vom Dach abwärts bis hin zur unteren Rahmenkante in einem Einheitsfarbton umzupinseln. Solche Maschinen wollen viele Modellbahnprofis auf keinen Fall auf ihrer Anlage fahren sehen.

- Dass das jüngste Lackierungsschema mit einer verkehrsroten Farbgebung ästhetisch wieder an frühere bessere Zeiten anknüpft, sehen auch die meisten Modellbahner so. Deshalb liegen Modelle, die nach aktuellem DB AG-Vorbild lackiert sind, in der Regel in der Käufer- und Sammlergunst wieder etwas höher als die Pendants der Himbeerrot-Zeiten.

Nun wäre es noch relativ einfach, könnte man sich ganz einfach an das obige Raster halten. Dummerweise aber ist die Sache im Vorbild noch komplizierter und im Modell daher auch. Der Grund am Beispiel der DB: Die Deutsche Bahn hat in der Vergangenheit öfter ihr DB-Emblem gewechselt, ohne gleich die ganzen Loks und Wagen auch noch umzulackieren – denn dass so eine Komplettprozedur ordentlich was kostet und deshalb am besten erst bei der nächsten Hauptrevision ausgeführt wird, haben auch diejenigen erkannt, die die Verfügungsgrundlagen für die „unteren Etagen" ausarbeiten und genehmigen.

Also passiert Folgendes: Eine Ellok der BR 111, deren türkis-beiges Farbkleid noch einigermaßen gut in Schuss ist, bekommt ihren türkisen DB-Keks in der Epoche V durch einen roten Rundkeks und dann später durch einen eckigen DB AG-Keks ersetzt, der dann groß und auffällig auch die Fronten der Lok verziert (oder verunstaltet?).

Nun wird's schwierig, denn jetzt hat die Maschine in der typischen Epoche IV-Farbgebung auf einmal einen Eigentümer-„Platschari" drauf, der sie für die frühe oder späte Epoche V ausweist. „Das ist nicht Fisch und nicht Fleisch!", sagen viele Modellbahner dazu, denn zum einen lassen sich mit so einer Lok keine stilechten Züge der Epoche IV fahren, und zum anderen ist sie in ihrer Farbgebung nun aber auch nicht gerade eine „typische" DB AG-Maschine, die man sogar einmal vor einen blau-weißen InterRegio der Bahn AG hängen möchte.

Dabei spielt es keine Rolle, dass solche 111er ja auch im Vorbild oft genug anzutreffen sind. Für den Modellbahnpuristen und den Fan, der eher in festen Epochenschubladen denkt, sind solche Modelle einfach „epochenuntypisch", und folglich rangieren sie auch nicht gerade an der Spitze der Beliebtheitsskala.

Diesen Grundkurs in Logik und Psychologie müssen die meisten Modellbahnfirmen erst noch lernen. Zwar war es sicher gut gemeint, zum Beispiel eine grüne Güterzug-Lok der BR 139 mit einem knallig roten DB-AG-Keks auszustatten, damit auch der Epoche V-Bahner noch eine ältere Lackierungsvariante auf seiner modernen Anlage einsetzen kann, aber für die meisten Hobbyfreunde ist so ein „Plakat" auf der Lok eher als Schandfleck anzusehen, was sich logischerweise nicht unbedingt absatzfördernd auf das Modell auswirkt.

Zwei andere Beispiele aus dem Bereich der H0-Produktion:

- Die weiter oben als Beispiel erwähnte V-Lok der BR 216 wurde von Brawa als spitzendetailliertes Ganzmetall-Modell auf den Markt gebracht und erfreut seitdem zahlreiche Sammler und Betriebsbahner. In der Farbvariante türkis-beige bedruckte man die Maschine bei ihrer Erstauflage aber nicht mit einem türkisen DB-Keks, sondern dem modernen DB AG-Emblem der neuesten Epoche. Das hatte Folgen:

1. Nach Auskunft vieler Händler lag die Maschine „eher wie Blei im Regal", oder sprachlich gemäßigter ausgedrückt: Der Abverkauf gestaltete sich anfangs eher schleppend.
2. Macht man eine Umfrage unter den Hobbyfans, hört man bei fast allen Interessierten die Meinung, die schmucke Epoche-IV-Maschine sei durch das moderne Bahn-AG-Abzeichen wirklich krass verhunzt worden. Denn abgesehen von der störenden roten Keksoptik lassen sich so keine vorbildgetreuen Züge der 80er Jahre bespannen – und bei der modernen Bahn um die Jahrtausendwende betätigen sich die letzten verbleibenden 216er eher in untergeordneten Diensten und sind deshalb nun auch nicht gerade der Fahrzeughit, den man in dieser Variante unbedingt haben müsse.

■ Über viele Jahre führte Roco keine schmucke grüne Güterzug-Ellok der BR 151 im Programm, sondern nur türkis-beige – und dann eine neurote Variante, von der man hört, dass sie am Markt auch nicht gerade als der „totale Brüller" gehandelt wurde. So war die Freude der Fans groß, als die Salzburger für ihr Programm 2000 als Farbvariante wieder eine grüne 151 ankündigten. Bei vielen Modellbahnern folgte dann aber das blanke Entsetzen auf dem Fuße, als man dem Neuheitenprospekt entnehmen konnte, dass der Hersteller sich entschlossen hatte, diese typische Epoche IV-Lok nun mit einem roten DB-Rundkeks zu produzieren, der eher charakteristisch für die Epoche V ist. Einhelliger Tenor vieler Fans: „Na, dann warten wir mal auf die nächste Auflage – da kann es ja nur noch besser kommen!"

Das kann so sein, muss aber nicht, denn im schlimmsten Fall funktioniert eine Maschine im Verkauf einfach nicht (und sei es gerade deshalb, weil sie halt einen untypischen DB-Keks aufgedruckt bekam ...). In diesem Fall werden die Vertriebs- und Statistikexperten beim Hersteller daraus die Konsequenz ziehen, das Modell sei am Markt nun so langsam „ausgelutscht" und müsse deshalb aus dem Programm fliegen (offizielle Tonart: Der Artikel muss „sortimentsbereinigt" werden). Ganz generell kann es übrigens schon so sein, dass sich ein Hersteller eine exotische Lok auch mal in einer noch exotischeren Lackierungsvariante wagt. Nachdem er damit am Markt scheitert, erlangt das Modell erst viel später eine hohe Wertschätzung bei den Fans und avanciert zum gesuchten Sammlerobjekt. Darauf würde ich aber nicht pokern, denn in den meisten Fällen kommt das nicht hin – und wenn man im Hinterkopf behält, dass man sich vielleicht auch mal wieder von Teilen seiner Sammlung trennen möchte, dann hat man es durch die Bank einfacher, beliebtere Vorbilder und Beschriftungsvarianten zu sammeln, von denen man hoffen kann, dass sie auch später noch auf einen größeren Interessenkreis treffen werden.

Interessant ist ganz gewiss beim großen Vorbild der Modelleisenbahn, dass immer etwas in Bewegung ist und es neue Strecken, neue Betreiber, neue Fahrzeuge und neue Lackierungsvarianten geben wird. Das alles bekommen wir hautnah mit, und deshalb übt auch die aktuelle Bahn einen gewissen Reiz auf die Modelleisenbahnfreunde aus. Sie hat für den systematischen Sammler allerdings auch unübersehbare Nachteile: Die Sache kann nämlich ganz schön ins Geld gehen.

Wenn die Herren Manager beim Vorbild pausenlos umorganisieren oder gar jeder neue Vorstandsvorsitzende als sein Lebenswerk ein neues Corporate Design und damit ein neues Farbschema verfügt, dann wird die Modellbahnindustrie sich dieser Varianten unter Garantie auch gern annehmen, denn es kostet in der Produktion weniger, sich ein paar neue Farbtöpfe hinzustellen als gleich eine komplette Formenneuheit zu finanzieren.

Das Sammelgebiet kann bei der aktuellen Epoche also im ungünstigsten Fall finanziell zu einer wahren Katastrophe ausarten, da man irgendwann bei der Variantenflut nicht mehr mithalten kann. Um das am Vorbild zu verdeutlichen, soll nur die moderne DB-AG-Ellok der BR 145 genannt werden. Abgesehen davon, dass hier Mehrsystem-Varianten und Lackierungen für Privatbetreiber möglich sind, die unter Garantie auch fast alle gnadenlos von der Modellbahnindustrie genutzt werden, artet es schon bei ein und derselben Maschine von ein und derselben Betreiber-Gesellschaft aus. Mitte 2000 waren beim DB-Vorbild schon folgende Varianten möglich:

■ Die ersten Loks wurden mit einem unübersehbar großen und aufdringlichen „DB Cargo"-Schriftzug an ihren Seiten ausgeliefert.

■ Daneben existierte eine Variante für den Personenzugverkehr mit Doppelstockwagen, die als „Regio-Lok" einen Werbeschriftzug des Bundeslandes Rheinland-Pfalz aufwies.

■ Dem folgte dann – wieder für den Güterverkehr – die Variante mit einer Beschriftung als „Railion"-Lokomotive.

■ Und weil man pausenlos weiter umorganisierte und plante, kam in kurzem Zeitabstand die vierte Variante nach: Die 145 ohne jeglichen Schriftzug auf ihren Seitenwänden – und das war sicherlich noch lange nicht alles für die Zukunft.
Irgendwann geht einem als Modellbahner für diese Spielchen nicht nur das Geld aus, man hat auch keinen Nerv mehr, sich diese Minivarianten auch noch alle zuzulegen. Damit aber wird es, wie wir noch sehen werden, gefährlich für die Branche der Modellbahnproduzenten, denn wenn Sammler auf einmal beginnen, aktiv darüber nachzudenken, was man eigentlich noch weiter sammeln will und was nicht, dann gerät die Herstellerpolitik, die Sammlerschaft so mit Neuheiten zu überhäufen, dass ihnen Hören und Sehen vergeht, bedrohlich ins Trudeln. Damit gerät der Markt in ein gefährliches Fahrwasser, denn so steigen immer mehr Sammler aus oder selektieren beim Angebot, was weder im Sinne der Produzenten noch der Fachhändler sein kann, die an dem Hobby Geld verdienen wollen.
Eines bleibt aber für alle Epochen als eisernes Gesetz immer gleich: Eine Sammlung neigt dazu, tendenziell in der Anzahl der aufgetürmten Schachteln immer mehr und nie weniger zu werden. Das hat bei gleichbleibendem Zeitbudget den verheerenden Nachteil für den Hobbyfreund, dass er sich mit einer Lok aus seiner Sammlung auf die Dauer immer weniger beschäftigen kann, weil die Anzahl an Loks und Wagen unaufhörlich zunimmt.
Das ist strenggenommen eine absolut frustrierende Sache, die einen fast zur Verzweiflung treiben müsste, und so wird der Tag auf jeden Fall kommen, an dem man sich darüber Gedanken macht, ob man nicht doch eine weitere Eingrenzung seines Sammelthemas und der Epochen vornehmen sollte. Das heißt: Man muss sich wieder von etwas trennen, um Platz für die Neuheiten seines Kern-Sammelgebietes zu machen.
Denken Sie beim Aufbau Ihrer Sammlung bereits zu Beginn daran, dass es später irgendwann ganz zwangsläufig so kommen wird – und deshalb ist es nicht verkehrt, wenn Sie zumindest die Chance minimieren, dass Sie bei jeder erworbenen Lok und jedem gekauftem Wagen später mangels Nachfrage oder Marktwert viel Geld drauflegen werden.
Später beschäftigen wir uns deshalb mit der Frage, was es zu beachten gibt, wollen Sie sich später einmal wieder von Teilen ihrer Sammlung trennen. Bauen Sie aber am besten schon jetzt vor, dass diese Situation nicht gar zu schnell eintritt. Ich kenne Modellbahner, die sich noch keine tiefgreifenden Gedanken über das weiter vorn vorgestellte Sammelraster gemacht haben, und die alles (!) sammeln: von der Epoche I bis zur Epoche V – und das quer durch alle Länder Europas.
Die meisten Leser dürften bei diesem Versuch relativ schnell ihre finanzielle Freiheit einbüßen und sich mit so einer Sammlerstrategie letztendlich in den Ruin wirtschaften, aber selbst wenn Sie das durchhalten würden, so glauben Sie mir: Es vergehen keine fünf Jahre, dann werden Sie totunglücklich mit Ihrem Hobby sein. Denn:
■ Sammeln Sie (fast) ohne Einschränkungen, verlieren Sie binnen kürzester Zeit den Überblick darüber, was Sie nun eigentlich schon haben und was nicht.

Zusammenfassung

■ Abgeschlossene Epochen haben den unbestreitbaren Vorteil, dass zumindest im Vorbild nichts Neues mehr nachkommen kann. Damit lässt sich das Sammelgebiet schon heute exakt eingrenzen und man ist nicht unvorhersehbaren Entwicklungen beim Vorbild ausgesetzt, bei denen unter Umständen eine Neuerung auch schon die nächste jagt – ein Alptraum eines jeden Vollständigkeits-Sammlers.

■ Je weiter die Epoche zurückliegt, um so beschaulicher wird die Sammlung. Die Industrie hält sich aufgrund eines eher ab- als zunehmenden Liebhaberkreises für die Epochen I oder II mit ihren Neuheitenplanungen bedeckt, so dass Novitäten meist nur noch kommen, wenn die Loks und Wagen auch im Vorbild noch Varianten für spätere Epochen hergeben. Von größere Überraschungen – auch finanzieller Natur – durch eine wahres Trommelfeuer an Neuheiten bleibt man auf diese Weise verschont.

■ Andererseits ist, wie wir gesehen haben, die Fangemeinde für Artikel aus frühen Epochen sehr begrenzt, und das heißt, dem Vorteil der Überschaubarkeit steht die Tatsache gegenüber, dass man im Falle eines Falles seine Sammlung eher schwieriger wieder „losgeeist“ bekommt bzw. heftiger im Preis nachgeben muss, um Modellbahner zum Kauf zu „verführen“.

■ Selbst wenn Sie bei Ihrem beneidenswerten Händler alles vorbestellen, was der heranschaffen kann, wird das nicht reichen, denn es entgehen Ihnen immer noch zahlreiche Exportmodelle, Sonderauflagen und limitierte Kleinstserien, die schwer zu bekommen sind.

■ Anstatt sich mit dem Hobby zu beschäftigen, lesen Sie nur noch die gewerblichen und privaten Anzeigen in den Fachmagazinen, ob Sie nicht irgendwas verpasst haben, was Sie unbedingt noch brauchen – und Ihre restliche frei verfügbare Zeit geht dann dafür drauf, um alle Ihre Neuerwerbungen in Computer-Bestandslisten einzugeben. Auf diese Weise werden Sie nie dazu kommen, irgendwann später mal eine Anlage zu planen und aufzubauen – und nicht einmal dazu, die eigenen Vitrinen einmal im Vierteljahr umzudekorieren. Letztendlich sind Sie irgendwann im wahrsten Sinne des Wortes am Ende: psychisch, finanziell – oder gar beides auf einmal …

Sammelgebiet: Loktypen

Bei der allgemeinen Einschätzung, was bevorzugt an Loks (wie auch an Wagen) gesammelt wird, gibt es einige Tendenzen auszumachen, zu denen aber zu sagen ist, dass die meisten Hobbybahner die Sache nicht so sklavisch befolgen wie zum Beispiel die Epochentreue, die sie sich selbst auferlegt haben.

Rein theoretisch müsste es so sein, dass Dieselloks beliebter bei den Fans sind als Elektrolokomotiven, denn mehr als 50% der Anlagen von Modellbahnern verfügen über gar keine Oberleitung, so dass strenggenommen auch keine Elloks darauf verkehren dürften. Komisch aber wahr: Dieses Manko macht vielen Fans viel weniger aus als die Tatsache, dass man als „seriöser Modellbahner" unter gar keinen Umständen eine Epoche-III-Dampflok vor einen Epoche IV-Schnellzug spannen darf. Und selbst auf vielen wunderbar detaillierten Herstelleranlagen, die auf Spielwarenmessen und Konsumenten-Ausstellungen zu bewundern sind, fahren munter die Elloks auf unelektrifizierten Strecken – und (fast) niemand regt sich darüber auf.

Etwas zeichnet sich ganz generell bei den Traktionsarten ab, die gesammelt werden: In der Zukunft – je weiter sich der allgemeine Trend hin zur Epoche IV (und später dann zur Epoche V) verlagert, werden es Dampfloks in der Käufergunst zunehmend schwerer haben. Dem typischen Epoche III-Bahner mag das zum heutigen Zeitpunkt noch absolut unlogisch erscheinen, doch die nachwachsenden Generationen haben keine Dampfloks mehr im Regelbetrieb gesehen und fragen sich schon heute, was denn im Vorbild daran so umwerfend toll gewesen sein soll, bei irre heißen wie ultrakalten Außentemperaturen als Heizer seine Muskelkraft einsetzen zu müssen, damit die Loks sich überhaupt von der Stelle bewegen konnten – denn: Es geht doch heutzutage viel einfacher.

Es werden – auch wenn das heute belustigend klingen mag – die Zeiten kommen, wo die nachwachsenden Modellbahner-Generationen sagen werden, schwarze Dampfrösser würden ja eh fast alle gleich aussehen, so dass man davon höchstens mal eine für die Vitrine gebrauchen könne. Als Unterscheidungsmerkmal bei Dampfloks ist dann – salopp ausgedrückt – vielleicht noch so gerade auszumachen:

■ Die Loks ziehen entweder einen Tender hinter sich her oder haben ihn gleich am Führerhaus dran, und

■ die Maschinen haben entweder kleinere Räder (Güterzuglok) oder große Räder (Personenzuglok).

Das glauben Sie nicht? Dann fragen Sie doch mal einen jugendlichen Fan danach, ob er Ihnen spontan sagen kann, wo denn der Unterschied zwischen einer 01 und einer 03 ist. Oder besser: Tun Sie's nicht …

Eine zweite Tendenz betrifft das Sammelgebiet von Triebwagen allgemein. Es gilt in der Branche als Fakt, dass sich Triebwagen – vor allem auch mehrteilige Einheiten – um Klassen schlechter verkaufen lassen als Loks. Das mag auf den ersten Blick verwundern, denn immerhin kann man mit einem Triebwagen sofort einen Anlagenbetrieb aufnehmen und muss nicht erst eine ganze Garnitur an Personenwagen oder mehrere Güterwagen dazukaufen, um einen „richtigen" Zug zusammenstellen zu können.

Doch das ist nur die halbe Wahrheit. Zu bedenken ist auch Folgendes:

■ Triebwagen gelten als langweilig. Sie sind fest miteinander gekuppelt und ermöglichen weniger Fahrspaß, als man beim Zusammenstellen von Personen- und Güterzügen sowie beim Rangieren auf jeden Fall hat.

■ Triebwagen sind tendenziell eher teuer und das wohl auch deshalb, weil die Industrie die zu erwartenden geringeren Auflagen gleich auf den

Stückpreis eines jeden Produktes umlegen will. Oft also kostet ein zweiteiliger Triebwagen mehr als zwei Loks auf einmal – eigentlich sonderbar, denn die meisten Nachbildungen sind nur in einem Triebkopf motorisiert und anstelle des zweiten baut der Hersteller – wenn überhaupt – allerhöchstens eine Elektronik ein, damit das gute Stück in der Gegenrichtung nicht mit der Hälfte seiner Länge am Stoppsignal vorbeifährt und erst dann anhält, wenn der motorisierte Teil dort angekommen ist.

Zwar wird aus Fachkreisen immer wieder der Ruf nach noch fehlenden Triebwagenmodellen laut – und so hat es z. B. mehrere Jahre gedauert, bis sich ein Hersteller zu der Ankündigung durchringen konnte, den Dieseltriebwagen der BR 624 produzieren zu wollen. Anderseits ist es einfach so – auch wenn vielen Experten da das Herz blutet – dass nicht gerade wenige Hobby- und Spielbahner der Ansicht sind, die meisten Triebwagen – nimmt man einmal einen modernen ICE aus – sähen eigentlich so aus „wie ein oder zwei lange Personenwagen mit einem Führerstand auf beiden Seiten dran". Oder anders gesagt: optisch irgendwie einfallslos. Klar ist: So etwas braucht man auf seiner Anlage nicht unbedingt ...

Das trifft nun auf die moderne ICE-Generation nicht zu. Fragt man aber einmal bei größeren Fachhändlern nach, dann erhält man flächendeckend die Antwort, dass diese Züge in allen Spurweiten „schon einigermaßen gehen", aber auch nicht gerade ein Umsatzträger sind. Woran mag das liegen, abgesehen davon, dass sie in die Epoche V fallen, die von etlichen Modellbahnern „schon aus Prinzip" gar nicht gesammelt wird?

Zunächst einmal gibt es mehrere psychologischen Faktoren zu berücksichtigen. Die betreffen in erster Linie eine realistische Zuglänge. Während man noch vorbildgerecht einen Eilzug mit 2–3 Wagen und einen (kurzen) Schnellzug mit 4–5 Wagen nachbilden kann, klappt das beim ICE so leider nicht. Nehmen wir als Beispiel den ICE 1, so braucht man erst einmal zwei Triebköpfe, in denen aber noch keine Reisenden untergebracht werden können. Damit beginnt der Spaß aber erst.

Jeder dem Vorbild einigermaßen nahestehende Modellbahner weiß, dass es sich nicht besonders gut macht, je einen 1.-Klasse- sowie 2.-Klasse-Mittelwagen und dazu noch ein Bordrestaurant zwischen die beiden Triebköpfe zu hängen, um damit den Anschein erwecken zu wollen, so ein Zug sähe auch nur annähernd realistisch aus.

In der Tat ergibt sich somit die groteske Situation, dass so eine Zugkomposition eher als Lachnummer gilt, obwohl sie ja jetzt bereits 5-teilig ist. Im HO-Maßstab gerechnet kommen wir jetzt immerhin schon (Basis: Fleischmann-Nachbildung) auf eine stolze Länge von mehr als 1,30 Metern. Das ist mehr Platzbedarf, als vielen Modellbahnern auf Ihrer Anlage am Bahnsteig zur Verfügung steht, abgesehen davon, dass so ein Zug mit einem einzigen Wagen der 2. Klasse wirklich danach aussieht, als hätte man selbst vom großen Vorbild überhaupt keine Ahnung.

Es müssen also mehr Zwischenwagen her, und da Fleischmann (zum Glück!) keine halben Sachen macht, gibt es die verschiedenen Ergänzungswagen einzeln zu kaufen, und zwar insgesamt neun Stück. Das Problem – Sie ahnen es schon – wird für den Realitätsfan unter den Modellbahnern nun noch heftiger.

In seinem Jahreskatalog 1998/99 bildete der Hersteller noch eine realistische ICE 1-Zugkomposition ab (während er ein Jahr später wohl aus gutem Grund auf eine gemäßigte Variante umstieg und nur noch die Hälfte der Zwischenwagen als Beispiel vorschlug): Demnach hängt jeder Mittelwagen einmal und einer sogar zweimal in so einem ICE drin. Das macht also zwei Triebköpfe + zehn Mittelwagen – oder in absoluter HO-Länge ausgedrückt: knapp 3 Meter 30. Schön anzusehen, aber so ein Zug (der als 1:1-Vorbild tatsächlich meistens aus noch viel mehr Wagen besteht) passt weder in die eigene Vitrine noch an den eigenen Bahnsteig – ist es nicht die große Clubanlage des örtlichen Modellclubs, die man mitbenutzen darf.

Nach diesem Frusterlebnis kommt nun noch das des gerupften Geldbeutels hinzu. Psychologisch schon einmal problematisch ist die Tatsache, dass der Hobbyfan zunächst die Grundpackung zu erwerben hat: Die beiden Triebköpfe also, mit denen sich allein recht wenig anfangen lässt. Diese zwei windschnittigen Teile kosten ihn aber – vorsichtig geschätzt – im Laden ab 175 € bis 200 € aufwärts. Das ist schon einmal beachtlich. Will man sich aber den ganzen Zug – 12-teilig – leisten, dann dürfte man die 500-Euro-Grenze ganz locker überschritten haben – wobei nach unserer bisherigen Währung die Summe von 1000 DM und mehr auch nicht gerade beschönigender klingt.

Die Frage ist: Wer will (und kann) so viel Geld für einen Zug ausgeben, der auf der Anlage eigentlich nur von A nach B fahren und mit dem man als fest gekuppelter Verband ansonsten nicht viel anfan-

gen kann, da auch die im Bahnhofsvorfeld wartenden Rangierloks mit ihm nicht in Berührung kommen werden …
Dass meine Einschätzung nicht völlig am Markt vorbei geht, sehe ich auch immer wieder daran, dass auf Tauschbörsen ausgestellte ICE-Experimental-Züge durchaus viel eher einen Kaufinteressenten finden als eine kompletter ICE 1 oder 2 beziehungsweise eine verkürzte Sparversion daraus. Das ist eigentlich sonderbar, denn der Vorserien-ICE ist in erster Linie ein reines Demo- und Messfahrzeug und eignet sich deshalb überhaupt nicht für einen realistischen Einsatz im Planumlauf auf der Modellbahnanlage (und wurde geschickterweise von den meisten Firmen, die ihn einmal führten, auch längst wieder aus dem Programm genommen). In der Wertschätzung der Fans scheint aber Folgendes wesentlich wichtiger zu sein als die Einschätzung, dass der Vorserien-ICE ein absoluter Exot ist:

- Der ICE Experimental ist nur fünfteilig (2 Kopfwagen + 3 Mittelwagen) und damit auf einer Normalanlage viel besser einsetzbar, und
- man muss für diesen kürzeren und trotzdem kompletten Zug natürlich weitaus weniger Geld hinlegen als für einen naturgetreuen 12-Teiler der ICE- (Express) 1-Generation.

Damit schließt sich der Kreis wieder, und so ist als Resümee ernüchternd festzustellen: Was als ICE-Familie bei der großen Bahn als Imageträger schlechthin dienen soll, das bereitet den Modellbahnfans vom Spielnutzen, Anschaffungspreis und Platzbedarf her meist heftiges Kopfzerbrechen. Folglich ist davon auszugehen, dass ICEs im Miniaturmaßstab in den nächsten Jahren eher dazu angetan sind, keine immensen Preissprünge auf dem Sammlermarkt mitzumachen …

Lektion 3
Image und Marktwert: Die Logik des Sammlermarktes

Bei der Frage, wie sich am besten einschätzen lässt, welche Modelle in der Zukunft wertbeständig sein mögen, geht es nicht nur darum, ob etwas den allgemeinen Marktgesetzen folgt, denn dann wäre eine Prognose für die Zukunft einfach:

- Ist etwas limitiert, so übersteigt die Nachfrage bald das Angebot, und dann kommt es zwangsläufig zu Preissteigerungen für das Produkt auf dem Markt. Das trifft auf Modellbahnartikel manchmal zu, häufig aber leider nicht, und so bleiben auch scharf limitierte Sonderserien mitunter als Ladenhüter in den Geschäften zurück.
- Wird etwas über einen längeren Zeitraum in größeren Auflagen produziert, dann wird sich jeder Interessent irgendwann einmal damit eingedeckt haben. Der Versuch, so einen Artikel wieder loszuwerden, wird einem deshalb die Erfahrung bescheren, dass das nur geht, wenn man heftig im Preis nachgibt. Aber auch das muss nicht unbedingt so sein: Es gibt durchaus Beispiele, dass man nach fünf Jahren eine Standardlok, die zwischenzeitlich aus den Programmen der Hersteller genommen wurde, durchaus kostenneutral wieder wegbekommt – und das heißt: Man erlöst seinen damaligen Kaufpreis plus den danach angefallenen Inflationsausgleich.

Damit liegt es auf der Hand: Der Modellbahnmarkt ist bei weitem komplizierter als man das mit einer bloßen Angebots- und Nachfragekurve beschreiben könnte. Denn: Mitunter geht es um ganz andere Faktoren, und die müssen mit Logik oder mit normaler Marktwirtschaft nicht unbedingt etwas zu tun haben.

Das ist an sich noch nicht erstaunlich, denn so geht es auch in anderen Wirtschaftsbereichen zu. Denken Sie nur an den Automarkt: Jahr für Jahr präsentieren mehrere Organisationen die neusten Pannenstatistiken. Diese weisen mit schöner Regelmäßigkeit aus, dass quer durch alle Fahrzeugklassen japanische Autos in den ersten beiden Jahren tendenziell weniger oft auf unseren Straßen liegen bleiben als deutsche Produktionen. Zudem bieten sie oft auch noch ein besseres Preis-Leistungs-Verhältnis.

Die Zuverlässigkeit eines Autos müsste – so sollte man meinen – ja eigentlich der Entscheidungsfaktor Nummer 1 sein, für was für ein Modell man sich entscheidet. Doch so ist es überhaupt nicht, und Tausende Pkw-Besitzer legen Jahr für Jahr für Automarken und deren Modelle Geld auf den Tisch, so etwa nach dem Motto:

Ich nehme den hier, weil der ein bisschen teurer als die Konkurrenz ist, dafür aber auch ein bisschen schlechter!

Von diesem sonderbaren Kaufverhalten profitiert, wie wir noch sehen werden, offenbar auch mancher Modellbahnproduzent. Und damit sind wir schon beim ersten und wichtigen Bereich dessen, was einen Marktwert ausmacht: Es ist der Ruf, den die Produkte eines Herstellers haben.

Wie man sich gekonnt sein Ansehen ruiniert

Wer heutzutage auf Dauer und mit Erfolg Modelleisenbahnen verkaufen will, der sollte die folgenden Fakten beachten:

Einen guten Ruf baut man sich auf, wenn man über Jahre hinweg in gute Produkte, gute Werbung und einen guten Vertrieb investiert.

Das klingt nach einer Binsenweisheit, aber schauen wir uns das einmal etwas genauer an.

Einen guten Ruf besitzt – zumindest bei Spielbahnern – die Firma Märklin. Ihre Modellbahnprodukte gelten als robust und zuverlässig. Zwar auch allgemein als eher teuer, aber das ist zweitrangig, denn wenn etwas als gut gilt, dann darf es auch ein bisschen mehr kosten als ein Produkt, welches in dem Ruf steht, eh „der letzte Schrott" zu sein.

Der Göppinger Produzent profitiert zum einen davon, dass er schon lange am Markt vertreten ist und seinen Ruf über Jahrzehnte gepflegt hat. Zum anderen ist sein Vertriebsnetz (in den Altbundesländern) so gut ausgebaut, dass man kein Modellbahngeschäft findet, welches nicht auch Märklin führt. Oder sogar ausschließlich diese Marke verkauft. Hat man es als Hersteller erst einmal dazu gebracht, ist schon viel gewonnen, denn wenn sich der Markenname in der Allgemeinheit einmal eingeprägt hat (und für die meisten Nicht-Modellbahner ist die Marke Märklin deckungsgleich mit dem Hobby Eisenbahn), dann hat man es auch viel leichter am Markt und kann in letzter Konsequenz selbst bestimmen, was man an Neuheiten herausbringt und wie man damit den Markt selbst steuert.

Andere Firmen müssen das erst noch lernen und sich einen Ruf hart erarbeiten. Dazu ein Beispiel:

DB
Stuttgart 2407

Seit einem Jahr gehöre ich zu den absoluten Fans von Güterwagen der Marke Electrotren. Das Fabrikat hatte ich vorher gar nicht richtig wahrgenommen, abgesehen davon, dass mir in meiner Umgebung kein einziger Laden bekannt ist, der diese Marke überhaupt führt oder auch nur willens ist, mir einen aktuellen Katalog zu besorgen. Und so kam ich zu diesem Hersteller nur durch den Trick meines Versandhändlers, der mir einer Lieferung einfach mal so einen Güterwagen beilegte und dazuschrieb: „Ich bin gespannt, ob er dich überzeugen wird."

Meine heutige Einschätzung über das Fabrikat Electrotren:

- Die Güterwagen sind hervorragend detailliert.
- Sie sind superstabil verpackt.
- Die Bedruckung ist konturenscharf.
- Die Wagen rollen leicht und weisen überhaupt einen hohen Fertigungsstandard auf (Kurzkupplungs-Kinematik mit Normschacht etc.). Und zudem
- sind die Wagen, verglichen mit anderen Fabrikaten, im Preis wirklich günstig.

Die Marke wird in Insiderkreisen auch prompt als Geheimtipp gehandelt. Ich weiß inzwischen, dass die Produkte über ein hervorragendes Preis-Leistungs-Verhältnis verfügen – und Sie wissen's nun auch (und werden hoffentlich mal so ein Wägelchen aus neuester Produktion irgendwo zu Gesicht bekommen). Aber: 99 % aller Modellbahner wissen das nicht, denn das Fabrikat ist auf dem deutschen Markt, abgesehen von einigen Spezialläden, kaum gelistet.

Man sollte meinen, dass sich Qualität schon herumspricht – und in Hobbykreisen sowieso. Es ist edel, das zu denken, aber wie in vielen anderen Bereichen gilt auch hier die schwerfällige Devise:

Bewährtes ist meistens gut – und Experimente müssen nicht sein.

Stimmen genügend Fans dieser These zu, dann hat es jeder Neuling oder jede kleine Firma auf dem Mark sehr schwer, wenn derjenige Anbieter einfach darauf setzt, dass eine gute Produktqualität langsam aber sicher auch zu einem guten Umsatz führen muss.

Ich würde sogar so weit gehen und behaupten:

In unserer heutigen Zeit ist es einfacher, schlechte Produkte mit guter Werbung und einem guten Vertrieb in den Markt zu drücken – als gute Produkte erfolgreich zu verkaufen, wenn man es an der nötigen Marketingunterstützung fehlen lässt.

Man kann es auch boshaft so ausdrücken: In Zeiten, in denen die Kritiklosigkeit zunimmt, ist es einfacher als früher, den absoluten Schrott an den Mann zu bringen, wenn man es mit Hilfe guter Werbung nur richtig anstellt. Mehr als um Produktqualität, Gebrauchsnutzen und das Verhältnis von Preis und Leistung geht es dabei um Emotionen – und da bleiben Sachlichkeit und Objektivität schnell auf der Strecke.

Sehen Sie es einmal so, um auf das Beispiel des spanischen Herstellers Electrotren zurückzukommen: Wenn unser Modellbahnfreund Bert sich fuderweise mit Wagen dieses Fabrikats eindeckt, fünf Jahre später aber seine Anlage von einem Güterbahnhof in einen Personenbahnhof umbaut und sich deshalb von seinen ganzen Güterwägelchen dieses Herstellers wieder trennen will, dann muss er harte Überzeugungsarbeit bei den Fans leisten, um diese Produkte überhaupt wieder loszubringen. Dem Hersteller kann deshalb nur wärmstens ans Herz gelegt werden (wenn er denn einen größeren Marktanteil anstrebt), in der Zukunft verstärkt in Werbung und einen guten Vertrieb zu investieren, um ein paar mehr Modellbahner für seine schönen Produkte „heiß zu machen".

Und wo wird gerade beim Vertrieb sind: Da lässt sich so viel falsch machen, dass man sich als Hersteller damit auf Dauer die ganze Zukunft verbauen kann. Negativbeispiele geben mehrere ausländische Modellbahnproduzenten ab. So kommt es öfter vor, dass man die finanziellen Anstrengungen scheut, viel Geld in ein Vertriebsnetz zu stecken. Deshalb bemüht man die Vertreter einer größeren Marke und hängt sich sozusagen hinten dran. Soll heißen: Nachdem die Außendienstler im Laden die Aufträge für ihre Hauptmarken geschrieben haben, ziehen sie dann noch ein Orderblättchen mit dem kleinen Fabrikat X heraus, ganz nach dem Motto: „Wenn Sie davon auch noch was brauchen, dann einfach hier ankreuzen." Es bedarf keines ausgiebigen Kommentars, dass es eine aufstrebende kleinere Firma verdammt schwer hat, wenn sie mit solchen Verkaufs-„Luschen" vor Ort zusammenarbeitet.

Wer als (ausländischer) Hersteller etwas größer ist, leistet sich einen eigenen Importeur – oder auch zwei, die sich das Vertriebsgebiet untereinander aufteilen (z. B. in Nord und Süd). Dabei sind in den letzten zehn Jahren zwei beliebte Spielarten von Seiten der Hersteller zu beobachten, die mit 100-prozentiger Treffsicherheit dazu angetan sind, sich den eigenen Ruf dauerhaft zu ruinieren.

Strategie 1: Lege die Messlatte viel zu hoch!

Das geht so: Sie haben einen deutschen Importeur, der gnädigerweise Ihre Produkte verkaufen darf. Dummerweise gehen die ziemlich am hiesigen Markt vorbei. Der Importeur wünscht sich nun eigene Modelle für seinen Markt – und die kriegt er auch, wenn er sich z. B. verpflichtet, davon 5.000 oder mehr Stück in der Erstauflage abzunehmen, damit sich die Formenkosten rechnen.

Das kann derbe ins Auge gehen: Manchmal kommen Modelle am Markt einfach nicht an – woran nicht einmal unbedingt der Importeurs schuld sein muss, denn vielleicht wurde die neue Lok für den Fahrbetrieb untauglich als absolute „Gurke" geliefert oder präsentiert sich gar als Halbfertigbausatz mit zehn prall bestückten Spritzlingen als Zurüstteile. Das überzeugt die Fans nicht, und so ist vielleicht schon nach dem Absatz von 2.500 Maschinen das Ende der Fahnenstange erreicht.

Der Importeur kommt nun ganz schön ins Schwitzen – und kann dem mit zwei Maßnahmen begegnen: Entweder er lässt weitere Farb- und Epochenvarianten aus der Grundform fertigen (bis irgendwann kein einziger Modellbahner Variante Nr. 32 überhaupt noch sehen will) – oder er verramscht seinen Restbestand an den Handel und kommt so vielleicht plus/minus Null aus dem Abenteuer heraus.

Drücken die Hersteller ihren ausländischen Vertriebspartnern aber öfter unrealistische Stückzahlen rein und artet die Sache dann zwangsläufig jedes Mal in eine „Zum-Schluss-hau-ich-das-Zeug-raus-Aktion" aus, so merken das nach spätestens zwei Jahren auch die Freaks. Und dann heißt's bei jeder Neuheit: „Ach, lass uns erst einmal 2 Jahre warten – mal sehen was dann passiert!"

Strategie 2: Feuere öfter mal einen Importeur; das macht Spaß!

Wenn jemand nicht so kann wie er soll, dann ist er in einer Marktwirtschaft schneller draußen als ihm lieb ist. Das haben auch Modellbahnimporteure schon erlebt – und es waren sehr fähige wie freilich auch total unfähige darunter. Natürlich steht es jedem frei, eine Vertriebsvereinbarung zu kündigen (auch um zum Beispiel selbst mit einer eigenen Niederlassung den Landesvertrieb in die Hand zu nehmen). Allerdings sollte man sich gut überlegen, was dann mit der Ware passiert, die beim „Auslauf-Importeur" noch lagert und die der ja jetzt ganz schnell irgendwie losschlagen muss.

Die feine Variante ist: Man kauft die Ware zurück. Fein geht's in der Branche aber meist nicht zu. Abgesehen davon liegen natürlich vor allem fuderweise die schwer abverkäuflichen Ladenhüter beim Ex-Importeur rum. Soll der doch sehen, wie er die wegkriegt! Dann nimmt das Unglück seinen Lauf, denn es muss zwangsläufig so kommen, dass derjenige Eigentümer diese Ware zu Dumpingpreisen in den Markt schleudert.

Eins ist damit sonnenklar: Der Markt (und ein bestimmtes Preislevel) für dieses Fabrikat ist nach so einer Aktion auf Dauer verdorben – abgesehen davon, dass sich verstärkt Händler von dieser Marke verabschieden werden, denn auch sie haben noch Restbestände in ihren Regalen liegen – und da ist weit und breit niemand in Sicht, der ihnen die Preisdifferenz zwischen ihrem ursprünglichen Einkaufspreis und dem gerutschten Ramschpreis erstatten will.

Es gibt ausländische Hersteller, deren Vertriebsexperten wären vermutlich schon durch die erste

Der Tipp:

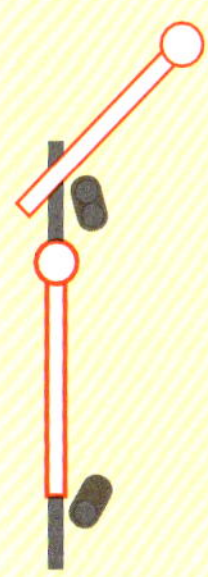

■ Verfolgen Sie so ein Treiben über mehrere Jahre. Studieren Sie die Fach- und Versenderanzeigen und fragen Sie Ihren Fachhändler doch auch einmal nach ein paar Background-Informationen, wenn es mal wieder Artikel zu Schleuderpreisen gibt. Hören Sie in diesem Zusammenhang immer öfter dieselben Herstellernamen, dann denken Sie unter Sammler-Gesichtspunkten daran, dass solche Loks und Wagen auf dem Markt irgendwann bis zu einem „Null-Sammlerwert" herabgesackt sind.

■ Und schlimmer noch: Ist das Image erst ruiniert, geht es gar nicht mehr um einzelne verramschte Produkte, sondern um die ganze Produktpalette schlechthin, die irgendwann in dem Ruf steht „unverkäuflicher und schlechter Billigschrott" zu sein. Wenn es durch Vertriebsfehler so weit gekommen ist, kann der Spiel- und Betriebsbahner von solchen Raushauaktionen noch profitieren, um günstig an Rollmaterial für seine Anlage zu kommen – dem Sammler sollte aber klar sein: Egal wie hoch der Preis für Artikel so einer Firma ist – er ist immer zu hoch, denn das „Zeugs" lässt sich nie wieder absetzen, wenn nicht durch Glück an einen absoluten Neueinsteiger auf einer „Weihnachts-Tauschbörse" ...

Zwischenprüfung eines Volkswirtschafts- und Betriebswirtschaftslehre-Studiums gerasselt. Denn: Auf dem deutschen Markt lassen sich sogar Beispiele finden, wo Produzenten beide eben genannten Strategie nacheinander mit Erfolg ausprobiert haben, so dass ihre Ware geradezu – fast wie im Lebensmittelmarkt – mit einer Art „Dauertiefpreisgarantie" auf dem Markt verschleudert wird.

Zum Imagefaktor ist generell zu sagen, dass man durch Dauerschnitzer selbst ein gutes Image in Fachkreisen auch wieder verlieren kann, und das werden wir im nächsten Kapitel noch eingehender beleuchten. Faktum ist aber auch, dass man ganz allgemein denjenigen Firmen, die sich ein gutes Image erst einmal aufgebaut haben, auch mal einen Ausrutscher verzeiht.

Kommen wir noch einmal auf unser Anfangsbeispiel mit dem Automarkt zurück. Da gibt es ein Fabrikat, mit dessen neuem Kompaktauto sich die Tester von Motorsportzeitschriften schon bei den ersten Testfahrten gleich auf die Seite legten. Im allgemeinen Wortgebrauch ging diese eher peinliche Anekdote als „Der Elchtest" ein. Interessanterweise hat das – nach einigen Nachbesserungen – dem Absatz dieses Autos überhaupt nicht geschadet, denn das Fabrikat besitzt einen guten Ruf – und da kann es ja mal vorkommen, dass einem ein Fehler unterläuft.

Clevere Werbeexperte schafften es zudem, die Sachlage auch noch positiv fürs Unternehmen auszuschlachten, denn mit einer veränderten Fahrwerksabstimmung ließ sich argumentieren, man sei ja flexibel und habe in vorbildlicher Weise auf die Wünsche und Anregungen von draußen reagiert. Das kam an und so gelang es dem Hersteller groteskerweise, aus einem Fauxpas noch einen zusätzlichen Imageschub herauszuholen.

Auch bei Modellbahnern ist die Frustrationstoleranz bei „akzeptierten Marken" ganz gewiss höher als bei Markennamen, die viel weiter unten im Image angesiedelt sind. Dazu ein typisches Beispiel, welches sich neulich beim Fachhändler Harry Hemmschuh abgespielt hat …

Die Situation: Zwei Kunden werden nacheinander bedient. Zuerst Dédé Didier – er ist Wechselstrombahner – und dann der Bert, der 2-Leiter-Gleichstromfan ist. Als Dédé eine neue Delta-Lok von Märklin kaufen will, gibt die keinen Mucks von sich. Händler wie Modellbahnfan sind traurig: So was aber auch. Einhelliger Tenor: *Das kann ja mal vorkommen; nehmen wir eine andere aus dem Regal und schauen wir mal.*

Danach begeistert sich Bert für eine Lima-103er. Fährt auch super, aber das Licht geht nicht. Bert ist enttäuscht: „So eine Krücke aber auch!" Und da der Fachhändler leider überhaupt keine Ersatzteilkiste von Lima lagernd hat (warum eigentlich nicht, werden Sie sich sicher fragen …), bleibt es bei diesem Kaufversuch – denn Bert wünscht keinen Umtausch ("Ach Mensch, die Jungs aus dem sonnigen Süden können das Teil behalten!").

Tatsache ist: Beide Loks funktionieren nicht richtig – und dabei muss das gar nicht immer nur an den Herstellern liegen, denn wenn man manchmal sieht, wie Paketdienste Packstücke geradezu vom Lkw herunterkicken und über den Ladentresen werfen, dann muss man sich wundern, warum eigentlich eher so wenig auf dem Versandwege kaputt geht. Also könnte es durchaus so gewesen sein, dass der Deltadecoder der einen Lok sowie die Birnen der anderen Lok erst auf dem Transportwege durchgeknallt sind. Aber: Welchen Käufer interessiert das schon?

Informationspolitik – was ist denn das, bitte schön?

Das nun folgende Thema ergänzt hervorragend unsere eben abgehandelten Erfahrungen zum Thema Image. Kauft sich unser Freund Bert nämlich eine neue Lok, so kommt das nicht daher, weil er gerade eine Eingebung hatte, wie er heute sein Geld am besten loswerden kann. Seiner Entscheidung geht meist voraus,

- dass er sich vorab über ein Produkt zunächst einmal gut informiert fühlt und
- dass man ihn danach auch weiterbetreuen kann, sollte er später mal ein paar Ersatz- oder Verschleißteile für seine Lok brauchen.

Klappt die letzte Disziplin mit der Ersatzteilversorgung auch noch, dann hat der Hersteller schon einmal dafür vorgesorgt, dass Bert als zufriedener Kunde vermutlich beim nächsten Mal ein Produkt derselben Firma kaufen wird.

Fangen wir aber einmal bei der Infoflut an. Das beginnt mit einer Rundum-Versorgung, und die können Sie bei einigen Firmen bekommen, wenn Sie die wollen und groteskerweise dafür auch noch viel Geld bezahlen. Das Optimum ist also: Sie werden regelmäßig mit Werbezetteln überschüttet, damit Sie keine Neuheit verpassen. Dabei ist es klar, dass Sie diese Werbeaussendungen auch noch bezahlen, weil Sie ja „total heiß" auf die Sachen sind und überhaupt nichts verpassen wollen.

„Ist das noch normal?“, werden sich jetzt einige Fans fragen. Ich will es so formulieren: Das Geld, das Sie für diese Zettelchen umgerechnet investieren, können Sie logischerweise nicht mehr in Sammlermodelle investieren, weil Sie's ja schon dem Hersteller nachgeworfen haben. Ob sich das letztendlich rechnet, muss jeder für sich selbst entscheiden.
Brauchen Sie also solchen Dauerwerbebeschuss nicht, tut es vielleicht auch der jährliche Neuheitenprospekt des Herstellers, der eventuell um spätere Einlegeblätter mit Spontanneuheiten noch ergänzt wird. Auch wenn diese Heftchen in der Regel gratis erhältlich sind: An ihnen können Sie eine ganze Menge ablesen – zum Beispiel ob ein Hersteller Wert auf perfekte Produktpräsentationen und damit auch auf sein Image legt:

Der Kandidat hat 100 Punkte!

In diesem Fall werden die Modelle oder die Vorserienmuster für den Neuheiten-Prospekt mustergültig abfotografiert und mit einem kurzen informativen Begleittext angereichert. Das sollte eigentlich selbstverständlich sein, mag man meinen, aber leider ist es nicht so.

Der Kandidat hat 0 Punkte!

Diese Spielart gleicht einem Krimipuzzle bzw. einer Abenteuer-Tour. Der Hersteller hält in diesem Fall folgenden Überraschungen für Sie bereit:

- Die meisten Neuheiten gibt es nur in Form drittklassiger Vorbildfotos.
- Bei den Artikelnummern ist durch ein total wirres Layout der Seiten Rätselraten angesagt, welche Bestellnummer aufgrund von irgendwie vertauschten Textteilen denn wohl zu welchem Bild gehören mag.
- Die Texte sind mehrsprachig – und damit auch in perfektes Deutsch übersetzt, zum Beispiel mit folgendem überaus hilfreichen Text: *„Dieses moderne Locktype (!) mit ihre 2 filigrane Stromabnehmers sätzt eine neue Massstaab in Detail und Perfeckzion.“*

So etwas ist „der Schenkelklopfer“ schlechthin, so dass man gar nicht darüber nachzudenken wagt, ob es den Herstellerexperten denn wohl letztendlich gelingen dürfte, wenigstens die Loknummer ohne Zahlendreher und die Längsträger-Beschriftungen ohne grobe Sprachschnitzer auf die Modelle aufzubringen.
Damit aber noch nicht genug: In manchen Herstellerprospekten finden sich Neuheiten über mehrere Jahre hinweg immer weiter als Ankündigungen, ohne dass darüber detaillierte Auskünfte zu erhalten sind, wann das Modell denn wohl nun in Serie gehen wird – und ob überhaupt. Das ist nämlich die nächste Crux bei der Sache, denn es gibt durchaus Firmen, die häufen ihre Neuheiteninfos mit Vorbildfotos voll, wo ein Testballon den nächsten jagt – und man letztendlich eine Neuheit mal ins Auge fasst, sollte ein größerer Bestelleingang vorliegen. Den Rest lässt man im nächsten Hauptkatalog ganz einfach wieder sang- und klanglos verschwinden.
Oder noch viel besser, was eine ostdeutsche Firma mehrfach mit Erfolg praktizierte: Irgendeine Totgeburt taucht zwei Jahre später im übernächsten Neuheitenzettelchen doch wieder auf – nun aber unter einer neuen Artikelnummer. Jetzt kommen auch die Händler kräftig ins Schwitzen und blicken irgendwann selbst nicht mehr durch, welche Vormerkungs-Kunden sie nun auf den neuen Artikel umbuchen sollen und welche nicht – und ob es überhaupt wirklich der gleiche Artikel sein wird, das kann den nachfragenden Kunden auch niemand sagen, denn ein Rückversicherungs-Versuch beim Hersteller hat ergeben, so ganz genau wisse man das in der Auftragserfassung auch nicht.
Da ist es sicher kein Zufall, dass gerade Firmen, die ein im Markt überaus schlechtes Image haben, bevorzugt zu dem oben genannten 0-Punkte-Kandidaten passen. Wer etwas auf sich hält und weder die Händler noch die Endverbraucher pausenlos vor den Kopf stoßen will, der kündigt nicht nur etwas in Hochglanzprospekten an, sondern hält sich auch an die eigenen Lieferankündigungen. Einige sind dazu – wohl aus absolutem eigenen Unvermögen – nicht in der Lage und verärgern den Fachhandel schon seit Jahren damit, indem die Topneuheiten mit schöner Regelmäßigkeit waschkörbeweise etwa ab dem 20. Dezember ausliefert werden, so dass der Händler sehen kann, wie er das dann noch bis zum Fest gefälligst verkauft bekommt.
Andere Firmen verhalten sich dagegen vorbildlich, und interessanterweise sind das bevorzugt Produzenten, die beim Handel wie auch beim Modellbahner einen eher guten Ruf genießen, was sich auch im Preislevel der Produkte niederschlagen darf, ohne dass herumgemosert wird. Fleischmann gehört zum Beispiel dazu. Bei dieser Firma kann man sich sicher sein, wenn zu Beginn des Jahres auf der Spielwarenmesse die Neuheitenprospekte ausliegen: Erstens produzieren die Nürnberger auch exakt das, was sie ankündigen, und zweitens

liefern sie das auch noch in den im Prospekt angegebenen Quartalen wirklich aus.
Und sollte die Top-Dampflokneuheit des Jahres in der Ankündigung noch als retuschiertes Vorbildfoto fürs 4. Quartal ausgewiesen sein: Man kann sich darauf verlassen, dass sie trotzdem rechtzeitig vor Weihnachten beim Händler in der Vitrine zu bewundern sein wird. So eine Situation sollte eigentlich der normale Standard sein, ist aber in der Branche eine absolut rühmliche Ausnahme.
Wo wir gerade bei der Infopolitik der Hersteller sind: Unser 2-Leiter-Hobbybahner Bert Eisenwahn ist Mitglied in einem Konsumenten-Club, den ein österreichischer Produzent initiiert hat. Bert ist da schon aus Prinzip beigetreten, um seinem Wechselstrom-Kumpel Dédé, der in einem deutschen Insider-Club der Konkurrenz Mitglied ist, mal so richtig zu zeigen, dass man auch für viel weniger Geld sogar noch viel bessere Informationen kriegen kann.
Bert erhält auch jedes Jahr eine chice Clubkarte zugeschickt, deren Sinn sich ihm bisher noch nicht so richtig erschlossen hat. Da aber Besitz erfreut, hat er die letzten drei erst einmal aufgehoben, denn vielleicht steigen die ja mal im Wert, wer weiß das schon so genau.
Mit den Infos, die Bert gern hätte, hapert es dafür um so kräftiger. Bert ist notorischer Betriebsnummern-Sammler und kauft sich gern jede Neuauflage einer für ihn interessanten Lok, da diese herstellerseits stets mit einer anderen Loknummer ausgestattet wird. Dummerweise hat er in den letzten Jahren aber schon mehrere dieser Neuauflagen verpasst, weil er offenbar das Clubblättchen nicht richtig durchgeblättert hat (oder diese Infos mitunter einfach darin fehlten).
Damit Bert überhaupt noch durchblickt, hat er inzwischen bei einem Versandhändler die regelmäßigen Infolisten gegen Portoersatz abonniert. Der Laden ist offensichtlich besser informiert als der Hersteller – und so kann Bert diesen Zetteln mit schöner Regelmäßigkeit entnehmen, welche Produkte seines Lieblingsherstellers mit welchen neuen Betriebsnummern denn nun erscheinen werden.
Dass Bert nun also für einen Club Beiträge bezahlt, sich seine Infos aber teilweise woanders holen muss, darf als wirklich groteske Leistung gewertet werden. Damit aber noch nicht genug. Der Hersteller, um den es da geht, hat in den letzten Jahren ganze Fuder seines Sortiments in Sonderaktionen zu Drauflegerpreisen „in den Markt gehauen". Was die Wortwahl dieser Aktionen angeht, ist man da sehr innovativ: Es gibt Frühjahrsaktionen, Sommeraktionen, Nikolausaktionen und so weiter, und wenn das nicht mehr reicht, dann hilft noch eine Aktion, dass die Firma ihr 40-jähriges Jubiläum feiert und man deshalb dem Fachhandel mal wieder ein paar „Superangebote" spendiert – das heißt: Produkte im eigenen Haussortiment findet, die man bisher noch nicht verramscht hat.
Bert als Mitglied des Fanclubs dieses Herstellers würde das gern in seinem regelmäßigen Clubheftchen im Vorfeld bereits lesen, damit er sich solche Schnäppchen bei seinem Händler reservieren lassen könnte. Aber Pustekuchen! Denn die Jungs vom Modellbahnclub von nebenan, die einmal wöchentlich mit Fachhändler Harry Hemmschuh ein Bierchen trinken und mit ihm über den neuesten Jahressonderrabatt für den Club pokern, wissen durch Harry immer als Erste von den guten Taten des Herstellers – wenn Bert endlich sein Clubheftchen bekommt, dann ist die Aktion längst vorbei.
Es sei an dieser Stelle die Frage erlaubt, was in den Marketingverantwortlichen so einer Firma wohl vorgeht, die bevorzugt die Sammler ansprechen wollen, sich dann aber so verhalten, dass diese mit schöner Regelmäßigkeit vor den Kopf gestoßen werden. Das ist ein Meisterstück der modernen Marketingkunst, und da dieses Fabrikat auch weiterhin hoch in der Sammlergunst steht, müssen es denn wohl die wirklich hervorragend detaillierten Produkte und die super Laufeigenschaften sein, die viele Hobbybahner bei der Stange halten. Man kann es auch so ausdrücken:

Gröbste Vertriebs- und Werbeschnitzer können nicht gänzlich verhindern, dass etablierte gute Qualität trotzdem noch weiter gekauft wird.

Das ist tröstlich für den Hersteller, aber es müsste ihm eigentlich die Tränen in die Augen treiben, sollte er darüber nachdenken, wie raketenartig sich sein Image und sein Absatz noch steigern lassen müssten, wenn er nur seine Endkunden besser behandeln würde!

Der Modellbahnbereich als Service-Wüste

Nach dem Kauf eines Produktes kommt im Normalfall die Nachbetreuung des Kunden. Für viele Modellbahn-Hersteller scheint diese Disziplin aber ein lästiges und kostentreibendes Übel zu sein, das man sich am besten gar nicht erst antut. Das heißt: Das Geschäft ist dann abgeschlossen, wenn man

die Ware beim Händler abgeladen hat. Der kann sich damit herumärgern, wenn irgendetwas an einer Lok fehlt oder freche Kunden zwei Jahre später gar auf die Idee kommen, für eine Maschine, die eh seit einem Jahr Auslauf ist, doch tatsächlich noch einen Haftreifen nachordern zu wollen.
Dann beginnt der Ärger erst so richtig, und einige Produzenten kennen offensichtlich die allgemeine Faustregel nicht, die da lautet:

Erlebnisse mit schlechtem Service sprechen sich 10-mal so oft herum wie positive Erfahrungen, die man gemacht hat.

Häufig wird verkannt, dass der Servicebereich ein ganz wesentlicher Unternehmensbestandteil ist. Was fährt, das kennen wir von unserem Auto her, braucht ab und zu auch mal ein paar Ersatz- und Verschleißteile. Bei einer Lok sind das kleine Birnchen, Haftreifen, vielleicht auch mal Zahnräder oder sonstige Getriebe- und Motorteile.
Hat der Hersteller die nicht in genügend großer Stückzahl bei der laufenden Produktion mitgefertigt – kann er also nichts liefern, dann zieht er sich in kürzester Zeit den Groll der Fans zu, die nicht gleich eine ganze Lok wegschmeißen wollen, nur weil ein spezieller Pfennigartikel nicht greifbar ist (und es womöglich auch nie wieder sein wird).
Bedenken Sie, dass sich Ihr Problem als Besitzer von solchen Loks noch potenziert, falls Sie sie später einmal wieder veräußern wollen. Hat der Hersteller nämlich aus dieser Situation nichts gelernt, dann liegt der Ruf so eines Fabrikats eh schon am Boden und der Marktwert solcher Loks geht gegen Null. Erschwerend kommt nun noch hinzu, dass Sie solche Maschinen nicht einmal mehr zum Drauflegerpreis an die Spielbahner veräußern können, denn diese Hobbyfreunde fahren noch mit ihren Loks und haben deshalb schon häufiger als die Sammler die Erfahrung gemacht, bei welchen Fabrikaten man mit Ersatzteilen ständig mit dem berühmten „Ofenrohr ins Gebirge" guckt.
Außer normalen Verschleißteilen gibt es einen weiteren Bereich, der in der Praxis oft genug Ärger macht: Die Rede ist von den sogenannten Zurüstteilen; das sind die vielen kleinen Winzigteile, die der Kunde an seinem Rollmaterial noch anbringen muss, will er nicht ständig auf die ganzen Löcher im Gehäuse starren.
Da gibt es Firmen, die sind wahre Meister darin, fast schon einen Bausatz zu liefern, bei dem der Endverbraucher sogar die ganze Dachbestückung mitsamt Leitungen und Isolatoren selbst noch aufrüsten muss, um ein optisch halbwegs brauchbares Produkt in den Händen zu halten. Will es der Zufall, können da dumme Sachen passieren:

- Der Zurüstbeutel fehlt schon beim Kauf, weil entweder jemand beim Hersteller den vergessen hat einzulegen – oder weil böse Buben beim Händler das Beutelchen aus dem Styroporfach rausgeklaut haben.
- Beim Hersteller hat offenbar mal wieder ein technischer Produktentwickler das Lokgehäuse und der nächste die Zurüstspritzlinge entwickelt. Oder anders gesagt: Nichts passt zusammen. Die Zbf-Antenne flutscht schon beim zaghaften Versuch, sie auf dem Dach in das viel zu kleine Loch pressen zu wollen, aus der Pinzette. Und die Rangierauftritte krachen auch gleich wieder ab, als man nach dem Zurüsten die Maschine in den nun viel zu kleinen Einsatz der Schachtel wieder hineinzwängen will.

Nun besteht Handlungsbedarf. Und das ist oft eine Angelegenheit für Leute, die über Ausdauer und starke Nerven verfügen. Wir trieben jemanden aus dem Team eines ehemaligen Modellbahnimporteurs auf, der sich inzwischen allerdings mit einer sauberen Pleite von der Bühne verabschiedet hat:

„Es war der Horror, wenn mal wieder jemand anrief, dass bei einer neuen Lok angeblich was fehlt oder sich nicht montieren lässt. Wir selbst hatten ja auch nicht alle Ersatzteilblätter – und bei denen, die wir hatten, natürlich kaum Ersatzteile. Wann was kam, wusste man auch nicht. Oft hat man dann Karren ausgeschlachtet, die von Händlern zurückkamen, weil sie nicht fuhren – in der Hoffnung, irgendwie das richtige Teilchen für den Kunden getroffen zu haben.
Also, wir hatten die ETs alle in einem großen Plastikbeutel drin. Hat da jemand angerufen und gesagt, ihm fehle der Spritzling mit dem silbernen Läutewerk dran, dann hab ich dem halt – sofern ich in dem Beutel was Ähnliches mit 'ner Glocke dran gefunden habe – zwei so Silberspritzlinge aus der großen Tüte zugeschickt. Manchmal hatten wir sogar Glück und haben das richtige Teil getroffen. Dann haben wir uns alle ganz schön gefreut!"
Das ist bitter, zugegeben, und es gibt Fabrikate, da scheint es auch heute nicht viel besser zu funktionieren – oder gar noch schlechter, zum Beispiel dann, wenn Sie auch auf eine wiederholte schriftliche Nachfrage hin überhaupt keine Antwort erhalten. Wer das schon einmal mitgemacht hat, der wird vermutlich gern meinem Tipp folgen und alle

Loks, die er von so einem Hersteller hat, auf dem Second-Hand-Markt ohne Rücksicht auf Verluste wieder rausramschen. Damit trägt er, nebenbei bemerkt, noch selbst gekonnt zum Niedergang jener Marke bei.

So ein Kunde ist für den Hersteller für immer verloren – ebenso wie sich der immer schlechtere Ruf in der Szene irgendwann auch nicht mehr korrigieren lässt. Ich verrate Ihnen sicher kein Geheimnis, wenn ich Ihnen erzähle, dass ich nicht der Einzige bin, der sich von bestimmten Herstellern überhaupt keine Loks mehr kauft – sondern nur noch Personen- und Güterwagen, weil bei denen im Fahrbetrieb relativ wenig kaputtgehen kann und ich deshalb nicht den offenbar toten Briefkasten so einer Firma mit einem Ersatzteilwunsch bemühen muss.

Ganz heftig wird es, wenn zwei Dinge zusammenkommen:

1. Man will immer an der Spitze des Fortschritts marschieren und deshalb unterliegen die Produkte einem raschen Modellwechsel. Das heißt: Es werden pausenlos verbesserte Neuauflagen nachgeschoben.
2. Gleichzeitig hat man sich der Vorbildtreue verpflichtet, und deshalb spart man nicht mit der

Beilage von massenhaften Zurüstteilen, die der Kunde zur Superung seiner Lok noch selbst montieren darf.

Findige Controller solcher Unternehmen werden inzwischen herausgefunden haben, was das eigentlich für Konsequenzen bezüglich der Folgekosten für die verkauften Produkte haben muss, will man sich auf dem Markt einen guten Ruf bewahren. Vermutlich werden sie deshalb den Tag verfluchen, an dem der Firmenchef für die Detailperfektion und die Zurüstorgien-Politik sein Okay gegeben hat, denn das zieht folgenden Rattenschwanz nach sich:

- Da immer noch mehr Neuheiten und Neuauflagen mit Produktverbesserungen herausgebracht werden, steigt die Zahl der Zurüst- und Ersatzteile, die man vorrätig halten muss, kontinuierlich weiter an.
- Weil einem für viele Produkte der 80-er Jahre längst schon die meisten ETs ausgegangen sind und man sich diesen Fauxpas nicht auch für alle Neuheiten der 90-er Jahre leisten will, muss man gigantische Mengen an Verschleiß- und Zurüstteilen – spätestens beim Auslauf eines Artikels – auf Vorrat bunkern, um die Wünsche der Fans auch noch zehn Jahre später befriedigen zu können.

■ Das kostet massig Geld und Platz: So gibt es in Deutschland eine Firma, die gleich mehrere Mitarbeiter damit beschäftigen muss, nur um diesen Servicebereich einigermaßen auf dem Laufenden zu halten.

■ Da das aufwändige Zusammensuchen von Miniteilen zudem sehr zeitraubend ist, kann man es dem Kunden kaum zumuten, ihm nach einer Vollkostenrechnung den Preis dafür abzuverlangen, den man nehmen müsste, wenn der zum Beispiel ein einziges Teil nachbestellt, das herausgesucht, verpackt und versendet werden muss. Damit wird die Sache zum Draufzahlgeschäft, wenn es einem nicht gelingt, diese Folgekosten gleich von vornherein in den Verkaufspreis eines Artikel einzukalkulieren.

Noch mehr gerät man in eine finanzielle Schieflage, wenn man verschärft mit Briefen bombardiert wird, in denen es überhaupt nicht um zu bezahlende Ersatzteile geht, sondern strengenommen um Reklamationen an Neuware, in denen der Kunde kostenlosen Ersatz fordert. An solchen Vorgängen verdient man kein Geld, sondern setzt letztendlich nur zu, wie das typische Schreiben von unserem Freund Bert beweist:

Bert Eisenwahn
Am Ex-Bahnhof 123 e
99999 Lokfriedhofshofen

Werte Mitarbeiter der Abteilung Kundendienst,

ich habe mir letzte Woche 2 Ihrer Artikel bei meinem Händler Harry Hemmschuh in Halbnullhausen gekauft. Meine anfängliche Freude wurde jedoch stark getrübt durch einige Mängel, die mir erst im Nachhinein aufgefallen sind.
Bei Ihrem ÖBB-Inlands-Steuerwagen 45013 – man gestatte mir die Frage: Warum ist der eigentlich so teuer? – hängt einer der kleinen Scheibenwischer stark durchgebogen sozusagen auf „halb sieben“. Leider steht im Beiblatt keine Ersatzteilnummer dabei. Ich habe mir deshalb die Mühe gemacht, auf der beiliegenden Skizze einzuzeichnen, welches das defekte Teil ist. Wichtig: Wenn Sie genau vor dem Steuerwagen stehen (also entgegen der Fahrtrichtung) und ihn anschauen, dann ist es der linke Scheibenwischer. Bitte seien Sie doch so gut, mir einen neuen Scheibenwischer zu schicken.

Ihre InterRegio-Wagen sind wirklich sehr schön gemacht. Toll finde ich auch, dass dort sogar die Haltegriffe bereits ab Werk montiert sind. Leider aber gibt es bei dem Wagen 45051 keine passende Aussparungen im Styroporeinsatz dafür. Das ist jamerschade, denn bei meinem bei Herrn Hemmschuh erworbenen Exemplar sind die beiden Griffstangen, die unten im Schachteleinsatz zu liegen kommen, so hart ins Styropor reingedrückt und deshalb so schief und krumm, dass sie sich nicht mehr gerade biegen lassen. Leider habe ich auch für dieses Teil keine ET-Nummer auf dem Beipackzettel gefunden, aber ich nehme an, Sie wissen was ich meine? Es sind diese kleinen weißen Dinger an den Einstiegstüren! Bitten schicken Sie mir 2 davon für meinen Wagen zu.

Mit schon einmal bestem Dank erbleibt
Ihr treuer Fan:
Eisenwahn, Bert

Unter Kostengesichtspunkten sind solche Schreiben, die durchaus noch viel länger sein können, eine Katastrophe, bekäme man täglich ein ganzes Dutzend davon. Beim obigen Fall können Sie getrost davon ausgehen, dass da jemand – vom Lesen des Schreibens über das Heraussuchen der Teile bis zur Versandvorbereitung – mit so einem Vorgang gut eine Stunde beschäftigt ist, eine Stunde Arbeitszeit also, die der Hersteller zwangsläufig bezahlen muss. Ich nehme an, Bert wird in diesem Fall, wo es sich offenbar um echte Verpackungs-Folgeschäden und nicht um Teileabzockerei handelt, schon kostenlosen Ersatz erhalten, denn immerhin ist es nicht seine Schuld und die halbe Stunde Schreibarbeit, die er selbst aufgewendet hat, bezahlt ihm ja auch niemand. Trotzdem: Das ist nicht bei allen Firmen so, mit denen Sie als Modellbahner zu tun haben – im extremsten Fall gibt's rein gar nichts: Keine Teile – und nicht mal eine Antwort.

Wenn Sie solche Erfahrungen wiederholt machen, dann können Sie sich sicher sein, dass Sie nicht der Erste sind, der sich damit herumärgern muss. Eines jedenfalls sollte man ganz rasch daraus lernen: Produzenten, die so mit ihren Endkunden umspringen, sind dabei, sich letztendlich selbst ihr eigenes Grab zu schaufeln. Denn warum sollten Sie sich ein Lok leisten, von der Sie wissen, dass Sie sie in die nächste Mülltonne schmeißen können, wenn das erste Verschleißteil erneuert werden muss.

Oder an wen wollen Sie so eine Lok denn überhaupt einmal wieder verkaufen?
Es gibt Hersteller, die kennen das Problem in dieser Dimension gar nicht – und deren Fans werden es ihnen danken. Hat man sich als Produzent darauf spezialisiert, vor allem Metall-Loks herauszubringen und überhaupt keine Zurüstteile beizulegen, dann kann auch nichts am Gehäuse oder am Spritzling krachen und folglich bleibt man von diesbezüglichen Reklamationen schon einmal verschont. Dann gibt es allerhöchstens das Absatzproblem, dass Lupenbahner meinen, man wäre mit der eigenen Produktphilosophie gar nicht in der Lage, ultrafiligrane Loks herzustellen, sondern allerhöchstens robuste Spielzeugeisenbahnen, die dafür im Grunde genommen viel zu teuer seien. Gut, damit müsste man leben, aber dafür lässt sich auf die Vorratshaltung von zig-tausend verschiedenen Minizurüstteilchen in der immer größer werdenden Abteilung Kundenservice verzichten.
Nicht schlecht ist es, wenn die Kunden wissen, dass sie auch in 20 Jahren noch Standardteile für auf der Anlage fahrende Betriebsmaschinen nachkaufen können. Hat sich der Hersteller also nicht den Luxus geleistet, jedes Jahr 100 neue Getriebeteile den eigenen Stücklisten hinzuzufügen, sondern werden die Produkte gnadenlos über einen langen Zeitraum mit immer demselben Innenleben versehen, dann hat das zwar einen Nachteil, denn irgendwann kommt man in den Ruf, die Zeichen der Zeit nicht erkannt zu haben. Andererseits hat man aber bei Sammlern und Fahrern auch einen Stein im Brett, denn: Wenn diese Hobbybahner auch jetzt noch manuelle Umschalter für die Loks nachkaufen können, die sie sich mal vor 20 Jahren angeschafft haben, dann ist der Grundstein dafür gelegt, Kontinuität im Programm zu pflegen und ein gutes Image bei bestimmten Käuferkreisen aufrechtzuerhalten.

Eines muss allerdings noch erwähnt werden, was die Verfügbarkeit von Ersatzteilen beim Hersteller angeht. Bekommen Sie etwas nicht, dann muss nicht immer der Produzent dran schuld sein, was auf den ersten Blick nicht ganz logisch klingt. Generell gibt es erst einmal zwei Möglichkeiten, woher Sie überhaupt wissen können, welches Teil sie für ihr „krankes Fahrzeug" bestellen müssen:

- Der Packung liegt ein Ersatzteilblatt bei (Beispiele: Märklin, Roco, Gützold und viele andere mehr). Das ist guter Standard, denn so können Sie sich in Ruhe die Explosionsskizze ansehen, die Zeichnung mit Ihrer Lok vergleichen und in Ruhe herausbekommen, welches Teil mit welcher Teilenummer denn nun geordert werden muss. Das ist mitunter gar nicht so einfach, wenn es nämlich z. B. linke und rechte Drehgestelle gibt, die sich in Kleinigkeiten unterscheiden.
- Es liegt überhaupt nichts bei (Beispiel: Fleischmann). Dann stehen Sie wie ein begossener Pudel da und tragen Ihr Problem zum Fachhändler. Und wenn Sie Pech haben, dann hat der Besuch allein nicht gelangt und Sie müssen wiederkommen und Ihre Lok mitbringen, damit Sie an der als Demonstrationsobjekt zusammen nachschauen können, welches Wunschteil denn nun welchem Teil auf der ET-Skizze wirklich entspricht.

Damit sind wir bei Disziplin Nummer 2 angelangt: Wo bestellen Sie denn Ihre Ersatzteile? Hier gibt es die folgenden Möglichkeiten:

- Sie können wahlweise bei Ihrem Händler oder direkt ordern (Beispiel: Roco). Oder
- für ET-Order wenden Sie sich bitte ausschließlich an Ihren Händler (Beispiele: Märklin und Fleischmann).

Man sieht: Die Tatsache, dass ein ET-Blatt beiliegt, hat noch nicht unbedingt etwas damit zu tun, dass man auch gleich – wenn man das will – direkt beim Produzenten bestellen kann. Jetzt kann es ein Problem geben, wenn Sie einen Fachhändler vom Typus „unmotiviert" dazwischenschalten müssen: Es kann nämlich gut sein, dass der nicht sofort Lust hat, Ihren Ersatzteilwunsch auch weiterzuleiten.
Manche Händler sind wenig geneigt, Ihnen einen einzelnen Dachisolator zu bestellen, denn das macht viel Aufwand und bringt wenig ein. Gefaxt wird das Formblatt nämlich erst dann an den Hersteller, wenn man mindestens 20 verschiedene Kundenwünsche aufnotiert hat. In der Zwischenzeit behilft man sich gern mit Formulierungen wie: *„Ach ja, ein Drama, sage ich Ihnen – ist nix gekommen."* Sagen wollte (oder: sollte) der Händler eigentlich, dass es bei ihm sechs Monate dauert (und dass, wenn man nun ein echter Pechvogel ist, das betreffende Teil dann herstellerseits wirklich gerade im Rückstand ist …). Wälzen Sie also nicht gleich all Ihre Wut auf einen Produzenten, wenn es beim Umweg über den Händler nicht sofort klappt. Denn an wem es wirklich liegt, wissen Sie erst dann, wenn Sie im Wiederholungsfall einfach mal dasselbe Teil gleichzeitig auch noch bei einem anderen Shop bestellen. Dann ist auch die Beurteilung leichter, ob man mittelfristig lieber das Fabrikat oder den Händler wechseln sollte …

V1
BD Nürnberg
Bw Bamberg
AW Nürnberg

Lektion 4
Die Neuheitenflut: Sammeln „bis zur Bewusstlosigkeit“?

Seit einigen Jahren gibt es die Tendenz von der Umschichtung des Marktes: Weg vom Familienpapi und Gelegenheitskäufer und hin zum finanziell potenten Sammler. In Zeiten der Marktsättigung und des Verdrängungswettbewerbs hat man es als Hersteller heutzutage schwer, will man jährlich saubere Zuwachsraten erzielen, denn die große Masse der Gelegenheitskäufer, die jedes Jahr im 4. Quartal ein paar Erweiterungen für ihre nur im Winter aufgebaute Anlage kauft, hält weder die Industrie noch den Fachhandel am Leben.

Die Tendenz ist unübersehbar, dass sich die Hersteller (sieht man einmal von den herausposaunten Erfolgen der jährlich verkauften Anfangspackungen ab) bevorzugt auf den Sammlermarkt „einschießen“, und das heißt, es werden immer mehr Modelle zu tendenziell immer höheren Preisen in den Markt gedrückt. Gelingt es also einem Produzenten, sich als Sammlermarke zu etablieren, so dass ein Sammler locker den Umsatz von zehn wackeligen Gelegenheitskäufern kompensieren kann, dann verkauft man letztendlich mehr Produkte – wenn auch an weniger Leute. Was bedeutet das nun für den Sammler, der seine Modellbahnkäufe auch unter dem Gesichtspunkt der Geldanlage sieht?

Rein theoretisch müsste es ja positiv zu werten sein, wenn es mehr Sammler als Fahrer und Spielbahner gibt, denn so hätte man es leichter, später einmal den nachwachsenden Sammlern zu „helfen“ – gegen einen angemessen Abgabepreis, versteht sich – deren Lücken zu füllen. Außerdem kann man davon ausgehen, dass ein Sammler sich sehr viel intensiver mit dem Modellbahnhobby und dem Preisniveau auseinandersetzt als ein ganz normaler Eisenbahnfan, der sich ab und zu einmal etwas Neues kauft.

Das heißt: Die Sammler machen die dauernden Produktverbesserungen und Preiserhöhungen der Industrie schleichend mit und akzeptieren deshalb auch eher ein unaufhörlich weiter steigendes Preisniveau des Hobbys. Demgegenüber scheint es so zu sein, dass bei vielen Spielbahnern und „Nebenbei-Hobbyfreunden“ die Akzeptanz des Preisniveaus auf dem Level vom Anfang der 90-er Jahre stehengeblieben ist. Egal zu welchem Preis ihnen etwas angeboten wird, es heißt immer: „Waaaas, so teuer ist das inzwischen?“ Oder anders ausgedrückt: Diejenige Zielgruppe erkennt doch glatt ein Schnäppchen gar nicht mehr als solches, da diesen Leuten – wie unmöglich aber auch! – sogar noch eine Sonderpreislok als teuer erscheint.

Ist es aber so, dass viele Modellbahner der Ansicht sind, ein normaler vierachsiger Eurofima-Personenwagen sei doch schon bei einem Verkaufspreis von 25 € sündhaft teuer – ohne zu wissen, dass es heutzutage schon als normal gilt, eher zwischen 35 € und 50 € dafür über den Tresen schieben zu müssen – dann hat man es bereits geschafft diese Zielgruppe aufgrund der heutigen Preisgestaltung erfolgreich abzuhängen.

Das mag vielen ja egal sein, denn was hat man letztendlich von einem „kleinen Wicht“, der sich im Jahr mal gerade eine neue Lok und ein paar Schienen für ein neues Abstellgleis kauft? Wer das so sieht, begeht einen ganz entschiedenen Fehler, denn unser Hobby lebt auch von der allgemeinen Verbreitung: Da ist es sicher besser, wenn es 100 Fans gibt, die als Modellbahner ihre Freude am Hobby an wiederum 100 andere Neueinsteiger (gratis!) weitergeben und auf diese Weise mit für den nötigen Nachwuchs sorgen – als wenn es nur zehn „Schachtelbahner“ sind, die ihre Sammlung in gut temperierten Kellerräumen vor den Augen der breiten Öffentlichkeit erfolgreich schützen. Und wie heißt es doch so schön im Volksmund: „Kleinvieh macht auch Mist!“

Bleiben wir bei den „Hardlinern“, den Hobbyfans also, die bereit und in der Lage sind, das Hobby exzessiv zu betreiben und ein große Anzahl Spielbahner mit ihrem Umsatz beim Händler locker überholen. Dann heißt das in letzter Konsequenz:

- Die Zielgruppe der Hobbyfreunde wird immer mehr zu den Sammlern hin verschoben; der Rest steigt aus.
- Dadurch gibt es weniger Fans, die sich Modellbahnen kaufen – die Zielgruppe verkleinert sich.
- Jeder, der jetzt aussteigt, ist viel schwerer zu ersetzen, denn nicht jeder Tag steht ein neuer Sammler auf, der Lust und Geld hat, es bei dem heutigen Preisniveau pausenlos „so richtig krachen“ zu lassen.

Nun beginnt es knifflig zu werden, denn man will die Sammler zwar bis an die Schmerzgrenze „zuknallen“ – aber am besten nur bis knapp unter die Grenze, wo sie die Lust verlieren und erbost ebenfalls aussteigen.

Soll das Spiel – zumindest über einen überschaubaren Zeitraum – funktionieren, darf man also niemanden vergrätzen, denn kommt unser Hobbyfreund Bert ins Nachdenken, ob das alles so seine Richtigkeit hat, immer noch mehr zu immer noch höheren Preisen zu sammeln, dann ist es schon fünf nach zwölf, denn Bert wird zwangsläufig zu dem Schluss gelangen, dass das Sammeln als reiner Selbstzweck völliger Blödsinn ist und er finanziell eh kaum noch mithalten kann. Dann wird er

- entweder aufhören zu sammeln und seine ganze Sammlung oder den größten Teil davon in den Second-Hand-Markt drücken,
- oder aber er wird sein Sammelgebiet stärker eingrenzen und sich folglich in der Zukunft viel weniger leisten.

Die Konsequenzen liegen klar auf der Hand:

- Verkaufen viele frustrierte Fans ihre komplette Sammlung, überfluten sie damit den Markt, in dem sich immer weniger Sammler tummeln. Oder anders ausgedrückt: Ein hohes Angebot trifft auf eine geringer werdende Nachfrage. Dann fällt der Preis.
- Oder aber diese Modellbahner trennen sich „nur" von 90 % ihres Rollmaterials und bauen ihre Sammlung nur noch auf Sparflamme weiter aus. Dann haben sie trotzdem noch Unmengen an Ware auf den Sammlermarkt geworfen (und wer sich dann dort bedient, dem bleibt folglich auch weniger Geld für die nächsten normalen Neuheiten, so dass auch derjenige sein Sammelgebiet reduzieren wird). Außerdem rutscht man auf diese Weise aus der stark umworbenen Gruppe der Fans heraus, an dem Hersteller, Händler und andere Sammler weiter gut Geld verdienen wollen.

Damit geht der Strudel abwärts zwangsläufig weiter und der Markt kippt um. Das Preisniveau sackt durch die Bank ins Uferlose und die Industrie kann nur noch versuchen, noch mehr und noch teurere Ware an immer weniger Sammler zu verkaufen, um die Umsatzeinbrüche aufzufangen.

Wem es noch nicht aufgefallen ist: In dieser Phase befinden wir uns bereits. Einige Hersteller versuchen sich bereits mit der Brechstange daran, den Markt endgültig zu überheizen, während andere bestrebt sind, die Sache eher vorsichtiger anzugehen – in der Hoffnung, auf diese Weise nicht mutwillig gar zu viele Fans zu verlieren.

Schauen wir uns einmal genauer an, womit Sie als Modellbahner jedes Jahr geradezu bombardiert werden. Früher gab es einmal im Jahr einen Neuheitenprospekt, da konnte man von „seinen" Lieblingsfabrikaten dann alles bei seinem Händler im Abo vorbestellen, was das Sammlerherz begehrte. Das dürfte heute so nicht mehr funktionieren, denn die Zahl der „normalen" Neuheiten ist zwar annähernd gleich geblieben, wurde aber um ein paar Hundert Prozent durch eine äußerst „innovative Produktpolitik" aufgestockt.

Einmalige limitierte Sonderserien

Das sind Produkte, die nur – zumindest in der angekündigten Variante – einmalig gefertigt werden. Die hat man bis zu einem bestimmten Zeitpunkt vorzubestellen, damit man sich sicher sein kann, sie auch wirklich zu erhalten. Dummerweise gibt es Hersteller, bei denen die Anzahl dieser Neuheiten so langsam die Quantität der ganz normalen nicht limitierten Novitäten kräftig übersteigt.

Das bedeutet für Sie: Die superlimitierten Produkte bestellen Sie am besten schon jetzt alle vor und verpflichten sich bereits im Vorfeld der Produktion bei Ihrem Händler zu deren Abnahme. Wieviel die dann exakt kosten und wann sie genau ausgeliefert werden, kann Ihnen Ihr Händler jetzt unter Umständen auch noch nicht sagen, aber das macht ja nichts. Außerdem sollten Sie am besten gar nicht darüber anfangen nachzudenken, was wohl passieren wird, sollten Sie heute für 2000 € Modelle vorbestellen, die Sie aber ein halbes Jahr später gar nicht bezahlen können, da Ihr Arbeitgeber „umstrukturiert" hat und Sie auf der Straße gelandet sind.

Exportmodelle

Sammeln Sie nicht nur die Modelle Ihres Heimatlandes, können Sie sich mit Exportneuheiten überfluten lassen. Deren Anzahl scheint von Jahr zu Jahr unaufhörlich anzusteigen, und die Variantenflut auch. Hierbei gibt es drei Spielarten. Die gemäßigte ist: Die Modelle werden rechtzeitig angekündigt und Sie können sie ganz normal – wie die anderen Sonderserien auch – bei Ihrem Händler vorbestellen.

Die fiesere Variante geht so: Wenn der Händler endlich mal die Vierfarbprospekte unters Hobbyvolk werfen kann, war der Bestellschluss für ihn schon längst vorbei. Das heißt, er musste schon zu Zeiten ordern, als seine treuen Kunden noch gar nicht die Möglichkeit hatten, einen Infoprospekt mit nach Hause zu nehmen, um sich in Ruhe zu überlegen, was sie aus diesem Zusatzangebot denn nun wirklich „brauchen".

Diese Spielart würde ich als boshafte Variante zur Verärgerung der Händler und Fans einstufen, denn es ist ja wohl nicht besonders schwierig, zu Jahresbeginn, wenn eh festliegt, was man herauszubringen gedenkt, nicht nur den stinknormalen Neuheitenprospekt, sondern auch den Exportprospekt in gedruckter Form auszuliefern.

Fast noch schlimmer für den Sammler ist Variante 3: Sie können bei Ihrem Händler gar keine oder fast keine Exportneuheiten bestellen. Wenn Sie Glück haben, dann lässt sich im Clubmagazin des Herstellers eine Aufstellung mit Artikelnummen finden, was gerade für die Auslandsmärkte geplant ist. Wie Sie an diese Modelle kommen (und ob Ihnen überhaupt mal jemand sagen kann, was denn in dem französischen Vierer-Set Personenwagen nun exakt drin ist), das ist Ihr Problem.

Es gibt einen Hersteller, der sein Exportprogramm inzwischen so stark ausgeweitet hat, dass Sie als Sammler eine gut dreistellige Anzahl an Artikeln jährlich (!) – wo auch immer – bestellen müssten, sollten Sie weiterhin von einem Vollständigkeitsanspruch für dieses Fabrikat einfach nicht abzubringen sein.

Das Problem wird für den Sammler aber noch viel heftiger, selbst wenn er einen Händler findet, der ihm diese Artikel besorgen kann. Es handelt sich nämlich durchweg um kleinere Auflagen, die komplett an den Importeur des jeweiligen Landes geschickt werden. Der hiesige Händler muss dann aufwändig versuchen, diese Produkte zu reimportieren. Damit wird – wie wir noch konkret sehen werden – die Sache noch viel teurer, denn bevor ein Exportwägelchen Sie als Sammler erreicht, haben vorher schon an ihm Geld verdienen wollen:

- der Hersteller
- der Landesimporteur (mitunter nicht zu knapp)
- Ihr Fachhändler – und nicht zu vergessen:
- mehrmals Paketdienste mit unter Umständen gepfefferten Frachttarifen.

Dass ein französischer Corailwagen in 1:87 Sie auf diese Weise weitaus mehr als 50 € kostet, ist da schon fast zwangsläufig normal. Nun können Sie sich schon jetzt an fünf Fingern abzählen, dass Sie es später schwer haben werden, so ein Modell jemals wieder mit Gewinn zu verkaufen, wenn Sie nicht einen absoluten Liebhaber finden, dem dieser Wagen einfach eine Stange Geld wert ist. Als Hersteller antwortet man auf erboste Anfragen von Hobbybahnern, ob es nicht auch anders geht, gern mit folgenden Argumenten:

- Spezielle Exportmodelle interessieren doch wirklich nur wenige Leute; deshalb könne man die nicht auch noch alle mit im Programm aufführen.
- Die Auflage der Exportserien ist klein. Deshalb ist zwangsläufig der Preis hoch.
- Der jeweilige Importeur bestellt die Exportserie im Werk. Deshalb hat er auch das Recht, die komplette Produktion ausgeliefert zu bekommen. Es lässt sich also nichts vorher einfach so für hiesige Hobbyfreunde „abzweigen“.
- Der Landesimporteur beteiligt sich oft an bestimmten Formenkosten einer Neuheitenvariante. Schon deshalb müsse er dann auch über die komplette Auftragsmenge verfügen können, um das Produkt exklusiv nach eigenem Ermessen durchzukalkulieren.
- Einige Importeure lassen sich produzierte Rohlinge schicken, die sie selbst bedrucken. Deshalb würde es dem Fan überhaupt nichts nützen, vor dem Export bereits an die Produkte zu kommen.

Zugegeben: Diesen Argumenten kann man sich nicht gänzlich verschließen. Andererseits darf durchaus gefragt werden, welche Folgen es denn hat, wenn man der eigenen Sammlergemeinde Artikel aus eigener Produktion quasi vorenthält, so dass dieser Personenkreis mitunter detektivische Spürarbeit im Ausland leisten muss (und wer hat schon Lust dazu?), um an neue Wunschmodelle überhaupt heranzukommen.

Tatsache ist: Wenn man als Produzent nichts zeigt, dann gibt es dafür auch keine Nachfrage. Denn ich liege ja wohl sicher nicht verkehrt mit der Vermutung, dass sich mehr farblich schöne Exportvarianten absetzen ließen, würde man die Fans nur angemessen darüber unterrichten und es ihnen ermöglichen, diese Modelle stressfrei auch ordern zu können. Und je höher die Auflage wird, desto geringer sind auch die auf die einzelnen Modelle umgelegten Fixkosten und damit die Verkaufspreise, wodurch sich wiederum eher noch höhere Stückzahlen absetzen ließen. Das müsste doch eigentlich auch im Sinne der Importeure sein?

Somit bleibt festzuhalten:

- Für teure Exportmodelle, die aber fast niemand kennt, gibt es einen sehr eingeschränkten Sammlerkreis. Ob diese Produkte später mal einen Wertzuwachs erlangen, kommt einem Lotteriespiel gleich. Ich jedenfalls würde mich darauf nicht verlassen!

■ Je mehr das Exportprogramm eines Herstellers ausartet, um so mehr minimiert sich auch die Chance, dass es jemanden gibt, der das komplett sammeln will. Denn spanische Personenwagen und schwedische Elloks gleichermaßen ergänzen ja nicht unbedingt optimal das eigene eingegrenzte Sammelgebiet.

Verbands-Sonderserien

Wer jetzt immer noch nicht genügend zum Sammeln hat, kann sich bei Sonderprodukten bedienen, die für spezielle Händler-Initiativen oder Spielzeugverbände hergestellt werden. Das sind mitunter recht schöne Artikel, die nicht ins Normalsortiment des Herstellers gelangen. Da die Auswahl sich meist eng ans heimische Vorbild anlehnt, ist es keine schlechte Idee, sich solche Produkte zu besorgenn.

Die Sache hat für den Sammler allerdings einen Haken, oder besser gesagt: gleich mehrere:

■ Die Auflagen sind natürlich mal wieder limitiert, und wer zu spät kommt, den straft das Leben. Oder anders ausgedrückt: Bitte verplanen Sie durch eine rechtzeitige Vorbestellung schon jetzt einmal Ihr Geld, das Sie später erst verdienen werden!

■ Die Artikel sind meist mehr oder minder preisgebunden (sehr gern gelesene Formulierung: „eine unverbindliche Preisempfehlung der Soundso-Initiative“). Auf diese Weise wird der freie Preiswettbewerb in einer Marktwirtschaft unterlaufen, wobei als Argument herhalten muss, solche Produkte mit einem festen Aufschlag würden dem Händler wenigstens eine akzeptable Gewinnspanne ermöglichen, die er zum Überleben braucht.

■ Es ist jedem einleuchtend, dass diese Preise – also die unverbindlichen natürlich – sich eher an der Obergrenze als an der Unterkante dessen orientieren, was der Markt hergibt. Oder ganz platt gesagt: Sie sind eher teuer. Was aber schon einen gepfefferten Preis hat, muss nicht unbedingt morgen noch teurer werden. Ist es also eine Farb- und Formenvariante, von der das Basismodell im Normalprogramm, günstig kalkuliert, 10–20% weniger kostet, dann ist die Chance groß, dass Sie bis zum Sankt-Nimmerleins-Tag auf einen Wertzuwachs hoffen dürfen.

Damit aber noch nicht genug. Wurde der Preis in völlig utopischen Höhen festgesetzt und verärgert damit die Fans aufs Äußerste, dann gibt es Absatzprobleme im Fachhandel. Der Händler wird deshalb die preislich überzeichneten Produkte unter der Hand günstiger hergeben – und wenn sie dann noch in den ersten Wühlkisten auf Tauschbörsen auftauchen, ist's zappenduster mit einer späteren Wertsteigerung.

Ein Draufleger dieses Preiskatastrophen-Politik ist dann noch: Zu viele Modelle wurden produziert, da die Fans einfach nicht kaufen wollen; wohin aber jetzt mit diesen Modellen? Die liegen je nach Verhandlungstaktik des Auftraggebers nun entweder im Zentrallager des Verbandes herum oder türmen sich beim Hersteller in Europaletten auf. Ganz klar: Die müssen weg, und zwar mehr oder minder unauffällig.

Ein Hersteller neigte früher dazu, das „Zeugs“ an seine ausländischen Vertriebspartner zu Dumpingpreisen zu verschleudern, damit es weit weg vom Schuss ist und nicht den heimischen Markt zu herabgesetzten Preisen überschwemmt. Eine nette Idee, doch können belgische Vertriebsleute auch nicht immer etwas mit fuderweise angelieferten deutschen Altbauelloks anfangen, und da man sich ja in der Branche gut kennt, kam die Ware dann mitunter in großen Stückzahlen wieder zurück und landete bei Händlern wie auf den Börsentischen der Second-Hand-Profis. Ein Fest für Schnäppchenjäger – und eine Katastrophe für diejenigen Fans, die die Loks und Wagen vorher zum Normalpreis im Laden erworben hatten.

Die gemäßigte Variante dessen ist die Aufhebung der Preisbindung nach einer Sperrfrist. Das heißt, die dem Verband oder der Vereinigung angeschlossenen Händler dürfen später die Ware (bei gleichen Einkaufspreis-Bedingungen) marktwirtschaftlich frei kalkulieren und somit günstiger verkaufen als sie sie noch vor einem Jahr „zum unverbindlichen Festpreis“ offeriert haben. Da können dann zwischen 10% und 20% Preisabschlag gut drin sein. Die Pappnase in diesem Spiel haben dabei wieder diejenigen Kunden auf, die nicht warten konnten (oder wollten?) und so heiß auf die damaligen Neuheiten waren, dass sie beim Händler seinerzeit sofort zuschlagen mussten …

Und schließlich gibt es noch die beinharte Variante (die sich bei einigen Herstellern inzwischen auch für Überbestände an Exportmodellen, sofern diese selbst vom Stammhaus aus vermarktet werden, zu etablieren scheint): Eine ehemalige Sonderserie für einen Verband nimmt man, wenn dummerweise zu viele Loks oder Wagen übrig geblieben sind, im nächsten oder übernächsten Jahr in seinen normalen Neuheitenkatalog selbst hinein. Nun kann je-

der Händler diese Ware einkaufen und so kalkulieren wie es ihm beliebt.
Da bietet es sich ja für den Handel geradezu an, solche Produkte, die bereits einen Vorlauf am Markt gehabt haben, zur Preisprofilierung zu benutzen und sehr günstig anzubieten, damit man die ganzen Fans erreicht, die vorher aufgrund des eher hoch festgesetzten Ladenverkaufspreises die Finger davon gelassen haben. Der Verlierer ist logischerweise wieder: Der Hobbybahner, der (zu) früh zuschlug.

Nüchtern betrachtet ist diese Methode das beste Mittel überhaupt, um eine Quasi-Preisbindung zu Fall zu bringen. Denn wenn so etwas wiederholt praktiziert wird, bleibt das den stets gut informierten Hobbyfreaks natürlich keineswegs verborgen.
Fahren die dann aber gehäuft die Strategie, bei preisgebundenen Neuheiten erst einmal abzuwarten, ob der Preis nicht doch fällt, dann haben sie im Grunde genommen, wenn auch eher unwissentlich, bei einer knallharten Boykottpolitik mitgemacht.
Soll heißen: Verkauft sich eine (zu?) teure neue Lok logischerweise nicht gut, wird sie später zwangsläufig herausgeramscht werden müssen. Eine feine Sache in einem abwärts strudelnden Markt, denn so komme ich als Hobbybahner ja mit unabwendbarer Gesetzmäßigkeit tatsächlich günstiger an meine Wunschartikel heran.

So bleibt als Fazit festzuhalten:
Ob mehr oder minder limitierte Produkte, die – zumindest anfangs – zu politisch gewollten Festpreisen offeriert werden, auf die Dauer tatsächlich im Wert steigen, darf tendenziell eher bezweifelt werden. Zwar wird es einige Loks und Wagen geben, die nach einer gewissen Zeit schon im Wert zulegen, doch stehen diesen Artikeln die Mengen an Rollmaterial entgegen, die preislich etwas oder gar kräftig nachgeben werden!
Wenn Sie bis hierhin gelesen haben, dann sind Sie bezüglich des Begriffes „limitierte Auflage“ (soll heißen: gesuchte Rarität; später echt wertvoll; sofort kaufen!) vermutlich schon so abgestumpft, dass Sie irgendwann den Bestell-„Kick“, der Ihnen bei diesem Begriff in den Kopf schießen müsste, schon gar nicht mehr wahrnehmen. Das heißt: Limitiert oder nicht, das ist Ihnen völlig egal – und wenn Sie Produkt XY unbedingt haben wollen, dürfte es auch in einem Jahr kein Problem sein, da noch dranzukommen – ja, vielleicht werden einige Händler Sie sogar anflehen, sie von solchen Teilen zu erlösen.

In der Praxis heißt das:
- Der Sammlermarkt ist durch Überreizung schon einigermaßen zusammengebrochen.
- Immer mehr Hobbyfreaks steigen aus.
- Das Preisniveau sinkt.
- Es kommt nur derjenige mit einem blauen Auge aus der Sache heraus (oder erlöst sogar später einmal einen leichten Gewinn beim Wiederverkauf), der vorsichtig gesammelt und der vor allem sehr, sehr günstig eingekauft hat!

Der Tipp lautet deshalb:

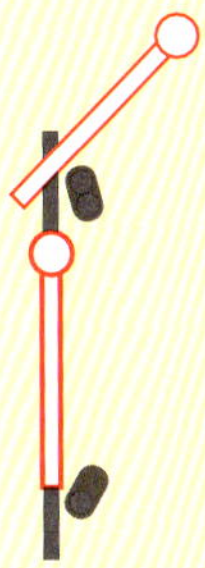

Egal ob Sie Nerven zum Warten haben, sich auf Börsen billig bedienen oder einen hervorragenden Kontakt zu einem oder mehreren Fach- und Versandhändlern pflegen: Im Einkaufspreis liegt der Gewinn (oder der minimierte Verlust, wenn's dumm läuft), nicht in einem utopisch hohen späteren Verkaufspreis!
Leider sind wir noch nicht fertig mit den ganzen limitierten Auflagen, mit denen sich der Markt auf Dauer hervorragend kaputtmachen lässt. Jetzt kommen nämlich die wahren Sahnehäubchen, bei denen man nur noch mit den Ohren schlackern kann ...

Clubmodelle – strengstens limitiert

Sie können in sich gehen: Wie wäre das, wenn Sie Geld bezahlen müssten, um überhaupt erst einmal die Berechtigung zu erlangen, ein bestimmtes Premium-Produkt kaufen zu „dürfen“! In jedem anderen Wirtschaftszweig würden Sie bei dieser Idee des Herstellers oder Händlers in schallendes Gelächter ausbrechen. Aber im Modellbahn-Sammlermarkt machen Tausende Fans jährlich dieses Spiel mit. Und das geht so:
- Sie zahlen (mal wieder). Diesmal Geld für einen Clubbeitrag.
- Eine der Leistungen dieses Clubs: Sie dürfen sich das Jahressondermodell, dass der Hersteller für diesen Club produziert, freundlicherweise kaufen.
- Was das überhaupt für ein Modell ist und wieviel es kosten soll, das setzen andere für Sie fest.

■ Das einzige, was Sie zu tun haben: Sie füllen den Reservierungsschein aus und tragen ihn zu Ihrem Händler. Irgendwann später (wann das exakt ist, wissen Sie zumindest so ungefähr, aber auch nicht genau) treten Sie mit Bargeld an und holen das beim Händler eingetroffene Modell ab.

■ Wenn Sie Glück haben, dann gibt's zu der Lok sogar ein Zertifikat, total individuell auf Ihren Namen ausgestellt. Eine feine Sache!

■ Dieses Zertifikat können Sie sich an die Wand nageln oder es bleiben lassen, falls Sie damit nichts anzufangen wissen. Wichtig aber ist, dass Sie's behalten, denn später einmal, wenn das Modell irre im Wert gestiegen ist, können Sie es mit prallem Aufschlag nur dann verkaufen, wenn auch das Zertifikat dabei ist. Ohne dieses Stück Papier ist die Lok – das ist ja auch sehr logisch – keinen Pfifferling wert.

So weit, so gut. Nehmen wir an, Sie haben bis zu dieser Stelle noch nicht darüber nachgedacht, ob das alles noch normal ist. Das wäre gut für Sie, denn jetzt müssten Sie zu dem Schluss kommen, sich hier in eine wahre Wertanlage eingekauft zu haben, denn etwas anderes ist ein limitiertes Premiumprodukt nicht. Dummerweise sieht die Realität im Leben oft ganz anders aus. Stellen Sie sich mal Folgendes vor:

■ Nicht jeder, der in dem Club Mitglied ist, will so eine Lok überhaupt.

■ Ist es mal wieder ein Superexot – eine französische Ellok zum Beispiel, die meist durch den Kanaltunnel fährt – und ist das Modell auch noch eher teuer, dann „braucht" man so etwas in der Sammlung nicht unbedingt.

■ Der Fachhändler sammelt aber trotzdem massenhaft die Berechtigungsscheine zum Bezug dieser Modelle bei seinen Kunden ein – also auch bei denen, die mit dem ultralimitierten Teil nun überhaupt nichts anfangen können.

■ Fachhändler Harry lässt sich dabei von folgenden kühnen Überlegungen leiten: Da ist ja ein bemerkenswerter Aufschlag drauf, so dass ich die Modelle auf jeden Fall im freien Markt zu einem niedrigeren als dem festgesetzten Verkaufspreis wieder loseisen kann – und dabei immer noch die Kasse ein bisschen klingelt. Das nennt man dann: „Einen Zusatzumsatz tätigen".

■ Leider sind mehrere Händler „so klug" und fahren die gleiche Strategie.

■ Kaum ist das Modell ausgeliefert, tauchen auf der Tauschbörse nebenan schon die ersten zehn Jahressondermodelle unter Normalpreis auf. Die braven Fans, die „ihr Modell" ganz regulär im Laden erworben haben, sind fassungslos.

■ Dummerweise will fast niemand so eine französische Lok kaufen. Auch nicht als superlimitierte Maschine, und auch nicht zu 15 % unterm Normalpreis.

■ Der Preisstrudel abwärts setzt ein, und die Spekulanten bleiben auf dem Teil buchstäblich sitzen.

■ Fünf, sechs Jahre später wird die Lok in Fachkreisen mit vielleicht nicht einmal mehr 60 % ihres ehemaligen offiziellen Verkaufspreises gehandelt – und der Börsenhändler ist froh, wenn er ab und zu überhaupt mal wieder eine wegbekommt.

„Wie konnte denn das bloß passieren?", wird sich der geneigte Fan ohne Hintergrundinfos jetzt fragen. Doch die Antwort ist klar: So musste es kommen. Und damit sind wir gar nicht mehr so weit entfernt von der angeblichen „Wertsteigerungskurve" der vorhin behandelten Verbands-Sonderserien.

Was heißt das in letzter Konsequenz?

■ Jeder, der das zweimal mitmacht, dem reicht's. Folglich wird der Tag kommen, wo auch der treueste Fan seinen Reservierungsschein nur noch beim Händler abgibt mit dem ausdrücklichen Vermerk: „Nach Auslieferung bloß nicht an mich weitergeben!"

■ Dann landet fast die komplette Auflage dieser angeblich so begehrten Exklusivserien auf dem freien Markt von Angebot und Nachfrage, wo ein Festpreis leider nicht vorgesehen ist.

■ Je dümmer die Modellauswahl war (sorry: Je weiter an den Bedürfnissen der Hobbybahner vorbeigeplant wurde), um so mehr sackt der Marktwert so einer Hochpreis-Exklusivlok.

■ Und wer will, der kann sie sich mit etwas Geduld dann später kaufen: Entweder durch einen vorher ausgemachten Deal mit seinem Händler – oder auf den sogenannten Tauschbörsen. Damit ist die ursprüngliche Preisstrategie für das Produkt vollends zusammengebrochen.

Also: Wenn Sie der Ansicht sind, der Preis eines Clubs würde sich ja schon deshalb rechnen, um überhaupt an die begehrten Sammlerstücke zu kommen, die später stark im Wert anziehen werden, dann prophezeie ich Ihnen schlimme Enttäuschungen in den nächsten Jahren und viele schlaflose Nächte mit Ihren Hobby: Modellbahnen als Wertanlage!

Dekomodelle und umsatzabhängige „Belohnungen“

Um den Sammlermarkt endgültig zum Kippen zu bringen, kann man es als Hersteller mutwillig auch noch mit den folgenden Strategien versuchen, die – immer wieder neu und immer wieder schön – gern aus der Trickkiste einiger Produzenten hervorgeholt werden.

Das erste Stichwort heißt: Das Dekopaket fürs Schaufenster des Händlers. Das kann er bei einer Sonder- oder Exportartikelaktion bestimmter Hersteller bekommen. Dummerweise ist der bevorzugte Platz im Schaufenster der Händler leider aber sehr begrenzt – und deshalb gibt es fiese Herstellerstrategien, die den Händler dazu bringen, mit so einem Riesenpappaufsteller samt Rollmaterial auch wirklich für eine begrenzte Zeit sein Schaufenster zuzupflastern – denn: Nur dann gibt es auch eine wirkliche Belohnung für den Händler. Weiter will ich das hier gar nicht ausführen, damit Sie nicht den Glauben an die Menschheit verlieren, aber seien Sie versichert: Solche Herstellerdekos stehen oft nicht etwa einfach „zufällig“ im Fenster rum, nur weil der Händler gerade nichts Besseres mit seiner Präsentationsfläche anzufangen weiß.

Lassen wir das und kommen zu den Loks und Wagen, die in so einem Dekostück ausgestellt sind. Da können mitunter nämlich einmalige Sondermodelle dabei sein – also z. B. Lokvarianten mit einer speziellen Bedruckung. Diese extrem limitierten Sahnestückchen gibt es – wie sollte es anders sein – natürlich nur in Verbindung mit dem gesamten Dekopaket zu kaufen, im freien Handel wird dieses Modell danach womöglich gar nicht erhältlich sein. Vermutlich ahnen Sie jetzt schon, was das praktisch bedeutet:

- Ihr Händler hat ein Dekopaket, leider aber zwei notorische Sammler, die jede Blechlok in jeder Variante unbedingt brauchen, egal ob sie nun in quietschegelb, grasgrün, durchsichtig oder einer anderen schönen Fantasiefarbe erhältlich ist.
- Beide Freaks lassen pro Jahr einige tausend Euro in dem Laden und wollen die Lok. Händler Harry Hemmschuh hat aber nur eine.
- Das ist toll für ihn, denn einen der beiden verärgert er zwangsläufig – und wenn Harry Pech hat, dann ist derjenige so sauer, dass er den Fachhändler wechselt. Damit badet Harry nun etwas aus, wofür er überhaupt nichts kann.

Letztere Möglichkeit ist leider noch die noch gemäßigte Variante. Sie heißt ja im Grunde genommen nur, dass der (Ex-) Kunde – nein: Es ist nicht unser Bert, denn der will dieses Fabrikat eh nicht sammeln! – seine Kaufwut nun zu einem anderen Händler verlagert, der Branche aber erhalten bleibt.

Die Sache kann aber auch gewaltig in die Hosen gehen. Hat der Fan sich nämlich gar zu kräftig geärgert, dann reicht es ihm entweder mit dem Sammeln dieser Marke oder im schlimmsten Fall mit dem Sammeln überhaupt. Denn Händler Harry hat ihm ja eigentlich durch sein fein dekoriertes Schaufenster vor den Kopf gestoßen und ihm kundgetan:

Bätsch, gucks's dir da draußen ruhig noch einmal an. Da ist es, aber du kannst es nicht von mir bekommen!

Das ist eine einmalige Strategie, um jemanden endlich mit der Brechstange davon zu überzeugen, dass er mit dem Sammeln sofort aufhören sollte.

Eine nette Variante dieser Spielart: Streng limitierte Artikel werden umsatzabhängig geliefert. Das heißt: Händler Harry sichert sich beispielsweise für jede 50.000 € Jahresumsatz bei dem betreffenden Hersteller ein Exemplar des neuen superlimitierten Triebzuges. Setzt er also im Jahr 100.000 € um und hat drei Sammler, dann ergibt sich das selbe böse Problem für ihn wie oben mit den Dekopaketen. Oder anders gesagt: Er bezieht Prügel von seinen Kunden – den Sammlern also, die man ja besonders bevorzugt behandeln sollte, damit sie bloß nicht aus der Szene aussteigen.

Mit solchen Maßnahmen macht man sich – wie wir später noch sehen werden – seinen eigenen Markt systematisch und grob fahrlässig kaputt, und zwar endgültig.

Alles in allem: Eigentlich ist es ganz einfach, unseren Modellbahnfan Bert und alle seine Kollegen bei der Stange zu halten und nicht pausenlos neu vor den Kopf zu stoßen. Nur leider sieht die Praxis anders aus. Beobachten Sie den Markt doch einfach mal in nächster Zeit etwas genauer. Dann werden Sie sehr schnell feststellen, welche „Sammlermarken“ Ihnen auf Dauer unter Wertanlage-Gesichtspunkten unter Garantie verschärfte Probleme bereiten werden und welche nicht. Hersteller, die mutwillig und wiederholt mit ihre Fans Schlitten fahren, werden in der Sammlergunst sinken. Erst langsam – und dann immer kräftiger. Das ist die Quittung dafür, wenn man versucht, die Gesetze des Marktes außer Kraft zu setzen, offenbar frei nach dem Motto:

Wir können uns alles leisten – was kümmern uns da die Händler und die Sammler?

Der Abschlusstipp:

Sie erkennen einen guten Hersteller, der seinen Markt für Sammler verantwortlich weiterentwickelt, an folgenden Maßnahmen bzw. am Unterlassen der folgenden Fehlleistungen:

■ Artikel mit mehr oder minder einzuhaltenden Festpreisen dürfen nicht später in Riesenmengen im Preisverhau des Normalmarktes landen.

■ Man limitiert nicht gleich 90 % seiner Novitäten jedes Jahr neu und überbietet sich jährlich mit einer immer noch größeren Neuheiten-Olympiade.

■ Die Fans der Firma werden ausführlich über alle Export- und sonstigen Sammlermodelle informiert. Man fährt nicht etwa die Strategie, wer schon so dumm ist, das alles sammeln zu müssen, der soll doch sehen, wie er an die Sachen kommt.

■ Man beschäftigt nicht nur „Flaschen“ in der Abteilung Marketing & Produktionsplanung. Deshalb kann getrost darauf verzichtet werden, jährlich mehrere Dumping-hau-raus-Aktionen zu fahren, um seine ganzen Lagerhüter mit Gewalt in den Markt zu ramschen – und zwar so lange, bis es einem endlich gelungen ist, quasi jeden Lok- und Wagentyp mit mindestens einer Variante schon einmal verschleudert und so selbst das Sammlerpreisniveau in den Keller gefahren zu haben.

■ Und man verärgert die Fans nicht damit, dass man schon aus Prinzip weniger produziert als bestellt wurde, so dass sich die Sammler gegenseitig (oder den Händlern ...) die Köpfe einschlagen können und dann im nächstem Schritt genervt aussteigen. Produziert wird bei einer limitierten Auflage exakt das, was am Markt nachgefragt bzw. vorbestellt wird – weder tonnenweise mehr, noch verknappt weniger.

Werbeloks – der moderne Alptraum für Sammler

Auf den letzten Seiten haben wir schon gesehen: Mit einem „Dauerbeschuss“ von limitierten Sonderserien gerät der Markt für Sammler gewaltig ins Schwanken. An einem aktuellen Beispiel lässt sich exakt aufzeigen, wie der Markt, wenn man ihn erst einmal erfolgreich überhitzt hat, letztendlich krachend zusammenbricht und das Preisniveau am Boden liegt.

Es begann alles vor ein paar Jahren beim großen Vorbild in der Schweiz. Dort machten findige Werbefachleute bei den SBB eine innovative Einnahmequelle ausfindig: Neue Lokomotiven lassen sich als fahrende Werbeträger umfunktionieren. Zwar pocht heutzutage jeder gut gebildete Marketingexperte auf das Corporate Design einer Marke – und das heißt: Vom Briefpapier bis zum Toilettenpapieraufdruck einer Firma muss alles im Design aufeinander abgestimmt sein. Aber wenn's ums liebe Geld geht, dann kann man schon mal eine Ausnahme machen.

Folglich gaben die SBB Elloks der modernen BR 460 für bunte Ganzreklame frei – gegen ein angemessenes Entgelt, versteht sich. So um die zehn Maschinen, war anfangs zu hören, sollten es sein, die da kunterbunt durch die Lande fahren würden. Das rief natürlich auch die Modellbahnindustrie auf den Plan, da man auf diese Weise eh vorhandene Formen wunderbar für diverse auch im Vorbild vorhandene Varianten nutzen kann – also sozusagen ein Geschenk des Himmels.

Das 460er-Werbefieber erfasste alle bekannten am Markt vertretenen Spurweiten, und wer das unschätzbare Glück hatte, HO-Bahner zu sein, der durfte sogar unter mehreren Herstellern auswählen, die allesamt Werbe-460er anboten: Nach Märklin und Märklin Hamo gesellte sich Roco dazu, und da das offenbar noch nicht reichte, mischte dann auch noch HAG als kleinerer Schweizer Hersteller mit.

Das Argument, warum man hier als Fan einsteigen sollte, ist schnell formuliert: Auf diese Weise erhält der Modellbahner die Möglichkeit, in ein optisch höchst interessantes und gleichzeitig sehr überschaubares Sammelgebiet einzusteigen. Und weil die Nachbildungen ja größtenteils aus limitierten Einmalserien bestehen, ist eine automatische Wertsteigerung ja eigentlich schon fast garantiert.

Die Frage ist nun: Was heißt denn hier „EIGENTLICH“? Die Antwort ist ganz einfach: Noch nie in den letzten zehn Jahren haben Sammlermodelle einen derartigen Preisrutsch mitgemacht wie im Fall der Werbelokomotiven. Schauen wir uns einmal an, wie die Industrie es geschafft hat, unseren Hobbyfreund Bert und seinen Kumpel Dédé mit ihrem Sammelgebiet der 460er-Werbeloks fast in den seelischen (und finanziellen) Ruin zu treiben.

Das Drama fängt schon beim großen Vorbild ein, denn die Vermietung von Lokomotiven als Werbeflächen entpuppte sich als gigantische Einnahmequelle. Ob es also bei den etwa zehn Vorbildloks

geblieben ist, die da als Zahl anfangs im Raum gestanden waren, können Sie anhand der Modellbahnkataloge selbst in etwa herausbekommen.
Ganz abgesehen davon: Selbst wenn es so gewesen wäre: Niemand hat gesagt, dass nicht ein und dieselbe Maschine nacheinander mit völlig verschiedenen Werbefolien beklebt werden kann. Ganz genau: Sie haben da schon am Anfang „leider“ etwas falsch verstanden: Aus zehn können so ganz schnell 20 werden – oder gar 30 …?

Das Übel nimmt nun seinen Lauf, da jeder Extremsammler ja meistens auf „seine“ Marke fixiert ist. Wer die Werbeloks also als Märklin-HO-Maschinen sammelt, braucht die von Roco nun ganz gewiss nicht. Oder umgekehrt: Unser Freund Bert, der angefangen hat, die Roco-Loks zu sammeln, kann beim besten Willen nicht erkennen, warum er – Metallgehäuse hin, Metallgehäuse her – für die Göppinger Produkte, die eh viel lauter im Fahrgeräusch sind, auch noch mehr Geld auf den Tisch legen sollte.
Leider haben Bert und seine Gesinnungsgenossen die Rechnung ohne den Wirt gemacht – und prompt gelang dem Hersteller Märklin die Platzierung eines gekonnten Hebeschusses. Die Göppinger kamen nämlich als Erste auf die wahrlich nicht dumme Idee, selbst eine Lok als Werbeträger zu mieten. Und weil's so schön ist, stattete man die zunächst mit Werbemotiv 1 und danach dann sogleich mit Motiv 2 aus, so dass man die Sammler auch gleich mit zwei Varianten beglücken konnte.
Folglich fuhr die 460 017-7 mit einem Märklin-Schriftzug in 1:1 zunächst als sogenannte „Heizerlok“ und danach dann als krass bunte „Alpaufzugslok“ durch die Lande. Dabei dürfte es wohl einigermaßen klar sein, dass Roco so eine Maschine kaum nachbilden will (oder darf?), um somit auch noch Werbung für die Konkurrenz zu machen. Bert ist entsetzt, denn nun tun sich die ersten Lücken in seiner Roco-460er-Sammlung auf.
Bert müsste jetzt „fremdgehen“, denn Märklin war so freundlich, diese beiden Nachbildungen auch als Hamo-Modelle für die überzeugten Gleichstrombahner anzubieten. Zum „Normalmärklinpreis“ in gewohnter Metallausführung, versteht sich. Bert ist schon jetzt mit den Nerven fast am Ende und weiß nicht, was er machen soll.
Auf der anderen Seite ergeht es auch den Märklinisten nicht viel besser: Berts Kumpel Dédé Didier konnte noch darüber freuen, dass nur Märklin – aber nicht Roco – eine weiße 460er mit „Ciba“-Werbung herausbrachte. Doch die Freude endete jäh, als danach nur Roco die zweite Version der „Ciba“-Lok präsentierte. Die war dann, um ehrlich zu sein, eher noch hübscher anzusehen – in einem gelungenen Blauton mit vielen kleinen Vögeln als Illustration, die sich zu einem Ciba-Schriftzug verdichteten. Schrecklich aber wahr: Die Variantenflut der Werbe-460er nahm unaufhörlich weiter zu, im Vorbild wie im Modell, und nicht jeder Hersteller brachte auch jede Variante. Wem das nötige Kleingeld nun noch nicht ausgegangen war, der musste mitansehen, dass der Kleinserienhersteller HAG die Lizenz für einige Varianten erhielt, die nun weder bei Roco noch bei Märklin erhältlich waren. Dass HAG-Maschinen noch ein bisschen mehr kosten als die vergleichbare Modelle der Großserienproduzenten, sei da nur noch am Rande erwähnt.
Langsam aber sicher dämmert es den Fans, dass sie sich hier nicht auf ein überschaubares Gebiet, sondern auf ein Fass ohne Boden eingelassen haben und man ihnen das Geld auf plumpste Weise aus der Tasche zieht. Endlich – die Industrie hat es geschafft: Gleichstrombahner Bert und Wechselstromsammler Dédé sind beide stocksauer. Sie sitzen vor ihrer vollbestückten Vitrine mit Werbe-460ern und kommen ins Grübeln – eine Situation, die die Industrie besser vermieden hätte.

Was passiert jetzt zwangsläufig?

- Bert und Dédé kommen unabhängig voneinander zu dem Schluss: So geht es nicht weiter; wir sind doch nicht das Werkzeug der Industrie!
- Bei ihrer klugen Entscheidung haben ihnen einfallslose Designer beim großen Vorbild geholfen: Nach mehrheitsfähiger Meinung sieht etwa die Hälfte der Werbeloks in natura „bescheuert“ aus – oder zumindest einfallslos. Dabei mag sich jeder selbst davon überzeugen, ob ein atemberaubendes Styling zum Beispiel so aussehen darf, dass man eine rote Lok gänzlich quietschegelb beklebt und dann nur noch ihre Seitenwände mit fetten großen Lettern des Werbeträgers verunziert.
- Was im Vorbild schlimm aussieht, wirkt auch im Modell nicht unbedingt besser. Bert entschließt sich, nur noch die Varianten zu behalten, die ihm optisch selbst gut gefallen. Das sind fünf Stück; die anderen will er auf den Second-Hand-Markt werfen.
- Sein Kumpel Dédé sieht das noch krasser: Er will alle Loks verkaufen, weil er sich schwarz geärgert hat – und außerdem glaubt, behält er auch nur die zwei schönsten, dann wird er irgendwann spä-

052 524-6

ter doch wieder welche neu dazukaufen und das Drama geht wieder von vorn los.

Das Problem bei der Sache: Leider denken nicht nur unsere beiden Modellbahnfreunde so, sondern noch Hunderte anderer Gleichgesinnter auch. Mit Schrecken muss Bert deshalb mit ansehen, dass immer mehr Privatleute in Kleinanzeigen der Magazine und auf Tauschbörsen ihre Werbe-460er anbieten – und je mehr Leute „aufwachen" und sich diesem Trend anschließen, um so katastrophaler wirkt sich das auf das Preisniveau aus.

Damit ergibt sich die groteske Situation: Die Modellbahnfirmen bringen pausenlos weitere 460er-Varianten raus, die, inflationär bedingt, im Händler-Verkaufspreis eher noch steigen, während gleichzeitig aber alle bisher produzierten Modelle auf dem Sammlermarkt erheblich im Wert sinken.

Rein marktwirtschaftlich müsste dann eigentlich Folgendes passieren:

1. Die Industrie fährt die Auflagen kräftig herunter und produziert nur noch Ministückzahlen der 460er-Neuheiten.
2. Durch diese Verknappung setzt wieder eine Nachfrage ein, die höher als das Angebot ist – und der Wert der 460er (zumindest der neueren in Kleinstauflagen hergestellten) steigt wieder.

Sind Bert und Dédé also zu früh ausgestiegen und haben sie – vergleichbar mit dem Aktienmarkt – einfach zu schwache Nerven gehabt? Ich würde sagen: nein! Denn: Eine noch so kleine Produktionsauflage nützt überhaupt nichts, wenn 90 % der Fans inzwischen gänzlich das Interesse an diesem Sammelgebiet verloren haben. Dabei wird es gewiss Varianten geben, die aufgrund eines gelungenen Werbedesigns im Wert zumindest nicht krass sinken werden. Dem stehen aber auch weiterhin die ganzen hässlichen Versionen entgegen, für die uns schon die Werbeloks der ersten Generation mahnend lehren, was mit ihnen auf dem Sammlermarkt wohl passieren wird.

Werfen wir an dieser Stelle einmal einen Blick in die Sammlerkataloge. Der sog. „Koll's" ist dasjenige jährlich erscheinende Werk, das bemüht ist, den Märklin-Sammlermarkt preislich abzubilden. Die Preistaxierungen sind ganz bestimmt, so meine ich, mit einer gewissen Vorsicht zu genießen (weitere Infos zu diesem Thema enthält das im Vorwort genannte Buch „Schnäppchen-Tipps Modellbahn"). Doch ohne über Einzelheiten solcher Preisangaben in Sammlerkatalogen streiten zu wollen: Nehmen wir einmal an, dass zumindest die preisliche Tendenz eines Modells, beobachtet man es über Jahre hinweg in so einem Katalog, nachvollziehbar ist.

Kommen wir auf den „Koll's" und die Märklin Werbe-460er zurück. Wir bewegen uns jetzt in unser altvertrauten DM-Währung. Nehmen wir als Beispiel eine gelbe 460 „Danzas" (Artikel-Nr. 3453). Diese ist erstmals im 96er Koll's verzeichnet. Ein Sternchen vor dem Preis gibt an: Die Maschine ist zu diesem Zeitpunkt noch im Handel erhältlich. Das Sammlerwerk weist aus: *410 DM.

Es wurde ja schon davon gesprochen, dass wir bemüht sind besonders preisgünstig einzukaufen, um nicht ganz schnell „mit abgesägten Hosen" dazustehen, wollen wir uns mal wieder von etwas trennen. Deshalb nehmen wir einfach mal an, diesen Preis hat unser Freund Bert anfangs nicht bezahlt: Sein Händler überließ ihm diese Metall-Maschine für knapp
350 DM – das wäre ein Preisabschlag von 15 %. Für die nachfolgenden Jahre weist der Koll's die folgenden Sammlerpreise für diese Lok aus:

460 018-5 gelb	Jahr: 1996	350,00 DM
„Danzas"	(s. o.) Preis ca.	
	Jahr: 1997	300,00 DM
	Jahr: 1998	240,00 DM
	Jahr: 1999	220,00 DM
	Jahr: 2000	200,00 DM

Da wir Berts Einkaufspreis schon ein bisschen abgesenkt haben, wollen wir uns mit den Tendenzen am Markt beschäftigen, die das Jahr 2000 bietet.

Dabei ist auszumachen, dass die meisten der fünf Jahre alten Märklin-Werbeloks auf Tauschbörsen sowie in privaten wie auch gewerblichen Kleinanzeigen mitunter zu solchen Preisen erworben werden konnten:

- Einige Händler haben es immer noch verstanden und zeichneten die Modelle „herabgesetzt" mit um die 300 DM aus, wohl frei nach der Devise: Wir wollen doch nur das herausbekommen, was wir auch selbst schon im Einkauf dafür bezahlt haben!
- Standardpreisauszeichnungen, die auch niemanden mehr vom Hocker hauen, bewegen sich inzwischen in der Tat bei 198,00 DM.
- Wer gesehen hat, was dann passiert, lockt mit einem weiteren Preisrutsch: 175,00 DM.

■ In Einzelfällen, wo Leute noch auf ganzen „Fudern“ an 460er sitzen, die einfach nicht wegzubekommen sind, tauchen auch schon mal Preise von 149,00 DM auf.
Übrigens: Ich habe mit der „Danzas“ nicht gerade eine unrühmlicher Ausnahme herausgesucht, die besonders stark im Wert fällt. Auch eine Märklin 3450 (460 weiß „Ciba“) erlebte zum Beispiel nach dem oben genannten Sammlerhandbuch inzwischen denselben Preisrutsch – und die 460 „Agfa“ unterschritt nach dieser Quelle im Handbuch 2000 mit 190 DM bereits die magische 200 Mark-Grenze.
Der arme Tropf Dédé hat inzwischen eine schmerzliche Erfahrung gemacht und den Glauben an die Menschheit fast verloren – und daran, dass Märklin-Eisenbahnen eine klasse Wertanlage sind. Im Jahre 2000 trennte er sich nämlich von seinen ganzen Werbe-460ern, und das ging so:
■ Einige hat er nach Kleinanzeigen für den Preis veräußern können, die in etwa dem Zeitwert des obigen 99er-Sammlerwerkes entsprechen.
■ Die restlichen 15 zeichnete er bereits um die 20 % tiefer aus als es dem Circa-Marktwert des Jahres 2000 entsprach. Er fand trotzdem keinen Interessenten und durfte auch noch seine Kleinanzeigen bezahlen.
■ Schließlich kaufte ihm der Second-Hand-Profi Prof. Sub-Zero alle 15 Maschinen ab, bot aber nur 115 DM je Lok – 1.725 DM für alle Werbeloks zusammen.

Der Professor exklusiv zu seiner Strategie:

■ „Dédé hat ja selbst gesehen: Die Loks gehen nicht. Der Markt ist tot. Und ich hab' das ganze Risiko. Die 15 Stück werde auch ich, der jede Woche auf einer Börse anbietet, nicht binnen eines Jahres los.
■ Drei Stück sehen noch ganz nett aus. Die nehme ich auf die Börsentische mit. Für 150–175 DM krieg' ich sie sicher mal verkauft.
■ Bei den restlichen baue ich die Delta-Module aus und trete sie an meinen befreundeten Fachhändler ab. Dann hat der neue Ersatzteile zu einem günstigen Preis erhalten, sollte einem seiner Kunden so ein Ding durchhauen – oder falls jemand mal eine ältere Maschine bei ihm mit dieser Elektronik nachrüsten lassen will.
■ Die gerupften Loks baue ich dann zum Dummy um und haue sie auf den Börsen zum Kampfpreis von 99 DM raus. Mit dem Argument: ‚Voll aus Metall, Leute – und die Dummys sind super für Doppeltraktionen!‘, kommen sie bei den Wechselstromfahrern gut an! Für ‚knapp 'n Hünni‘ geht das noch durch!“
Für Sie als Leser ist es jetzt vermutlich an der Zeit, die Luft anzuhalten. Modelleisenbahnen als Wertanlage? Sie sehen, was im extremsten Fall passieren kann: Ein Second-Hand-Börsenprofi zerlegt fünf Jahre alte ungelaufene Maschinen in Einzelteile, um bei seinem doch eigentlich sehr günstigen Einkaufspreis des Dédé-Paketes noch irgendwie auf innovative Weise an den Loks Geld verdienen zu können.

Das heißt – bitter ausgedrückt:
An diesen Loks machte zuerst der Produzent, dann der Händler (wenn er schnell war) und ganz zum Schluß der Second-Hand-Händler einen Gewinn. Der Sammler aber machte als Einziger einen gepfefferten Verlust! Man kann es beschönigend vielleicht noch gerade so ausdrücken: Auch wenn der oben skizzierte Wertverlust linear weitergeht – eine Lok wird zumindest nicht unter den Wert fallen, den einige ihrer Einzelteile als Ersatzteilspender bringen. So etwas schreiben zu müssen, grenzt allerdings schon fast an Sarkasmus …

Für unseren Sammler Dédé bleibt festzuhalten:
■ Gekauft hat er die ersten Werbeloks im Jahre 1996 für 350 DM.
■ Da diese nach vier Jahren noch ungefähr einen Buchwert von 200 DM hatten, sind die Maschinen in dieser Zeit um ca. 40 % (!) im Wert gefallen.
■ Papier ist aber geduldig und Dédé hat mitansehen müssen, dass es trotz abstürzendem Preisniveau nicht möglich war, die meisten dieser Loks überhaupt wegzubringen. Er verkaufte alle restlichen Loks deshalb an einen Börsenprofi und musste nun, bezogen auf seinen Einkaufspreis, 2/3 seines Anschaffungspreises ablassen!
So gigantisch können Sie kaum mutwillig Geld wegwerfen! Man kann es auch plastisch in den schwärzesten Farben so schildern: Bei den 15 an den Professor im Block veräußerten Loks hat Dédé allein in diesem Sammelgebiet in kurzer Zeit mehr als 3.500 DM, wie man so schön sagt, „verballert“.
Nun könnte man sagen, dieses Beispiel sei doch wohl irgendwie konstruiert und etliche der Loks hätte der Sammler auf dem freien Markt einzeln doch viel höher wegbekommen als zum Preisdumping von 115 DM. Das ist schon richtig, aber in diesem Fall müssen Sie auch Folgendes sehen: Bleiben zum Schluss vielleicht sieben Maschinen übrig, die wirklich niemand will, dann wird auch ein knall-

harter Second-Hand-Mann wie Professor Sub-Zero diese Loks nicht mehr ankaufen wollen – auch nicht für 115 DM das Stück. Dann aber kommt Dédés Rechnung gar nicht mehr hin – und die Maschinen liegen in seinem Sammlerregal buchstäblich „wie Blei" herum und stiften überhaupt niemandem mehr einen Nutzen …

Gleichstromfreaks brauchen sich jetzt übrigens gar nicht auf die Schenkel zu klopfen, denn unserem Freund Bert ist es mit seinen Roco-Maschinen nicht viel besser ergangen: Zwar hat er für sie im Schnitt 25 % weniger bezahlt als Dédé für seine Metall-Lokomotiven und hatte noch vor einem Jahr beim Modellbahner-Fachgespräch frech herumgefeixt: *„Tja, mein Guter, meine von Roco waren fast 'n Hündi billiger, aber dafür fahren sie auch besser und leiser!"*

Der Spott aber brachte ihm bei seiner späteren Verkaufsabsicht herzlich wenig ein, denn:

- Während man Märklin meist irgendwie immer noch wegbekommt, gab es offenbar noch weniger Sammler, die in Roco-Gleichstrom mit Werbe-460ern neu einsteigen wollten.
- Auch Second-Hand Händler winkten ab und wollten die Loks überhaupt nicht kaufen (oder, wie Sub-Zero, höchstens zu 99 Mark, aber nur dann, wenn auch schöne wie eine blaue „Ciba" oder eine bunte „TCS Schwalben" mit dabei sind!).
- Echtes Nervensausen überkam Bert, als Ende 1999 ein gar nicht mal so unbekannter Großversender die Roco Werbe-460er fuderweise auf den Markt warf und mehr als zehn Varianten davon in seinem Hausprospekt für schlappe 124,95 DM anbot. Da wusste es jeder Interessierte, was die Loks heute so am Markt „bringen" …
- Das Resultat: Noch heute besitzt Bert einige der Loks – eine weiß-orange „Agfa" und eine gelbe „Danzas" zum Beispiel – und hat sie mangels Nachfrage frustriert in seine Vitrine gestellt.

Die ganze Angelegenheit verschlimmert sich für Bert dadurch, dass er als Vollständigkeitssammler auch noch ein bisschen fremdgegangen ist. Die weiße 460 „Ciba", die's seinerzeit nicht als Roco-Modell gab, hat er sich deshalb logischerweise in der Märklin-Hamo-Version gekauft (Artikel-Nr. 8350). Interessanterweise hat sie damals bei seinem Händler exakt soviel gekostet wie die Wechselstrom-Ausführung seines Freundes Dédé. „Wieso denn das?", werden Sie sich jetzt fragen, denn wenn weder ein Delta-Modul noch ein elektrischer Umschalter in der Lok drin sind, dann müsste sie als Gleichstrom-Variante ja wohl eigentlich eher spürbar billiger sein.

War sie aber nicht, und ohne dies werten zu wollen, werfen wir noch einmal einen Blick in den schon zitierten „Koll's". Auch wenn die Hamo-Preise in diesem Standardwerk doch sehr stark an der unteren Grenze angesiedelt sind: Die Lok wird in der 2000er-Ausgabe unter dem Preis des Wechselstrom-Pendants geführt, nämlich mit 180 DM.

Das will uns sagen, dass Bert mit seiner Hamo-Investition noch mehr Geld in den Sand gesetzt hat als Dédé mit der Wechselstrom-Ciba. Eigentlich sonderbar, werden sich viele jetzt denken, denn die Maschine hat es in dieser Variante doch gar nicht von Roco gegeben, wieso soll sie denn in Hamo nicht mehr wert sein als z. B. eine gelbe Danzas-460, die der Sammlerkatalog auch mit 180 DM angibt, die man sich aber auch von Roco hätte kaufen können?

Hierzu gibt es zwei mögliche Erklärungsversuche:

1. Der Sammlerkatalog hat keine Ahnung und geht krass am Markt vorbei. Oder, was wahrscheinlicher ist:
2. Der Markt für Werbe-460er ist fast gänzlich zusammengebrochen, und da ist es fast egal, wer denn nun welche Variante herausgebracht hat und welche nicht: Alles ist schwer verkäuflich, und obendrein wollen viele Roco-Puristen eh kein Märklin kaufen – auch wenn sie zugeben müssten, dass zum Beispiel eine Hamo-„Heizerlok" vom Design her wirklich nicht schlecht anzusehen ist und eine Sammlungsbereicherung darstellen würde …

Das Fazit dieses Kapitels lautet also:
Bert und Dédé machen beide lange Gesichter und haben hautnah miterlebt, dass Modellbahnen nicht automatisch eine Wertanlage darstellen, sondern mitunter – wenn man es falsch anfängt – sogar zu einer wahren Geldvernichtungsmaschine ausarten können. Im vorliegenden Fall hat die Modellbahnindustrie unseren Sammlern vorbildlich dabei geholfen, aus den existierenden Formen noch buchstäblich das Letzte herauszuholen, auch wenn der Markt damit kräftig überhitzt wurde und der Sammlerwert solcher Modelle folglich ins Uferlose sackte.

Solche Politik wird sich – wenn sie wiederholt vorkommt – katastrophal auf den Sammlermarkt auswirken. Und ganz nebenbei gesagt: In der Zwischenzeit sind die Preise für Neuware natürlich weiter gestiegen – und es gibt auch bereits die hauseigene dritte Märklin-Werbe-460er als Modell.

Doch das ist Bert völlig egal – und Dédé auch. Beide sind nämlich inzwischen zu „kritischen Sammlern“ mutiert, die nur noch gezielt und selektiv Loks und Wagen sammeln, da sie eine heftige Breitseite zum Thema Wertverlust abbekommen haben.
Die Quittung dafür werden in der nächsten Zeit erhalten: Die Hersteller und die Händler, die weniger an ihre Stammkunden verkauft bekommen. Dass gerade die Fachhändler dafür rein gar nichts können, muss man einfach als persönliches Pech bezeichnen. Aber vielleicht denken auch mal ein paar Hersteller darüber aktiv nach, woher das denn bloß kommen mag, dass das Händlernetz immer weiter ausgedünnt wird und alteingesessene Fachgeschäfte, die aus Altersgründen ihren Laden verkaufen wollen, oft überhaupt keinen Nachfolger mehr finden, der sich das Risiko antun will, viel Kapital in ein Projekt mit ungewissen Zukunftsaussichten zu stecken.

Was kann man aus dem Drama der Werbe-460er lernen?

Ist man als Modellbahnsammler auf einen Zug aufgesprungen, der leider mit voller Wucht in Richtung Prellbock fährt und hat man an bestimmten Preisrutsch-Modellen keine Freude mehr – will sie also wieder „loseisen“ – dann ist folgende Strategie anzuwenden:

- Wer sieht, dass die Situation kippt und die Preise ins Strudeln geraten, braucht Mut und eisenharte Nerven, um seine unausweichlichen Verluste in Grenzen zu halten.
- Warten Sie möglichst nicht, ob sich eine Situation nicht doch wieder beruhigt und die Preise wieder anziehen – in 90 % der Fälle wird das nicht passieren.
- Setzen Sie also selbst die Preissturz-Spirale mit in Gang und verschleudern Sie zu Beginn eines Negativtrends Ihre Modelle tunlichst schon dann.
- Bewegen Sie sich immer einen Schritt der allgemeinen Preisverfall-Tendenz voraus. Haben Sie also Loks einer Produktfamilie für Stück 350 DM eingekauft und stehen diese Modelle augenblicklich bei 250 Mark, dann gehen Sie – auch wenn's weh tut – bereits jetzt mit 200 Mark in die Offensive. Das ist besser, als wenn zwei Jahre später die 200 Mark womöglich schon als allgemeine Obergrenze für diese Produkte gehandelt werden und Sie dann noch mehr Federn lassen müssten – vorausgesetzt, Sie finden in einem vollgestopften Markt dann überhaupt noch jemanden, der Ihnen Ihre Modelle noch abkaufen will.
- Denken Sie immer daran: Egal was Sie sammeln – es gibt kein Gebiet, wo alles auf jeden Fall im Wert steigen wird. Wäre das so bei Modelleisenbahnen, würde jeder vernünftige Geldanleger seine Barmittel risikolos in Eisenbahnmodellen unterbringen. Und das wäre nun wirklich zu einfach und zu schön, um wahr zu sein.

Kurze Denkpause, denn es geht weiter mit deutschen Werbeloks. Die gibt es nämlich auch schon, und wer als Märklinist will, könnte zum Beispiel zunächst einmal die Ladenpreise und danach die Sammlerkataloge wälzen, wie es denn mit den ersten Werbe-120ern am Markt aussieht. Schmerzverzerrte Gesichter werden da bei Maschinen wie der „Teun-Hocks“-Lok oder der „DIT“-Lok die Folge sein, die sich preislich auch nicht gerade in einem Strudel aufwärts bewegt haben.
Inzwischen wurden im Vorbild auch schon die ersten Neubauloks der BR 101 als Werbeträger freigegeben, eine z. B. als Fußball-WM-Maschine, und dann sind da noch die Lokomotiven, mit denen der Hersteller Bayer für sich selbst und sein Produkt „Aspirin Plus C“ wirbt. Ob solche Modelle später am Markt als der totale Brüller gehandelt werden oder man sich im Gegenteil rein präventiv mal lieber jetzt schon ein Aspirin einwerfen sollte, sofern man auf eine spätere Wertsteigerung hofft – diese Prognose überlasse ich jedem gern selbst.

Mit Modelleisenbahnen rasant in die eigene Pleite

Eine kleine Anekdote zum Schluss dieses Kapitels. Sie erzählt von einer Begebenheit, die sich erst vor wenigen Wochen ereignet hat – und verwickelt ist darin ein guter Kumpel von Bert, nämlich sein Sammlerkollege Tussel Viking.
Der gehört zu den notorischen Sammlern, die bei ihrem Händler, Versandhändler und Second-Hand-Händler geradezu herumbetteln und ständig neue Superangebote „brauchen“, um ihren Kaufrausch – auch als Sammlerwut bekannt – in immer höheren Dosen überhaupt noch befriedigen zu können. Je mehr also Tussel nach Angeboten lechzt und Kaufbereitschaft in alle Richtungen signalisiert, um so mehr wird er in einem abnehmenden Markt damit förmlich „zugeknallt“. Die Folgen liegen auf der Hand: Tussel schöpft zum ersten Mal in seinem Leben den Kreditrahmen seines Kontos – auch Dispo genannt – bis an die Grenze aus.
Man kann es brutal auch so formulieren: Tussel Viking verschuldet sich wegen seines Hobbys, da er

die Sache nicht mehr ganz im Griff hat. Kluges Nachdenken hätte ihn nämlich zu der Einsicht gebracht, dass die Kontoüberziehungszinsen so gesalzen sind, dass aufs Jahr gerechnet von seinen Schnäppchenkäufen nicht mehr gar zu viel übrig bleibt, da er die Differenz zwischen Superpreis und Normalpreis eh gleich an seine Bank abtritt. Doch so wie Tussel geht es vielen Modellbahnfans – und das kann böse enden.

Eines Tages passiert, was freilich nicht eingeplant war: Tussel überquert in leicht benebeltem Zustand die rote Fußgängerampel und wird von einem Siebeneinhalb-Tonner gestreift. Die Folgen: Ein sechsmonatiger Aufenthalt im Krankenhaus. Nach ein paar Wochen empfängt er keinen Arbeitslohn mehr, sondern nur noch Krankengeld – und langsam aber sicher gibt es eine beträchtliche Deckungslücke auf seinem Konto zu beklagen. Das ruft auch den Filialleiter von Tussels Hausbank, Herrn Dr. Eduardo Gebennehmer, auf den Plan, als der mitansieht, dass sein Kunde den eingeräumten Überziehungskredit von zwei Monatsnettogehältern (in dem Fall 2.500 €) von Woche zu Woche weiter überzieht. Der Vorstand der Bank hatte im letzten Jahr eh entschieden, dass einem die Großkunden lieber sind als so ein mittlerer Angestellter. Das heißt: Entweder man kreditiert gleich Millionen oder Milliarden (da kann bei einer sauberen Pleite dann immer noch der Staat mit einer Bürgschaft aushelfen) – oder man gibt jemanden ein paar Prozent mehr Zinsen, wenn der gleich eine ganze Million anlegen will. „Risikominimierung“ nennt man so eine Strategie im Übrigen.

Für Tussel und seine Modellbahnkumpels ist bei diesem Geldvermehrungsgeschäft aber kein Platz mehr. Das Resultat: Kaum ist der Mann wieder aus dem Krankenhaus zurück, kürzt ihm Dr. Gebennehmer seinen Dispo von 2.500 auf 0. Die Begründung: Das Institut sieht in Tussels Kontoführung ein ganz schönes Risiko. Und Risiken liebt man gar nicht als Hausbank. Da war folglich schneller Handlungsbedarf angesagt. Und geradezu selbstverständlich ist, dass der Doktor gleich noch die knüppelharte Variante wählte, um Tussels Konto zu sanieren, denn einige Überweisungsträger und Daueraufträge, die nach der Dispokündigung nun keine Deckung mehr aufwiesen, ließ der adrette Herr gleich zurückgehen – zum Beispiel die monatliche Rate fürs Leasing-Auto und die Überweisung an Tussels Modellbahn-Versender, damit der Kunde so richtig ins Schwitzen kommt.

Und so geht die Geschichte zu Ende: Tussel bemüht sich um einen Gesprächstermin bei dem Direktor der Bank und bekommt letztendlich zumindest einen bei dessen stellvertretendem Stellvertreter. Der will für die Erteilung eines erneuten Dispos „Sicherheiten“ sehen, um das „unverantwortlich hohe Risiko“ für die Bank zu minimieren. Tussel hat sich das schon fast so gedacht und hat deshalb eine Inventarliste seiner Modelleisenbahnsammlung mitgebracht – und außerdem die letzten Preiskataloge eines Versandhändlers, damit jeder sofort erkennen kann, dass hochgradig realistische Preise eingesetzt wurden.

Der Wert der Fahrzeugsammlung wird von Tussel auf 50.000 € addiert – und das sollte ja wohl reichen, um einen lausigen Dispo über magere 2.500 € zu erhalten – meint er.

Das aber meinte die Bank dazu, und das ist beileibe kein Einzelfall:

- Die Versenderpreisliste nennt irgendwelche Verkaufspreise für Neuware. Dabei lässt sie außer acht, ob die Modelle zu dem Preis überhaupt in großem Stil absetzbar sind oder ob Modell XYZ nicht erst dann in der Stückzahl „1“ vom Versender überhaupt geordert wird, sollte sich tatsächlich ein Kunde für dieses Teil interessieren.
- Tussel hat aber strenggenommen nicht einmal Neuware bei sich gebunkert, sondern Second-Hand-Modelle, von denen unerheblich ist, ob sie nun gelaufen sind oder nicht.
- Der jetzige Verkaufspreis der Modelle sagt noch überhaupt nichts darüber aus, ob diese fünf Jahre später überhaupt noch denselben Preis erzielen, denn dann sind sie ja größtenteils gar nicht mehr in der dann aktuellen Verkaufsliste jenes Versenders drin.
- Und wenn die Bank und Dr. Gebennehmer mal von anderen Branchen ausgehen – Pkws zum Beispiel –, dann ist es ja wohl so, dass die Kundschaft immer die neuesten und verbesserten Modelle kaufen will. Soll heißen: Wer einen Neuwagen zehn Jahre in der Garage stehen lässt, braucht sich nicht einzubilden, für den nun viel mehr erlösen zu können, als wenn er damit auf zehn Jahre verteilt 100.000 Kilometer abgespult hätte.

Das Resultat ist daher für die Bank klar: Die Modelleisenbahn-Sammlung eignet sich „null“ als Si-

cherheit – nicht einmal für einen lausigen Dispositionskredit von 2.500 €. Das ist Realität – und Tussel ist nicht der Einzige, dem so etwas widerfahren ist.

Jetzt werden Sie vielleicht sagen: „Dieser Bankmensch hat doch keinen blassen Schimmer: Ich kann wohl schlecht ein Auto, welches einen Gebrauchsnutzen hat, mit einem Sammlermodell vergleichen, oder?“ Ist es also so, dass Innovationen aller Art, die auch in Miniaturmodelle eingebaut werden, für den Sammlermarkt nicht von Bedeutung sind? Ja: Haben denn Modelleisenbahnen primär keinen Gebrauchs-, sondern inzwischen eher einen Sammlernutzen? Damit wollen wir uns im nächsten Kapitel genauer beschäftigen. Und dann wird sich zeigen, ob wir zum Schluss sogar die Argumentation von Dr. Gebennehmer nachvollziehen können. Denn die ganze Wahrheit ist meistens wie das richtige Leben, und das ist mitunter ganz schön hart.

Der Abschlusstipp:

Hobbyartikel sollten Sie möglichst nicht kreditfinanzieren. Und tun Sie es doch, dann müssen Sie über verdammt viel Erfahrung und Marktgespür verfügen und brauchen auf jeden Fall zuverlässige Insiderquellen aus Industrie und Handel, damit Sie sich nicht gar zu oft verschätzen. Denn das alleinige Lesen von drei Fachmagazinen für Endverbraucher wird Sie nicht in die Lage versetzen, die notwendigen Informationen zu haben, die Sie brauchen, um treffsicher einzukaufen und die „Hänger“ alle liegenzulassen – die Artikel also, von denen die meisten Fans heute noch nicht ahnen, dass sie schon morgen Flops sein werden!

Lektion 5
Innovationen im Modellbahnsektor: Wer will „alte Gurken" kaufen?

Erinnern wir uns noch einmal an die Zweiteilung des Sammlermarktes: Altes Blechspielzeug auf der einen Seite – und moderne Modelleisenbahnen auf der anderen. Beschäftigen wir uns also mit modernen Produkten, die – bevor sie von Sammlern zweckentfremdet wurden – auch einen Spiel- und Beschäftigungsnutzen haben, dann ist durchaus die Frage erlaubt: Wie wirken sich „bahnbrechende Produktneuerungen" auf das Sammlerniveau aus? Dies soll an einigen charakteristischen Bereichen untersucht werden, in denen sich in den letzten Jahren einiges getan hat.

Der richtige Längenmaßstab – Spielen oder Sammeln?

Bewegen wir uns wieder im Bereich der HO-Modelleisenbahnen, dann haben wir mit der höchst interessanten Situation zu tun, dass ein- und derselbe Personenwagentyp von verschiedenen Herstellern in insgesamt vier unterschiedlichen Längenvarianten produziert wird. Dabei wäre alles ganz einfach, denn ein Eurofima-Schnellzugwagen ist im Vorbild 26,4 Meter lang und das wären heruntergebrochen aufs Modell dann 30,3 Zentimeter. Erstaunlicherweise hat dieser Exaktmaßstab aber erst seit den 90er Jahren in großem Stil in der Produktion von Großserienmodellen Einzug erhalten. Damit gibt es zur Zeit folgende Längentypen bei Personenwagen am Beispiel eines normalen vierachsigen Schnellzugwagens oder Eurofimas:

LüP	Längenmaßstab	Hersteller (Beispiele)	Bemerkungen
24 cm	1 : 110	Märklin	sog. „Blechwagen"
26,4 cm	1 : 100	Märklin, Roco, Piko, Lima	verkürzte Wagen
28,2 cm	1 : 93,5	Fleischmann	Zwischenmaßstab
30,3 cm	1 : 87 exakt	Roco, Piko, Lima	maßstäbliche Wagen

Die folgende Frage gleich zu Beginn der Diskussion ist natürlich erlaubt. Sie heißt ganz platt formuliert: *„Was soll denn überhaupt der Schmarrn mit verkürzten Wagen – warum denn nicht gleich maßstäblich exakt?"*

Die Frage ist einfach zu beantworten: Je maßstäblicher die Nachbildung und je länger der Wagen, um so weniger lang kann Ihr Zug bei in der Regel beengten Raumverhältnissen auf der Anlage werden und um so größer müssen Sie zudem Ihre Radien bauen, damit nicht in der erstbesten Kurve der halbe Wagen jenseits des Gleiskörpers über der grünen Grasmatte hängt.

In diesem Zusammenhang gibt es noch etwas zu bedenken: Die maßstäblich langen Wagen schwenken in kleineren Normalradien – die sehr oft auf Anlagen verbaut sind – so stark aus, dass das Spielvergnügen je nach Gleisfabrikat mitunter in vorprogrammierten Totalcrashs enden kann oder mit umgestürzten und aus den Schienen gehebelten Wägelchen. Und das aus diesen Gründen:

- Kommen sich zwei Züge mit langen Wagen in kleineren Radien entgegen, dann schwenken alle Wagen bei engem Parallel-Gleisabstand so weit aus, dass sie sich in der Mitte alle unsanft berühren.
- Oberirdische Weichenantriebe können der nächste 1:87-Schreck sein, nämlich dann, wenn die Längsträger der Wagen mit lang heruntergezogenen Schürzen bei den Weichenabzweigungen gegen die Antriebe stoßen und sich dann hüpfend vom Schienenstrang verabschieden.
- Viele Fans haben ihre Signale so eng neben die Gleisen gebaut und dann natürlich im Bahnhof auch ganz knapp vor Beginn der Kurven, dass man mit langen Wagen, die mit Zügen aus der Gegenrichtung einlaufen, hervorragend ganze Signalmasten und -ausleger umnieten kann.

- Die „Langen" mögen sehr stark gekrümmte Auffahrten zu Überführungen meist auch nicht sonderlich – und so kann es schon mal zu abgehobelten Brückengeländern kommen. Im Höchstfall man hat massive Fertigauffahrten verbaut, bei denen die Geländerbegrenzungen hart im Nehmen sind, so dass sie die langen Wagen letztendlich zu witzigen Purzelbäumen eine Etage abwärts veranlassen.

Man sieht: Betriebsbahner mit Anlagen auf kleinem Raum haben wenig Motivation, später einmal auf die unverkürzten Wagen umzusteigen. Was generell aber für jeden Modellbahner gilt: Wagen unterschiedlicher Längenmaßstäbe machen sich nicht

sonderlich gut auf ein und derselben Anlage. Ein 6-Wagen-Schnellzug im ultraverkürzten 1:110-Maßstab ist beispielsweise 1,44 Meter lang. Derselbe Zug in der exakten Länge von 1:87 misst allerdings 1,82 Meter – das heißt soviel wie 7 1/2 superverkürzte Wägelchen. Da reicht schon das bloße Auge um zu erkennen, dass das nicht zusammenpasst.
Bereits jetzt ist ersichtlich: Wir befinden uns schon wieder in einem sehr differenzierten Markt mit vier unterschiedlichen Modellbahner-Philosophien. Und das heißt: Man wird einem überzeugten „Exakt-1-zu-87-Fan“ keinen einzigen verkürzten Wagen verkaufen können – und andererseits nützt ein noch so günstig herausgeramschter 303 mm-Wagen dem Betriebsbahner überhaupt nichts, wenn er ihn nicht für seine Anlage gebrauchen kann. Sammeln Sie also, dann müssen Sie sich entscheiden, welcher Richtung Sie sich verpflichten wollen. Die folgenden Analysen sollen Ihnen dabei helfen.

1:110 – ultrakurz und ultrahässlich?

Die klassischen Märklin-Feinblechwagen, die sich noch heute im Hobby-Programm des Herstellers befinden, sind eigentlich ein Relikt aus früheren Zeiten. Die aktuellen Produktionen sind für die sogenannten „Spielbahner“ bestimmt, die sich an diesen Maßstab gewöhnt haben.
Für ernsthafte Modellbahnsammler wie unseren Freund Bert sind diese Fahrzeuge undiskutabel. Dass die Wagen nicht einmal über eine moderne Kurzkupplungs-Kinematik verfügen, rundet das schlechte Bild ab.
Vorsicht ist aber mit hämischen Bemerkungen geboten, denn aus gut unterrichteten Kreisen verlautet, dass der Hersteller auch weiterhin beachtliche Umsätze mit diesen Wagentypen macht. Zumindest bei Märklin gibt es also genügend Spielbahner, die die Vorteile des freizügigen Einsatzes der Blechwagen auch heute noch schätzen und sogar krasse Maßstabskompromisse dafür gern im Kauf nehmen.
Unter Aspekten der Wertanlage ist das allerdings so eine Sache mit diesen Wagen: Ich würde mich nicht darauf verlassen, dass diese Modelle (mit ihren heutigen immer noch hohen Auflagen) in absehbarer Zeit zu gesuchten Sammlerobjekten avancieren könnten. Gehen wir davon aus, dass sie ausschließlich die Zielgruppe der Spielbahner ansprechen, die auf teure Detailperfektion keinen gesteigerten Wert legen, dann tut man meiner Meinung nach gut daran, sich von der Idee zu verabschieden, solche Wagen nun unbedingt sammeln zu wollen.

1:100 oder 1:87 – „normal kurz“ oder lieber doch „unnormal lang“?

Blättern wir einmal um 30 Jahre zurück. Wir befinden uns in den 70ern und Willy Ade von der Firma Röwa hatte am Markt erfolgreich eine neue Maßstabslänge mit HO-Wagen etabliert, die „nur noch“ etwas mehr als 10% kürzer waren, als es einer maßstäblichen Länge entspricht. Damals wurden in den Fachmagazinen ausgiebige Diskussionen darüber geführt, ob diese Innovation denn überhaupt „sinnvoll“ sei oder ob die Wagen nicht viel zu lang wären, um überhaupt gescheit auf den Anlagen der Modellbahner eingesetzt zu werden.
Heute ist „1:100“ ein Synonym für „leicht verkürzte“ Wagen und eigentlich schon fast als Standard für Spiel- und Betriebsbahner zu bezeichnen, die nicht ihr ganzes Haus unterkellert haben und sich deshalb keine Anlage mit den Mindestmaßen von 6x3 Metern leisten können.
Die damaligen Röwa-Formen wurden später von Roco überarbeitet und kamen dort erneut ins Programm, während heutzutage auch fast alle anderen führenden Hersteller die Eins-zu-Hunderter im Programm haben. Den Wagen wird nachgesagt, dass sie in ihren allgemeinen Proportionen das Vorbild gut getroffen haben und man ihnen den leichten Kompromiss mit den fehlenden 13% gar nicht ansieht.
Das ist richtig – vorausgesetzt, man stellt nicht einen ganzen Zug mit exakt maßstäblichen Wagen daneben, denn dann offenbart sich jedem Betrachter, dass die etwas verkürzten Wägelchen irgendwie doch wie leicht geschrumpfte Abbilder ihrer maßstäblichen Neuentwicklungen wirken.
Interessant ist, dass aus den Wagenprogrammen der Produzenten sehr viel über ihre Modellbahnphilosophie abzulesen ist. Bei Märklin zum Beispiel hat sich der Maßstab 1:100 inzwischen zur Standardgröße entwickelt. Die Tatsache, dass man bislang von den längeren 303-mm-Wagen Abstand nahm, hat mit der Priorität der Betriebssicherheit zu tun, die dieses Fabrikat für sich in Anspruch nimmt. Gleichzeitig weiß man aufgrund der Absatzzahlen bei den eigenen Gleissystemen, dass es viele Modellbahner sein müssen, die ziemlich enge Radien auf ihren Anlagen verbaut haben.
Ganz anders sieht es bei Roco aus: Hier werden 1:100-Fans gleichermaßen bedient wie die 1:87-

Modellbahnfreunde. Roco ist es überhaupt zu verdanken, dass der Großserienproduktion von maßstäblichen Wagen in den 90er Jahren endgültig zum Durchbruch verholfen wurde, nachdem zuvor der Kleinserien-Pionier Ade damit begonnen hatte, sich mit mehr oder minder großem Erfolg an diese Maßstabslänge zu versuchen.

Der Salzburger Hersteller Roco hat durch seine Modellpolitik den Fans dabei in den letzten Jahren gut geholfen, die richtige Wahl zu treffen, für welchen Wagenmaßstab man sich denn nun am besten entscheiden sollte. Dabei ist immer im Hinterkopf zu behalten, dass sich Roco seit Jahren an der Spitze der Detailperfektion bewegt und folglich auch bevorzugt die Sammler anspricht.

Damit ist die Strategie schon zwangsläufig vorgegeben: Roco produziert verstärkt die 1:87-Artikel. Diese zielen auf die Sammler, zusätzlich auf die Modellbahnclubs mit ihren großzügigeren Anlagen und auch auf die finanziell potenten Betriebsbahner, die in ihrem eigenen freistehenden Einfamilienhaus ein ganzes Dachgeschoss mit einer Anlage bebauen können und deshalb weder Kompromisse beim Maßstab noch beim Geld einzugehen brauchen.

Da liegt es nahe, sich bei den „Langen“ verstärkt ums Vorbild zu kümmern und mehr Wagentypen nachzubilden, denn für den Sammler wie auch den vorbildorientierten Betriebsbahner, der durchaus einen langen 6–10-Wagen-Zug fahren kann, ist es höchst willkommen, eine einigermaßen realistische Wagenreihung zusammenzustellen, während es dem Spielbahner oft vollkommen genügt, je einen Wagentyp eines 1.- und 2.-Klasse-Waggons kaufen zu können, den er dann ja gegebenenfalls mehrfach aneinanderreihen kann.

Wagentyp	**Modell in 1:100**	**Modell in 1:87**
1.Kl. Amz	Artikel Nr. 44318	Artikel Nr. 44665
1.2. Kl. ABmz	–	Artikel Nr. 44645
2.Kl. Typ Z1 Bmz klimatisiert	Artikel Nr. 44319	Artikel Nr. 44666
2.Kl. Typ Z2 Bmz mit Halbfenstern	–	Artikel Nr. 44668
2.Kl. mit Gepäckabteil BDmsz	–	Artikel Nr. 44648
Speisewagen WRmz	Artikel Nr. 44234	Artikel Nr. 44647

Sehen wir uns das einmal im Detail an einem Beispiel an (Basis: Roco-Programm des Jahres 2000). Als Dauerbrenner sind seit Jahren die österreichischen Eurofima-Reisezugwagen in der schmucken verkehrsroten Lackierung im Programm. Diese sind im Vorbild auch in Deutschland zu sehen und werden von allen Modellbahnfans der deutschsprachigen Länder gern gekauft. Der vorstehenden Tabelle kann entnommen werden welche Wagen Roco anbietet.

Zu erkennen ist:

- Die 1:87-Palette ist vielseitiger (z. B. zwei verschiedene Arten von 2.-Klasse-Wagen), da sechs unterschiedliche Wagentypen angeboten werden (1:100: nur drei Wagentypen)
- Folglich werden mit den „Langen“ bevorzugt die Sammler und Betriebsbahner mit größeren Anlagen angesprochen.
- Für die Spielbahner und Betriebsbahner mit kleineren Anlagen sind die 1:100-Wagen gedacht.

Der Tipp unter dem Gesichtspunkt der Wertanlage:

- Gesammelt werden in erster Linie 1:87-Wagen im Exaktmaßstab (Produktreihen-Bezeichnung bei Roco: „Exclusive“-Wagen).
- Die Chance, später einmal jetzt zum Ladenpreis erworbene verkürzte Modelle mit Gewinn an Spielbahner verkaufen zu können, ist extrem niedrig.
- Wer klug sammelt, legt sich nicht von jedem Wagentyp exakt ein Exemplar hin, sondern kauft sich einen realistischen Zug zusammen (in dem, was sich inzwischen herumgesprochen hat, mehr Wagen der 2. Klasse als Wagen der 1. Klasse eingereiht sind).
- Trennt man sich später mal wieder von Modellen, hat man es viel leichter, wenn man eine am Markt inzwischen vergriffene komplette Garnitur (ab vier Wagen beim Nahverkehrszug, ab sechs Wagen beim Schnellzug) anbieten kann. Die Fans würden einem dann sogar so einen ganzen Zug abkaufen, selbst wenn sie als einziges Exemplar schon selbst einen Wagen der 1. Klasse davon besitzen – denn nichts ist frustrierender, als sich später einmal mühsam nacheinander einen ganzen Zug zusammensuchen zu müssen.

Geraten Sie jetzt ins Schwanken, weil Sie selbst um ihre begrenzten Platzverhältnisse wissen und annehmen, Sie könnten auf Ihrer eigenen Anlage später einmal die „Langen“ gar nicht einsetzen können, dann haben Sie mehrere Möglichkeiten, zwischen denen Sie nun wählen können:

1. Sie sammeln trotzdem nur 1:100, um einen späteren Gebrauchsnutzen nicht auszuschließen – aber Sie sammeln das eher verhalten und nur für den eigenen Bedarf.
2. Sie können es sich leisten, einige schöne Zuggarnituren zweifach zu kaufen: Einen verkürzten Zug zum Fahren und einen maßstäblichen Zug für die Vitrine und die Sammlung.
3. Sie freunden sich mit der Devise an: „Weniger ist manchmal mehr!“ und bauen später eine Anlage mit größeren Radien, auch wenn Sie dann ein bis zwei Kreise weniger auf Ihre Platte bekommen (und statt einem 6-Wagen-Zug nur 5-Wagen-Züge fahren können). Dafür müssen Sie dann aber nicht auf die schönen langen Wagen verzichten.

Jetzt gibt es da noch ein kleines Problem, und das ist der Preis. Im Prinzip ist es schon so, dass 1:87-Exaktwagen wertstabiler sind und in erster Linie die Zielgruppe der finanzstarken Sammler ansprechen. Allerdings muss man sich darüber im Klaren sein, dass diese Wagen am Markt einen unverhältnismäßig höheren Verkaufspreis haben als die verkürzten 1:100er. Ist aber etwas nach allgemein mehrheitsfähiger Einschätzung eh schon als teuer zu bezeichnen, dann ist die Chance nicht besonders groß, später noch mal „was drauftun“ und damit noch teurer wieder verkaufen zu können.

Hat der Produzent also die Schmerzgrenze für die Fans bereits erreicht oder ist er gar dabei, sie zu überschreiten, dann passiert das, was wir weiter vorn schon mehrfach diskutiert haben: Auch der Sammler wird selektieren, der Markt wird enger und es bürgert sich eine gewisse akzeptierte Preisobergrenze für Sammlerartikel ein. Das kann für Sie heißen: Fahren die Anbieterfirmen so eine Hochpreispolitik, machen sie damit den Sammlermarkt mittelfristig kaputt und es gibt auch an Sammlerware später nichts mehr zu verdienen.

Man kann es aber auch positiv sehen und sagen, dass es in so einem Fall zumindest noch wahrscheinlich sein wird, den Preis, den man vor x Jahren für solche Produkte bezahlt hat, inklusive einem Inflationsausgleich noch gerade wieder herauszubekommen. In diesem Fall hätte man zumindest kein Geld zum Fenster hinausgeworfen. Das kann zumindest schon ein Teilerfolg sein, denn ob einem das durch die Bank bei den Eins-zu-Hundertern auch gelingt, sei einmal dahingestellt …

Schauen wir uns die Diskussion einmal am konkreten Beispiel an und bleiben wir bei den eben bereits erwähnten österreichischen Roco-Eurofimawagen in der verkehrsroten Lackierung. Nehmen wir den 1. Klasse-Wagen. Das maßstäbliche Modell ist also um etwa 15 % länger. Ist es dann auch um etwa 15 % teurer? Das wäre nicht gänzlich unlogisch, da man mehr Material für die Produktion braucht. Doch auch wenn das eine waghalsige Schätzung wäre (denn vielleicht verkauft der Hersteller viel mehr von den 1:100-Wagen und kann deshalb seine Fixkosten auf eine größere Menge umlegen), so ist das Ergebnis dennoch verblüffend, wenn wir einmal als Basis die Händlereinkaufspreise im Jahr 2000 zugrunde legen:

Der 1:87-Wagen ist um knapp 15 % länger und kostet etwa 32 % mehr als der vergleichbare 1:100-Wagen.

Dabei ist dieses Beispiel noch sehr firmenfreundlich gewählt. Es geht auch noch viel teurer, wie aus den folgenden zwei Beispielen desselben Herstellers ersichtlich ist:

■ Beim Wagentyp des 1. Klasse IC-Abteilwagens der DB AG in verkehrsrot (Avmz, Artikel-Nummern 45086 bzw. 45268) kostet der maßstäblich Lange etwa 56 % mehr als das leicht verkürzte Modell.

■ Ein ganz normaler grüner 26,4 Meter-Schnellzugwagen (Bezeichnung: B4üm-63/64) schlägt in der maßstäblichen Ausführung (# 44740) gar mit einem um 59 % höheren Händler-Einkaufspreis gegenüber dem verkürzten Modell (# 44380) zu Buche.

Nun mag man argumentieren, dass diese Wagen filigraner ausgeführt, sie deshalb im Formenbau teurer sind – und man dem Endverbraucher sogar noch diverse Zurüstteile extra spendiert. Die Frage ist allerdings, ob das alles einen fast 60 %igen Mehrpreis denn wirklich rechtfertigt.

Hinzu kommt eine eher als rasant zu bezeichnende Preisentwicklung bei den heute am Markt angebotenen 1:87-Wagen. Blicken wir einmal auf das Jahr 1992 zurück. Hier hatte Roco eine der ersten Exaktmaßstab-Serien bereits im Auslauf: Es handelt sich um die türkis-beigen Schnellzugwagen der Epoche IV. Diese (vor allem der 2.-Klasse-Wagen Typ Bm 234) wurden in der Folgezeit von den Sammlern

86 457
DB
86 457

EUROP
DB
830 824
Omm 46
RIV St

sehr gesucht und erzielten auf dem Sammlermarkt Preise, die durchaus über den ehemaligen Verkaufspreisen liegen konnten.
Die Wagenserie wurde vom Hersteller dann unter den selben Artikelnummern 1999 erneut aufgelegt. Im Prinzip sind es (fast) die gleichen Wagen, lässt man mal beschönigend beiseite, dass sie an einigen Kleinigkeiten „entfeinert“ wurden, was die Kostenseite der Herstellung anbetrifft.
Ich blätterte in den Preiskatalogen eines am Markt nicht unbekannten Versenders, der schon über viele Jahre hinweg jährlich einen aktualisierten Preiskatalog mit seinem Versandangebot herausgibt. Picken wir uns den 2.-Klasse-Wagen heraus, dann liest sich das in unserer alten Währung so:

Artikel Nr. 44746 Bm 234 t/b	Verkaufspreis 1992:	49,95 DM
	Verkaufspreis 1999/2000:	68,10 DM

Die Wiederauflage des Wagens ist also nach sieben Jahren um etwa 37 % teurer geworden. Das würde ich ganz neutral einmal als „erstaunlich“ bezeichnen, vor allem unter dem Gesichtspunkt, dass man bei der Produktion und Ausstattung einige Kostenfaktoren „optimiert“ hat.
Damit hier keine Missverständnisse aufkommen: Erst einmal liegt der hier beispielhaft vorgeführte Wagen heutzutage eher noch im relativ „günstigen“ (!) 1:87-Niveau; da gibt es auch ganz anderen Wagentypen, wie französische Corailwagen in 1:87, die schon mal um ca. 30 % (!) teurer sein können als die obigen Wagen in „t/b“ (von den Exportvarianten dieses SNCF-Typs mal ganz zu schweigen, wie wir später noch sehen werden).
Und außerdem gibt es 1:87-Hersteller, die können es (zumindest preislich) noch viel besser. Sie bekommen dort die maßstäblich Langen zu einem noch viel höheren Verkaufspreis serviert und dürfen sich dafür dann auch noch an wahren Zurüstorgien versuchen und zum Beispiel erst einmal die Zugschlussleuchten selbst montieren, damit Sie nicht an jeder Wagenseite zwei hässlich große Löcher zu bestaunen haben.

Tatsache aber bleibt, dass zumindest eine subjektive Einschätzung nicht von der Hand zu weisen ist: Die Hersteller kassieren bei den Wagen des 1:87-Typs kräftig beim Sammler ab.

Für spätere tolle Wertsteigerungen ist bei den eher schwindelerregend hohen heutigen Verkaufspreisen jedenfalls nicht mehr viel Luft.
Zudem bleibt festzuhalten, dass es bei den meisten Wagentypen wenig Ausweichmöglichkeiten gibt, und das heißt, Sie müssen als 1:87-Bahner Ihre Wunschwagen von dem Fabrikat kaufen, das sie anbietet. Nehmen wir mal die in Deutschland sehr bekannten „Silberlinge“. Wer sich – wie etliche Modellbahnfans – irgendwann einmal dazu entschlossen hat, seine 1:100-Wagen zu veräußern und auf 1:87 umzusteigen, musste sich beispielsweise von seinen ganzen Roco-Wagen trennen.
Im Gegenzug konnte derjenige aber von diesem Hersteller keine Gegenstücke in 1:87 kaufen. Die Salzburger scheuten hier bisher offenbar die Investition in maßstäbliche Silberling-Formen, da dieser Wagentyp seit Jahren fest in der Hand des italienischen Produzenten Lima ist (wollte man nicht für Ade-Kleinserienmodelle gar ganz tief in die Tasche langen). Ohne jetzt über die Produktqualität beider Hersteller philosophieren zu wollen, bleibt festzuhalten, dass es durchaus nicht wenige Fans der Kategorie „1:87-sammel-ich-nur-von-Roco-bitte“ gibt, die jährlich darauf warten, ob ihr Lieblingshersteller diese Wagen nicht vielleicht doch noch fertigen wird.

Als Resümee der Diskussion bleibt festzuhalten:
- Hinter den beiden sich ausschließenden „Wagen-Philosophien“ stecken in einem komplizierter werdenden Markt die immer weiter auseinander driftenden Kernzielgruppen von Spielbahnern und Sammlern sowie Realitätsfreaks.
- Gesammelt wird bevorzugt der Exaktmaßstab.
- Dieser ist aber preislich unverhältnismäßig hoch angesiedelt, so dass die Sammler langsam aber sicher dazu gebracht werden, auch hier nur noch selektiv auf hohem Preisniveau weiterzusammeln. Das wiederum schränkt die Wahrscheinlichkeit ein, dass die Wagen in der Zukunft noch viel teurer gehandelt werden.

Überlegen also immer mehr Sammler, ob sie sich auch noch alle neuen Wagen-Garnituren hinlegen wollen, die sich nur noch in Feinheiten unterscheiden (DB-Rundkeks statt DB AG oder IC-Wagen in verkehrsroter Lackierung statt orientrotem Anstrich), dann ist auch hier äußerste Vorsicht angesagt, was die nicht ganz so rosigen Zukunftsaussichten der Wertsteigerung dieser Artikel anbetrifft.

1:93,5 – oder: Wer, bitte schön, wünscht „weder kurz noch lang“?

Wem schon bisher die Entscheidung schwer fiel, für welchen Maßstab man sich denn entscheiden soll, der kennt die Innovation aus dem Hause Fleischmann noch nicht: Die „fast maßstäblichen“ Wagen im Zwischenmaßstab, den der Hersteller mit 1:93,5 eingeführt hat.

Die Idee des Produzenten ist, rein theoretisch gedacht, sehr begrüßenswert, denn mit diesem Maßstab versucht man alle Vorteile der verkürzten wie auch der maßstäblich langen Wagen in einer Art Synthese zu vereinen. Das heißt, man bietet auf den meisten kleineren Anlagen mit Normalradien noch eine absolute Betriebssicherheit, andererseits aber sehen die 282 mm langen Wagen von ihren Proportionen und vom optischen Gesamteindruck her fast so perfekt wie die langen 1:87er aus.

Den Käufern dieses Längenmaßstabs kommt darüber hinaus zugute, dass der Nürnberger Hersteller seine Linie konsequent durchzieht, und das heißt: Man ist bemüht, reinrassige Garnituren mit möglichst viele Wagentypen nachzubilden, so dass die Sammler wie auch die Betriebsbahner ihre Freude daran haben könnten.

Als Nebeneffekt darf der Hersteller für sich verbuchen, dass er sich keiner Konkurrenz in diesem Maßstab ausgesetzt sieht und er deshalb versuchen kann, eine treue Fangemeinde aufzubauen, die sich auch die nächsten Wagen und Garnituren des Produzenten im „neuen“ Maßstab kaufen wird.

Aus dem Blickwinkel des Sammlers hat die ganze Sache allerdings einen Haken, denn stellt man die Wagen nun zwischen die 1:100er und die 1:87er, dann passen sie strenggenommen nun zu überhaupt nichts mehr und man hätte dann schon drei verschiedene Maßstabslängen zum Sammeln. Man könnte das in etwa damit vergleichen, dass Automobilbauer die Zweiteilung zwischen Autos mit Linkssteuer (Zentraleuropa) und Rechtslenker (England) damit überwinden wollten, indem sie nur noch Fahrzeuge anbieten würden, in denen sich das Lenkrad genau in der Mitte des Autos befindet.

Insofern zielen Produkte von Fleischmann eher auf die anspruchsvollen und unzufriedenen Betriebsbahner, die es noch ein bisschen realistischer wünschen, ohne aber ihre ganze Anlage abwracken und umplanen zu müssen, da ihnen die maßstäblich Langen ziemlichen Ärger bereiten würden. Für den Sammler mit Perfektions-Ambitionen werden die Fleischmänner nicht in Frage kommen, zumal es die meisten der Wagentypen in diesem Zwischenmaßstab auch als 1:87-Exaktnachbildungen anderer Hersteller gibt. Das soll aber nicht heißen, dass die Wagen unbeliebt sind. Auf Tauschbörsen sehe ich immer wieder, dass 282-mm-Wagen einerseits nicht sehr oft angeboten werden (vermutlich deshalb, weil die meisten sich diese Wagen wohl überlegt zum Fahren auf ihrer Anlage angeschafft haben). Andererseits finden sie, wenn sie denn auftauchen, oft rasch wieder einen Käufer.

Dabei ist allerdings zu bedenken:

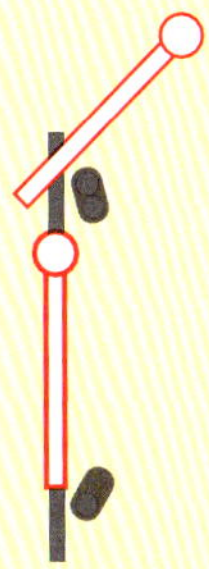

- Das Preisniveau dieser Maßstabsgattung reicht schon fast an die maßstäblichen langen 1:87er heran. Das schränkt den Käuferkreis ein, denn diese sehr schönen Wagen sind aufgrund ihres Preises weniger für Schnäppchenfreunde unter den Spielbahnern geeignet, die nach der Devise „Hauptsache billig“ kaufen wollen.
- Auch hier gilt: Ein einziger Wagen ist schwer wieder verkäuflich, da er im Maßstab als „Insellösung“ weder zu den verkürzten 1:100ern noch zu den maßstäblich langen Wagen passt. Will man sich also in der Zukunft von solchen Wagen wieder trennen, sollte man schon bemüht sein, sinnvolle Garnituren anzubieten.
- Dass diese 28,2 cm-Wagen auf dem Sammlermarkt in absehbarer Zeit einen Wertzuwachs erzielen werden, ist nicht hochgradig wahrscheinlich. Auf den Tauschbörsen jedenfalls wechseln diese Artikel erfolgreich ihre Besitzer, wenn sie als nicht oder fast nicht gebrauchte Ware zu 10–20 % unter ihrem normalen (und eher hohen) Ladenverkaufspreis angeboten werden. Nichts also für die „Wertanleger“ unter den Modellbahnern!

Ohne Kurzkupplung geht gar nichts mehr!

Als sehr oft geäußerter Satz ist auf den Tauschbörsen zu hören, wenn jemand einen sehr billigen Wagen aus einem Stapel hervorzieht und den Verkäufer fragt:

„Hey, Meister, hat der Wagen ’ne Kurzkupplung oder nich’?“

Ohne hier gleich belehrend wirken zu wollen: Tatsache ist, dass die Frage eigentlich sehr unpräzise gestellt ist, denn moderne Modellbahnfahrzeuge weisen drei Charakteristiken auf, die alle irgendwie zusammenzuhängen scheinen:

- die Kurzkupplung ("KK")
- den Normschacht und
- die Kurzkupplungs-Kinematik ("KKK")

Dabei ist vielen Fans anfangs (oder bis heute …) gar nicht klar gewesen, was diese Neuerungen, die sich in den 90er Jahren als echter neuer Modellbahnstandard firmenübergreifend etabliert haben, denn nun eigentlich bedeuten.

Fangen wir mal bei dem Typ an, der da oben ganz locker eine Frage formuliert hat. Solche Kundschaft wäre fast geeignet für ein robustes Spielzeugfabrikat, denn dieses hat es sich in der Anfangsphase der KK-Zeit mitunter ganz einfach gemacht.

Man änderte an einigen betagten Formen der schon seit Ewigkeiten im Programm befindlichen „alten Mühlen" überhaupt nichts und stattete etliche Loks statt der bisherigen Haken- oder Bügelkupplung mit einem hauseigenen Kurzkupplungs-Kopf aus. In diesem Fall könnte der Börsenverkäufer unserem Freund knallhart antworten: „Aber klar doch, mit KK, hier schauen Sie selbst!" Aber das ist nicht die Innovation.

Die Logik ist, dass ein realistisches Puffer-an-Puffer-Fahren in engen Gleisbögen Ärger macht, weil die Wagenpuffer in den inneren Bögen dann unsanft aneinanderstoßen, so dass es die Wagen aus dem Gleis wirft. „KKK" heißt deshalb die Devise, damit ein Fahren mit Kurzkupplungen überhaupt einen tieferen Sinn macht. Das heißt, in den Kurven schwenkt die federnd gelagerte Kupplungsdeichsel mitsamt der gesamten KK aus und verhindert somit Entgleisungen am laufenden Band.

Dabei geht es mitunter noch durch, wenn die Lok „nur" eine KK hat und der erste Wagen eine KKK, doch hängen zwei Modelle direkt aneinander, die beide nicht über eine funktionierende Kurzkupplungs-Kinematik verfügen, dann sieht es düster aus in der erstbesten zu meisternden engen Kurve.

Damit aber noch nicht genug: Es haben sich in der Zwischenzeit die verschiedensten Kupplungssysteme am Markt etabliert, und jeder schwört auf „seine" Kupplung. Da gibt es für HO beispielsweise die Kurzkupplungen von Märklin, Roco und Fleischmann. Dummerweise sind sie untereinander recht wenig kompatibel. Da die meisten Modellbahner aber nicht nur ein Fabrikat sammeln,

99 791
99 791

liegt der Schlüssel zur Lösung im sog. „Normschacht". Auf diesen hat man sich in der Industrie als Einheitsstandard festgelegt – und in so einen Schacht lassen sich alle gängigen Kurz- wie auch Bügelkupplungen, die für diese Norm ausgelegt sind, wahlweise einklipsen.

Damit ist eine Kompatibilität gewährleistet. Die obige Frage also, ob der Wagen eine KK hat, sollte eigentlich besser heißen, ob er eine KKK und einen Normschacht aufweist. Das ist wichtig heutzutage, denn Wagen, die das nicht haben, werden Sie in Sammlerkreisen und bei anspruchsvollen Betriebsbahnern kaum noch los.

Die meisten Firmen sind deshalb dazu übergegangen und haben den hochwertigen Teil ihres Rollsortiments derart überarbeitet, dass alle Wagen auf den Standard mit Normschächten und Kulissenführungen gebracht wurden. Oft ist das (Beispiel Fleischmann) auch schon auf der Verpackung ersichtlich: Entweder ist dann ein „K" aufgedruckt – oder bei älteren Wagen halt keines.

Ein und derselbe Wagen kann so durchaus einen Marktwert haben, der um 50 % differiert – und das liegt nur daran, ob man mit ihm Puffer an Puffer mit Normschacht + KKK fahren kann oder nicht. Denn inzwischen hat es jeder gemerkt: Es sieht irgendwie sonderbar aus, wenn zwischen den Wagen im Zugverband riesige Lücken klaffen, so dass die Reisenden quasi mit einem Riesensprung von einen auf den nächsten Wagen springen müssten, wollten sie sich vom letzten Wagen zu dem im ersten Drittel eingereihten Speisewagen durchkämpfen.

An dem heutigen „KKK-Standard", der in jeden Maßstab Einzug erhält, können Sie als Sammler nicht mehr vorbeigehen! Es wird sogar der Tag kommen, da werden Sie einen Wagen ohne Kulissenführung und Normschacht nur noch an Kinder verramschen können. Denn es wird selbst die Spielbahner nerven, die zwischen ihre Neuerwerbungen, die eine KKK besitzen, auch keine alten Wagen ohne diese Errungenschaft mehr hängen wollen, da das den optischen Gesamteindruck stört.

Der Tipp für Preisbewusste:

■ Als Ausnahme könnte dann allerhöchstens noch der Güterwagensektor gelten. Hier verfügen viele Modellbahner noch über große Altbestände an Wagen mit starrer Bügelkupplung, für die es keine KKK-Nachrüstsätze gibt oder nicht mehr gibt. Da Güterwagen ja meistens nicht wie Personenwagen mit ihren Übergangs-Faltenbälgen aneinanderstoßen, fällt es im Fahrbetrieb wie beim Rangieren nicht unbedingt so negativ auf, wenn die Wagen nicht mit KKs ausgerüstet sind und folglich auch nicht Puffer an Puffer fahren.

■ Zudem hat man in seiner Vitrine oder auf der Anlage vielleicht auch noch ein paar ältere Loks, die auch noch mit fest montierten Bügelkupplungen ausgestattet sind und die man eigentlich nicht alle ausmustern wollte. In diesem Fall kann es sogar ratsam sein, den gesamten Güterwagenbestand – also auch die KK-fähigen neuen Wagen – mit Bügelkupplungen auszurüsten ohne auf der Anlage oder im Schaukasten gleich einen katastrophalen optischen Eindruck mit einen Zugverband zu erwecken.

Sind schön detaillierte Güterwagen renommierter Hersteller also noch nicht mit KKKs ausgerüstet, ist das ein gutes Preisdrückargument auf Börsen, und so kommt man billig zu einem großen Bestand an unterschiedlichen Güterwagen. Schafft man diese Artikel nur günstig genug heran, dann dürfte es sogar ein paar Jahre später noch möglich sein, sie wieder loszuwerden, und sei es mit einem kleinen Verlust.

Bei Personenwagen aber gilt: Je maßstabsgetreuer sie sind, desto schwieriger wird es sein, solche Wagen ohne KKK überhaupt jemals wieder verkauft zu bekommen. Diese Tendenz hat zwischenzeitlich sogar schon die verkürzten 1:100er erreicht, und wer solche „alten Trümmer" nicht im absoluten Unterwasserpreisbereich auf Börsen anbietet, der wird sehr rasch feststellen, dass es fast überhaupt keine Nachfrage nach diesen Wagen mehr gibt. Das ist bitter aber wahr, denn es heißt: Solche Produkte sind fast unverkäuflich.

Und so müssen wir letzten Endes dem Bankexperten Dr. Eduardo Gebennehmer aus dem letzten Kapitel doch noch Recht geben, denn Modelleisenbahnen ganz pauschal und ohne Differenzierung sind nicht unbedingt automatisch eine Wertanlage. Es gibt auch in diesem Bereich innovative Tendenzen, die im Laufe der Zeit zum allgemeinen Standard werden, und Produkte, die diesen Standard nicht aufweisen, sacken rapide im Wert – wenn sie nicht gar unverkäuflich werden.

Analog oder digital – was ist heute normal?

Fast so schön wie im Kapitel über die KKK kann es auch mit dem nächsten Thema kommen. Hier die

typische Frage eines Tauschbörsen-Besuchers an den Verkäufer:
„Chef, diese Lok hier, is' die auch für digital?“

Die Frage dürfte zum einen wiederum so gestellt werden, dass unklar bleibt, was der Fan exakt damit meint (soll zum Beispiel bereits ein Digitalbaustein drin sein oder nur eine bestimmte digitale Schnittstelle?). Ganz sicher wäre es interessant, würden Sie denjenigen mit der vorbildlich exakten und fein ausformulierten Fragestellung dazu anhalten, er solle Ihnen doch mal sagen, wie er „digital“ denn eigentlich definiere. Im schlimmsten Fall kommt dabei Folgende Schwarz-Weiß-Zweiteilung heraus:

- „Digital“ ist gleichbedeutend mit: gut, modern, Superfunktionen, „braucht man“.
- „Analog“ (hässlicherweise auch „konventionell“ genannt) steht für: alt, vorsintflutlich, total out, „braucht man heute nicht mehr“.

Es füllt ganze Bücher, sich diesem Thema im Detail anzunehmen, allein wenn man auch nur auf die unterschiedlichen am Markt angebotenen Digitalsysteme eingehen würde. Dies soll anderen Fachpublikationen vorbehalten bleiben.
An dieser Stelle sollen aber einige Vorteile von Digitallokomotiven aufgeführt werden, die spontan häufig genannt werden und deshalb in der Gunst der Modellbahner ziemlich weit oben stehen:

- Lastgeregelte Decoder ermöglichen es, dass die Loks immer mit der gleichen Geschwindigkeit fahren – egal ob's nun mit einem langen Zug bergauf oder bergab geht.
- Man kann mit ein und demselben Steuergerät gleichzeitig viele Loks und Züge auf einmal auf der Anlage steuern und alle mit unterschiedlichen Geschwindigkeiten betreiben. Außerdem lässt sich jede Lok an x-beliebigen Stellen abstellen, ohne dass es dafür komplizierter Stromkreisschaltungen oder dem Einbau von Trennstellen mit kompliziertester Verkabelung bedarf.
- Bei modernen Digitalloks sind diverse Zusatznutzen schaltbar (Standlicht, Lokpfeife etc.), was im Analogbetrieb nicht möglich ist.

Was meist nicht unbedingt gesagt wird ist die Tatsache, dass Marketingstrategen der Hersteller es geschafft haben, den Digitalsystemen Eigenschaften zuzuschreiben, die ursächlich im Prinzip überhaupt nichts mit der Digitaltechnik zu tun haben. Hier einige Beispiele:

- Digitallokomotiven mit sündhaft teuren Digitalkupplungen zum ferngesteuerten Entkuppeln sind an sich ein alter Hut. Das konnte Märklin (analog) schon vor Jahrzehnten mit der sogenannten „Telex-Kupplung“.

- Eine fahrtgeschwindigkeitsunabhängige Lichtausbeute bei Loks – wenn auch kein konstantes Standlicht – erreicht man heutzutage ganz einfach schon durch den Einsatz von Leuchtdioden im konventionellen Betrieb.
- Supermoderne Errungenschaften wie die individuelle Einstellung von Höchstgeschwindigkeit und Anfahrbeschleunigung hatte Märklin schon vor Jahren mit dem sog. 5-Sterne-Motor im Programm, ohne dass es dazu komplizierter Digitalbausteine bedurft hätte.
- Viele der ach-so-viel-gelobten Zusatzfunktionen haben mit dem Einbau von Digitalbausteinen auch nicht unbedingt etwas zu tun. Geräuschmodule gibt es auch für konventionelle Loks – und vor Jahrzehnten hatte Rivarossi durch einen ganz einfachen mechanischen Hebel an der Unterseite eines italienischen Triebwagenmodells bereits gezeigt, dass das Fahrzeug bei richtiger Gleispräparierung vor unbeschrankten Bahnübergängen recht stilecht hupte.

Was als starkes Argument bleibt ist die Tatsache, dass ich im Digitalbetrieb jede Lok einzeln aufrufen und somit unabhängig voneinander mit verschiedenen Geschwindigkeiten mehrere Maschinen gleichzeitig fahren lassen kann. Hier darf allerdings die leider nicht sehr häufig gestellte Frage nach dem Spielnutzen dieser Innovation gestellt werden. Bisher war es eigentlich so, dass sich der Modellbahnfan in seiner Eigenschaft als Betriebsbahner meist auch als Lokführer verstand, der sozusagen die Verfügungsgewalt über eine Lok im Rangierbetrieb oder über einen Zug auf der Strecke ausübte. Relativ unrealistisch ist es demgegenüber, sich zur gleichen Zeit als Lokführer von mehreren Zügen zu sehen, denn es ist unschwer zu erkennen, dass das auch im Maßstab 1:1 schwerlich funktionieren dürfte.
Ganz abgesehen davon darf man sich durchaus fragen, was es eigentlich für einen Sinn macht, zehn Züge gleichzeitig betrachten zu dürfen, wenn man eh nur zwei Augen im Kopf hat, die sich zudem auch nur parallel bewegen lassen. Tatsache ist, dass das Hobby mit diesen digitalen Neuerungen eher in Richtung „Faszination der Technik“ hin verschoben wird, um auf diese Weise – hoffentlich – mit anderen Hobbys, die als modern gelten, konkurrieren zu können.

Beim gleichzeitigen Betrieb von x Zügen auf einmal sind Sie aber nicht mehr der Spiel- und Betriebsbahner vor dem Fahrpult, sondern fungieren entweder als Leiter des örtlichen Zentralstellwerks oder als gar als Computerfreak, der sich eine komplizierte Fahrstraßensteuerung ausgedacht hat, mit der er mehrere Züge gleichzeitig sogar noch über den heimischen PC steuern kann. Mit dem Hobby „Eisenbahnspielen" hat das alles kaum noch etwas zu tun …

Lieber gar nicht ausführlich reden wollen wir noch

von den Problemen, mit denen Digitalbahner oft zu kämpfen haben und die den Analogbahnern völlig unbekannt sind. Hier einfach mal zwei Beispiele, die dem verstaubten konventionellen Modellbahnfan eher Anlass zum Schmunzeln geben dürften:

1. Ein am Markt nicht ganz unbedeutender Hersteller baute serienmäßig Module in seine Lokomotiven ein, die vergaßen einfach nach längerer Abstellzeit, in welche Fahrtrichtung sie als letztes programmiert waren. Gut dran sind dann die Anlagenbetreiber mit großen Schattenbahnhöfen, denn bei Wiederaufnahme des Betriebs ist die Chance im uneinsehbaren Bereich somit exakt 50 %, dass die aufgerufene Lok jetzt genau in die eigentlich nicht gewünschte Richtung anfährt und prompt gegen den Prellbock knallt.
2. Zumindest eine Analoglok können Sie bei den meisten Systemen auch jeweils im Digitalbetrieb auf einer Anlage einsetzen – das heißt „im Prinzip". Wenn Sie Pech haben mit dem ausgewählten System, dann wird's der Maschine schon nach kurzer Einfahrzeit ganz schön warm ums Herz, und wenn Sie dann immer noch weiterfahren (weil Sie z. B. das dicke Heftchen des Herstellers nicht ganz durchgelesen haben oder es gar nicht drin stand), dann könnte sich Ihr Fachhändler vielleicht bald über eine nette Ersatzteilbestellung für das komplette Kollektor- und Bürstensystem der betreffenden Lok freuen.

Die Auflistung dieser Gratisüberraschungen mit dem tollem „Fun-Moment" könnte noch beliebig fortgesetzt werden – und interessanterweise finden Sie solche Geschichten in einigen Fachzeitschriften entweder gar nicht oder bevorzugt in kleiner Schrift in den Leserbriefen versteckt. Was folgert man nun am besten daraus? Ich würde davon ausgehen, dass Industrie und Fachpresse gemeinsam die Digitalidee ohne jegliche Einschränkungen weiter promoten. – Egal also, welche Denkrichtung Ihnen persönlich genehm ist, es werden immer mehr Modellbahner auf digital umsteigen – und Neueinsteiger werden nach eingehender Fachberatung meistens wohl eh gleich digital beginnen wollen. Das hat auch für den Sammler und Wertanleger Konsequenzen, denn Lokomotiven, die nicht einmal über eine entsprechende „Vorausrüstung" – also eine digitale Schnittstelle – verfügen, werden im Wert mittelfristig nicht steigen, sofern es vergleichbare überarbeitete Modelle gibt, die über diesen Technikstandard bereits verfügen.

Das heißt nicht, dass solche „Altmaschinen" später einmal so stark im Wert fallen werden wie die weiter vorn beschriebenen Personenwagen ohne KKK. Es heißt aber, dass die Zielgruppe abnimmt, die sich für Loks ohne Decoder und ohne Schnittstelle begeistern lässt.

Klar ist, dass ein begabter Fachhändler meist in einer Stunde Arbeitszeit solche „Altgeräte" nachrüsten kann – meistens jedenfalls, denn es muss im Lokgehäuse auch noch so viel Platz vorhanden sein, dass überhaupt ein Digitalbaustein untergebracht werden kann. Doch das Material und die Arbeitszeit des Fachhändlers sind nicht umsonst, und so wird man irgendwann in der Zukunft bei einer Lok ohne Schnittstelle so rechnen:

Wert der Lok abzüglich Materialkosten für die Nachrüstung abzüglich zu bezahlende Arbeitszeit = neuer Marktwert der Maschine.

Die Crux an den Digitalloks ist nun das folgende Grundproblem: Der Sammler braucht den digitalen Zusatznutzen nicht, hätte aber das Geld dafür, um ihn zu bezahlen. Der Spiel- und Betriebsbahner hingegen kauft meist nicht gleich im ganzen „Fuder", sondern eher preisbewusst und mit einem eingeschränkten Budget Einzelstücke. Er kann etwas mit den digitalen Neuerungen anfangen, die aber den Lokpreis verteuern, so dass er sich fürs gleiche Geld weniger neue Maschinen leisten kann.

Digitallokomotiven (Beispiel: Märklin) kosten im Handel im Schnitt 10–15 % mehr als konventionelle Loks (hier: mit Delta-Elektronik). Zu beachten ist dabei, dass solche Loks nicht nur einfach „teurer" sind, sondern halt auch mehr bieten – und vielleicht sogar ein laufruhigerer Motor als Dreingabe eingebaut ist. Dadurch relativiert sich der Mehrpreis einer Digitallok ganz beträchtlich. Die Frage ist, was der Sammler daraus folgern sollte.

Am Beispiel der Weiterentwicklung der verschiedenen Längenmaßstäbe haben wir gesehen: Trends, die allmählich zum guten Standard werden, sind nicht aufzuhalten. Der Sammler mit einem guten Gespür tut deshalb gut daran, rechtzeitig umzusteigen, will er nicht Gefahr laufen, später einmal auf „alten Mühlen“ sitzenzubleiben, die immer noch weniger Leute haben wollen und die deshalb einem Preisrutsch unterworfen sind.

Das Beispiel Märklin ist vielleicht ein auf dem Markt nicht ganz typisches, da es unter den Wechselstromfans viele Modellbahner gibt, die markentreu kaufen. Das heißt, der Hersteller kann „seinen“ Markt viel besser als die ganzen auf dem Gleichstromsektor maßgeblich konkurrierenden Firmen dahin steuern, wo er ihn hinhaben will.

Es liegen zwar keine fundierten Untersuchungen zum Kaufverhalten von Digital- und Analogloks bezogen auf die verschiedenen Hersteller vor, Fachhändler bestätigen einem aber, dass bei Märklin der auf digital bereits umgestiegene Modellbahneranteil zur Zeit noch höher zu sein scheint als bei den anderen Anbietern.

Das hat ganz sicher auch einen Grund. Mehr oder minder unauffällig hat der Göppinger Produzent in den letzten Jahren immer wieder neue Modelle in sein Programm eingestreut, für die er entschieden hatte, dass seine Kunden diese ausschließlich in einer Digitalausführung kaufen konnten, egal ob sie digital oder analog fahren – oder nur sammeln.

Der Kunde hat jetzt zwei Möglichkeiten:

- Entweder er wird sauer und kauft gar nichts. Solche Kunden gibt es übrigens wirklich.
- Oder er kauft den Mehrnutzen mit, weil die Maschinen ja ohne den nicht erhältlich sind. Hat er aber irgendwann später einmal zwangsweise fünf Digitalloks auf seiner Analoganlage fahren, dann dämmert es ihm, wie schade es doch ist, dass er die Typhone oder das Bremsenquietschen gar nicht schalten kann. Da er das als zeitgemäßer Spielbahner natürlich toll fände, gibt es nur eine Entscheidung: Er steigt auf digital um.

Der Schlamassel für den Sammler, der seinen Blick auf die Zukunft gerichtet hat, ist damit klar: Eine konventionelle und eine Digitallok sehen von außen absolut identisch aus. Kauft er die günstigere, würde das ihm und seinen Sammlerkollegen eigentlich schon reichen. Andererseits ist die Chance groß, dass er vom Zeitgeist abgehängt wird. Also wird er sich vermutlich für digitale Loks entscheiden, da beim späteren Verkauf die Basis der Modellbahner größer sein wird, die solche Maschinen wünschen. Und wenn sich das in Sammlerkreisen herumgesprochen hat, dann sinken die konventionellen Loks schon aus psychologischen Gründen allgemein im Wert, egal ob der Sammler nun digitale Ausführungen braucht oder nicht.

Es wäre aber zu einfach, die Sache jetzt auf die Formel: „digital = zukunftssicher = wertstabil“ zu vereinfachen. Ich möchte das am Beispiel einer Branche verdeutlichen, die in diesem Buch schon ein paar Mal für Vergleichszwecke herhalten musste und mit der jeder Modellbahner im „richtigen Leben“ auch zu tun hat: Autos, und zwar die im Maßstab 1:1.

Nehmen wir an Sie kaufen sich ein neues deutsches Mittelklasseauto in der „Einsteigervariante“: Durchzugsschwacher, lahmer Motor (der aber zum Fortkommen in der Stadt durchaus reicht) und keine überflüssige Zusatzausstattung. Sie legen dafür knapp 15.000 € auf den Tisch. Sie können es aber auch anders haben, indem Sie die Variante mit dem „Hammerhartmotor“ wählen – und innen drin nur vom Feinsten, versteht sich: Klimaautomatik, Leder, exklusives Soundsystem, elektrisches Hubschiebedach, Navigationssystem und so weiter. Kosten: im Extremfall fast 30.000 €.

Eines dieser Autos wollen Sie nun drei Jahre später wieder verkaufen. Dann werden Sie erfahren, welche abgedroschenen Sprüche der Profiverkäufer des Autohauses für Sie parat hat, wenn Sie den Wagen bei ihm in Zahlung geben wollen. Er wird Ihnen nämlich sagen: Egal welche Variante Sie kauften, es war immer die falsche:

Möglichkeit 1: Das „Einsteiger-Gerät“. Typische Argumentation:

„Oh Mann, den Wagen mit dieser Kahlschlagausstattung bringe ich nie weg. Ohne Klima, das ist auf 'm Gebrauchtwagenmarkt 'ne echte Katastrophe. Und dann noch die 50-PS-Maschine! Wissen Sie, die meisten Leute wollten heutzutage mehr als nur mit 'nem Fahrrad mithalten können.“

Möglichkeit 2: Das „Luxus-Gefährt“. Dann heißt es:

„Mein Gott, wenn ich Ihnen 50 % vom Neupreis geb', ist die Karre ja immer noch so teuer wie ein ganz neuer in der Basisausstattung. Das Teil krieg' ich doch nie vom Hof! Und überhaupt: Klar, die Käufer wünschen diese Ausstattung schon, das heißt, sie nehmen sie gern mit, aber zahlen dafür wollen sie nicht!"

Na, das haben Sie doch sicher schon einmal gehört, oder? In beiden Fällen also wird Ihnen einleuchten: Der freundliche Herr kann Ihnen wirklich nur 15 % weniger bieten als das Auto nach dem Ausdruck seines Computerprogramms eigentlich im Einkauf bringen müsste. Leider hat er Sie schon so heiß auf das neue Auto gemacht, dass Sie letztendlich einwilligen (und die fehlenden 5000 € zum neuen Glück finanziert er Ihnen doch gern über seine Autokreditbank, damit das neue Gefährt für Sie letztendlich noch teurer wird).

Was kann man jetzt für die Modellbahnprodukte daraus ableiten? Solange es eine Wahlmöglichkeit bei bestimmten Fabrikaten gibt und Sie eine Lok in einer Analog- oder Digitalausführung kaufen können, bedenken Sie Folgendes: Eine äußerlich identische Maschine wird bei Ihrem Händler vielleicht so ausgezeichnet:

Artikel-Nr. 34xxx	Preis: 175,00 €
Artikel-Nr. 37xxx (digital)	Preis: 200,00 €

Dann setzt sich beim Konsumenten fest, dass die Lok im Schnitt „so ab 175 Euro" kostet. Wollen Sie die Maschine aber später wieder veräußern, dann könnte sich die Marktlage zum Beispiel so darstellen: Dieser Loktyp des Herstellers ist im Wert nicht gestiegen. Die Analogversion (vergleichbar mit dem Auto in der spartanischen Ausstattung) will eigentlich niemand, also bekäme man sie nur noch mit einer preislichen Drückeraktion wieder weg. Für die Digitallok können sich schon einige Fans erwärmen. Und der Preis? Er wird dann für diese Version vermutlich bei 175 € liegen. Das ist die Psychologie des Marktes, dass der höherwertige Zusatznutzen im Second-Hand-Markt eher wenig oder am besten gar nichts kosten darf.

Damit sind wir nicht so weit entfernt von dem Autobesitzer, der sein Gefährt mit allen nur denkbaren Zusatzausstattungen gekauft hat und es letztendlich zumindest noch wieder veräußert bekommt – wenn auch nicht zu dem Preis, den er sich dafür vorgestellt hat.

Solange es auf dem Markt also vergleichbare Modelle „mit und ohne digital" gibt, sollte sich der Sammler auf folgende Faustregeln einstellen:

■ Gesammelt wird bevorzugt die technisch höherwertige Variante einer Maschine. Diese fällt auch nicht so rapide im Wert wie die Lok „mit alter Technik".

■ Von einem späteren eventuellen Wertzuwachs auf dem Second-Hand-Markt muss ich allerdings die Differenz zwischen dem ursprünglichen Kaufpreise der Analog- und der Digitalmaschine abziehen, da die Käufer bevorzugt „Digitalloks zu Analogpreisen" kaufen. Kostet die vergleichbare Digitalmaschine 15 % mehr und steigt dieser Loktyp innerhalb von fünf Jahren um 10 % im Wert oder Anschaffungspreis, dann heiß das, dass Sie beim Wiederverkauf der Digitallok 5 % des eingesetzten Geldes verlieren werden (und bei der Analogmaschine noch viel mehr)!

■ Einen „echten Gewinn" machen Sie also nur dann, wenn in einer überschaubaren Zeitspanne der Wert einer Maschine um mehr Prozentpunkte steigen wird als der Zusatznutzen kostet, den Sie seinerzeit für die höherwertig ausgestattete Variante hingeblättert haben.

Wenn Sie sich das einmal auf der Zunge zergehen lassen, haben Sie bereits eine von mehreren möglichen Antworten auf die Frage, warum es eigentlich so ist, dass bei bestimmten Herstellern die meisten Loks nach zwei oder drei Jahren am Markt gegenüber dem Anschaffungspreis um 10–20 % im Wert verloren – und halt überhaupt nicht zugelegt haben. Denn zum einen hat das ganz sicher mit der Variantenflut zu tun, denn wenn Unmengen an Neuware über uns hereinschwappen, dann fallen die Preise auf dem Second-Hand-Markt meistens auf breiter Front. Andererseits aber ist die Sache mit dem Ladenverkaufspreis einer Lok sehr differenziert zu betrachten: Wenn nämlich der Erstbesitzer etwas mitkauft, was der Zweitnutzer zwar gern nimmt, nicht aber bezahlen will, dann ist einer schnellen Wertsteigerung schon von vornherein ein Riegel vorgeschoben.

Lektion 6

Die „Tops" und die „Flops" der Modellbahnhersteller: Welche Marken garantieren Wertstabilität?

Nachdem wir jetzt schon Einiges über die Vorlieben der Käufer und über allgemeine Tendenzen auf dem Modellbahnmarkt wissen, geht es nun um die Programmpolitik der einzelnen Hersteller. Denn durch ihre Produkte, ihre Preisgestaltung und ihre Sortimentspolitik legen vor allem sie selbst den Grundstein dafür, wie ihre Artikel und Neuheiten von den Käufern angenommen werden. Die Kaufbereitschaft (oder die Verweigerung) gegenüber Produkten einzelner Hersteller hat außer dem Image, das die Firmen am Markt haben, auch immer etwas mit den individuellen und total subjektiven Vorlieben der Fans zu tun. Im extremsten Fall kann das so weit gehen, dass man eine Superneuheit der Firma X nicht zur Kenntnis nehmen will, weil man meint: „Die Sachen von denen sind einfach nichts!" Oder man verzeiht seiner Leib-und-Magen-Firma hochpreisige Flopprodukte, so in etwa nach dem Motto: „Mein Gott, das kann ja jedem mal passieren, ist trotzdem keine ganz schlechte Lok!"

Von solchen subjektiven Empfindungen kann sich niemand freimachen – auch der Autor dieses Werks nicht. Man sollte aber bemüht sein, zumindest den Anspruch zu haben, Fakten, so gut es geht, objektivierbar zu machen. Dabei soll Ihnen das nun folgende Kapitel helfen.

Für die einzelnen Hersteller hat sich unser Freund Bert Eisenwahn in der Branche bei Sammlern, Betriebsbahnern und in Clubs umgehört, was denn den Modellbahnern zu den einzelnen Herstellern spontan einfällt. Ich möchte deshalb jedem Unterkapitel solch eine subjektive Aneinanderreihung von zufällig aufgeschnappten Einschätzungen voranstellen. Und zwar unkommentiert, denn zu jeder dargelegten Meinung könnte man ganze Seiten schreiben.

Diese Vorurteile – so wollen wir die Äußerungen einmal nennen – kommen aber meist nicht einfach von ungefähr – und wenn sich solche Meinungen im positiven wie im negativen Sinne verdichten, dann wirkt das auf das Image und die Akzeptanz einer Marke – und natürlich ganz global auch auf das Sammler-Preisniveau.

Märklin

Das meinen Berts Kumpels vorab zu den Produkten aus Göppingen:

■ *Ich hab' nur Märklin. Echte deutsche Qualität. Metall und so. Du verstehst. Auf die Jungs lass' ich nix kommen, und schon gar nicht aus der Ecke dieser komischen Plastik-Gleichstromfreaks. Die haben doch alle 'nen Sockenschuss!*

■ *Ach, ist das nicht das Fabrikat, wo unter die Loks so putzige Skischleifer druntergeklatscht wurden? Jaja, hochgradig realistisch. Und dann noch diese Pukos (sprich: Punktkontakte) auf den Gleisen. Is' ja fast wie im richtigen Leben, höhö!*

■ *Also, mein Papi, der hatte in den 70ern so Tenderloks von denen. Als ich noch klein war und der Papi tagsüber bei der Arbeit, da haben mein Bruder Manne und ich auf der Ovalanlage immer die knallharten Rennen mit diesen Teilen gefahren. Einer in der Innen- und einer in der Außenbahn. Mein lieber Schwan, die Dinger hatten einen irren Schub. Liefen echt wie der geölte Blitz. Und dann noch der coole Rennwagen-Sound. Das war der schiere Wahnsinn, sag ich euch. Und wem die Mühle zuerst aus der Kurve krachte, der hatte natürlich verloren. Jeder war zufrieden: Mein Papi hatte seine Eisenbahn – und wir auf diese Weise unsere Rennbahn. Schade nur, dass es keinen Rundenzähler dafür zu kaufen gab!*

■ *Für mich heißt Märklin Betriebssicherheit. Diese Gleichstrom-Sammler haben doch null Schnall; sollen die doch mal auf Gleisen, die nicht täglich gereinigt werden, mit den kleinen Köfs über die Weichen fahren. Das Zeugs bleibt doch andauernd stehen. Ich jedenfalls brauch' keinen Besenstiel, um meine Märklin-Loks ständig wieder auf kaum zugänglichen Weichenstraßen weiterzuschieben, denn die bleiben da nicht einfach so stehen. Aber das haben die Vitrinensammler und Perfektionsheinis mit ihren Gleichstrom-Kisten vermutlich noch gar nie mitgekriegt, da sie mit den Dingern eh nicht fahren. Was im Übrigen ihr Glück sein dürfte.*

■ *Gesammelt wird doch nur Märklin und sonst gar nichts. Gehen Sie doch mal auf 'ne Börse. 90 % Märklin. Oder 80 %. Das sagt doch schon alles! Den Rest will doch niemand haben.*

■ *Selbst für die alten 3000er-Artikel kriegste doch sogar noch jetzt Verschleißteile nach. Das ist echter Service. Guck dir doch mal diese österreichischen Gleichstrom-Dinger an. Die liegen doch nach 30 Jahren schon längst in der Gruft – oder meinste, du kriegst dann noch für 'ne Lok eine abgekrachte Plastik-Griffstange nach, wo die Typen im Werk doch eh längst die 25. verbesserte Nachfolgeauflage produzieren, an der sowieso wieder alles ganz anders ist?*

■ *Märklin? Sind das nicht die Spezialisten, die in der Vergangenheit Loks nach der Devise produzierten: Darf's ein bisschen lauter und ruppiger als normal fahren, dafür aber auch ein bissel teurer sein? Na, die werden sicher mit ihrer neuen Marke Trix jetzt auch den Gleichstrommarkt total aufrollen – ich seh' schon, wie den Technikern bei Roco die Hosen schlottern.*

■ *Die Typen mit Ovalanlage, die so was kaufen, haben doch volle Elle null Ahnung vom Vorbild. Also, mir könntest du nicht so 'n Blödsinn wie 'ne Mallet-53er-Dampflok verkaufen, die in echt ja wohl nie gefahren ist! Aber solche fehlgeleiteten Spielkälber haben es ja eigentlich nicht anders verdient.*

Schon sind wir mitten drin in der Diskussion. Ich bin fast geneigt zu sagen: Vergessen Sie (fast) alles, was Sie bisher in diesem Buch über die Gesetze von Angebot und Nachfrage, über Detailtreue und über die Logik des Sammelns gelesen haben. Das mag auf alle anderen Firmen zutreffen, aber nicht immer auf Märklin. Märklin ist nicht irgendeine Firma, Märklin ist eine Philosophie. Und die spaltet die Modellbahner in zwei Lager – ganz so wie Sie es in den acht Bemerkungen gerade nachlesen konnten.

Das Faszinierende an Märklin ist, dass der Hersteller alles in seinem Programm hat und gegeneinander erfolgreich differenziert: Einfache Einsteigermodelle, perfekt detaillierte und teure Metallloks in optisch hervorragender Qualität – und unglaubliche Fantasiemodelle, bei denen jedem ernsthaften Modellbahner „der Draht aus der Mütze springen" muss.

Zu diesen Nonsens-Produkten gehören z.B. silberfarbig lackierte Technologie-Modelle, eine blaue Aprilscherz-Lok der BR 120, die in echt natürlich nie blau, sondern schon immer rot war – oder, wenn gar nichts mehr hilft, dann nehmen Sie die witzige Glücksschwein-Lok, bei der eine miniaturisierte Sau-Nachbildung auf einem fahrbaren Untersatz thront. Das ist wirklich spaßig und gehört auf jede Anlage, nicht wahr?

Sollte Ihnen das Lachen schon jetzt vergangen sein, dann sind Sie offenbar nicht der typische Märklinist. Denn zum Beispiel die gerade genannte (und, wie vieles bei Märklin, extrem limitierte) himmelblaue 120 ist in Sammlerkreisen äußerst begehrt und wird auf dem Second-Hand-Markt mit Preisen gehandelt, für die Sie durchaus mehrere ganz normale rote 120er aus dem Normalangebot des Herstellers kaufen könnten. Das heißt, damit es jedem klar ist: Die Witzlok, für die es kein Vorbild gibt, kostet das Mehrfache der normalen Lok.

Käme Roco auf die Idee, so eine Lok zu machen – die Fans würden dem Hersteller das Modell um die Ohren hauen. Doch wir sind hier nicht bei Roco, sondern bei Märklin, und da gehen die Uhren mitunter ganz anders. Denn wer könnte es sich sonst als Lagerbereinigungs-Gag leisten, Überraschungskisten an die Händler zu verkaufen, die diese an die Kunden erfolgreich verhökern konnten, und zwar so: Schiebe das Geld über den Tresen, dann bekommst du die Kiste – und danach darfst du nachsehen was drin war. Diese moderne Form des Geldeinsammeln, die kleine Kinder bereits von den Überraschungstütchen her kennen, in denen eine Mischung aus Puffreis und eine Miniwasserpistole aus Korea drin sein kann, bietet sich ja für das moderne und zeitgemäße Modellbahngeschäft geradezu an.

Kommen wir auf den Sammlermarkt zurück. Dass altes Märklin-Blechspielzeug in gutem Zustand gesammelt wird, ist bekannt. Aber wie sieht es mit den modernen Produkten aus?

Noch in den 80er Jahren gab es genügend Modellbahner, die sammelten Märklin sozusagen im Abo. Und das hieß: Einmal im Jahr bestellten sie bei ihrem Händler die Neuheitenpalette von A bis Z vor – und dazu noch die jährlich erscheinenden Exportmodelle. Das war mehr als genug – und viele hielten da noch so gerade mit. Auf diese Weise wuchs die Sammlung, bis die Kellerregale voll waren.

Wer Platzprobleme hatte, für den waren die neu erscheinenden Zugpackungen schon immer die größte Sammlerstrafe überhaupt, denn die Kartonagen hatten (und haben) sehr oft so unmöglich große Formate, dass die kaum irgendwo platzsparend unterzubringen sind und offenbar auch nicht aus genormten Standardverpackungen hervorgezaubert werden können. Folglich hat man in kürzester Zeit schöne unterschiedlich lange und sperrige Packungen angehäuft, die schwerlich übereinander passen und deshalb in kleinen Lagerräumen viel Platz beanspruchen.

Doch das stellte sich nicht als das Hauptproblem der Sammler heraus. Die Neuheitenflut schien immer unaufhörlicher zu wachsen, und so wurde es fast unmöglich, sich überhaupt noch alles im Abo leisten zu können. Dabei nahm keineswegs der Umfang des Kataloges mit den Standardartikeln (die sogenannte „Backlist-Ware") zu, sondern in verschärftem Maße die Sonderprodukte, die in einmaligen Auflagen produziert werden. Bei denen tut man freilich gut daran, sich die auch rechtzeitig zu sichern, denn was vielleicht nur knapp produziert wird, das ist beim Händler schnell ausverkauft und steigt danach womöglich rapide im Wert. So jedenfalls könnte es sein – dachten sich die Fans, die mit dem Komplettsammeln noch mithalten konnten und wollten, solange es ging.

Doch das geht inzwischen nicht mehr. Denn neben den schon erwähnten Exportmodellen, die einmalig produziert werden, kommen Insider-Modelle für Clubmitglieder sowie Verbands-Sonderserien hinzu, und dann sind da noch zwei ganz harte Brocken, bei denen die meisten Fans im Dauerabo irgendwann einmal schlapp machen würden:

- Sonderprodukte für die „Märklin Händler Initiative" (MHI). Das sind einmalige Auflagen, die für eine Händler-Mittelstandsvereinigung hergestellt werden, und die Sie nur im Fachhandel erhalten können, der der MHI angeschlossen ist.
- Eine immer größer werdende Anzahl von Einmalproduktionen auch im Normalkatalog des Herstellers. Gerade bei den Loks und Zugpackungen scheint es so langsam guter Standard zu werden, dass bei immer mehr Produkten selbst im ganz regulären Jahreshauptkatalog dabei steht: „Diese Lok/ diese Zugpackung wird in einer einmaligen Serie nur im Jahre 20xx gefertigt."

Das hätte rein theoretisch eigentlich die Konsequenz, dass Sie sich eine Einmalserie immer dann kaufen müssten, wenn sie gerade beim Fachhändler ausgeliefert ist um sicherzugehen, dass Sie sie auch wirklich erhalten. Man kann es auch so ausdrücken: Sie werden, wenn Sie dieser Strategie folgen, in den Geldausgaben für Ihr Hobby weitestgehend fremdbestimmt: Andere entscheiden nämlich für Sie, wann Sie Ihr Geld (und womöglich noch wieviel, sammeln Sie komplett) auszugeben haben.

Überreizt der Produzent dieses Mittel, dann kann der Schuss jedoch gewaltig nach hinten losgehen, denn wenn Sie quasi am laufenden Band lesen, dass eine Produktneuheit einmalig jetzt und wirklich nur jetzt gefertigt wird, dann sind Sie irgendwann so abgestumpft gegenüber diesem Spruch, dass Sie das völlig kalt lässt und Sie die Neuerscheinung bei Erscheinen trotzdem nicht kaufen. Machen das viele so, haben Sie das Risiko auf den Händler übergewälzt, der Einmalserien ja am besten exakt so oft vorbestellt, wie er glaubt, dafür auch Kunden zu haben.

Und geht der Rattenschwanz weiter und verlieren immer mehr Kunden die Lust am Erwerb von massenweise limitierten Produkten, dann verpokert sich der Händler in der vorbestellten Stückzahl und kriegt die Ware nicht mehr schnell wieder rausverkauft. Also wird auch er weniger ordern – und so bekommt letztendlich der Hersteller wieder die Quittung, da der Ordereingang je Stück sinkt.

Legt sich also jeder Fachhändler klugerweise immer nur eine Lok mehr hin als er Vorbestellungen für diese Maschine hat, dann hat man es geschafft, das Produktionsrisiko erfolgreich auf den Hersteller zurückzudelegieren:

- Produziert er zu wenig und wird zu viel nachgeordert, entgeht dem Hersteller Umsatz und es entsteht eine Absatz- und Deckungslücke.
- Produziert er aber zuviel und liegen die Sachen dann wie Blei im Hochregallager, dann müssen sie irgendwann und irgendwie wieder raus – und das geht am besten in mehr oder minder unauffälligen Aktionen über den Preis.

Entweder also der Händler (oder seine Second-Hand-Freunde auf den sogenannten Tauschbörsen) „hauen das Zeugs raus", wie man es vulgär ausdrücken könnte – oder der Hersteller als Erster in der Kette fängt gleich selbst damit an, um sich seines Warendrucks zu entledigen.

Beides wirkt sich aber katastrophal auf das Preisniveau im Sammlermarkt aus, der diesen Preisrutsch natürlich mitmacht. Und noch schlimmer wird es, wenn der Markt eh schon so überhitzt ist, dass sich jeder gar nicht mehr alles kaufen kann oder will und deshalb nach eigenen Vorlieben eine Auswahl trifft. Dann nämlich nützen irgendwann weder total limitierte Serien noch etwas – noch absolute Preisdumpingaktionen.

Ich kenne am Anfang unseren neuen Jahrtausends Second-Hand-Händler, die das Börsengeschäft sozusagen „nebenberuflich als Hobby" betreiben und aussagen, sie würden lieber Roco, Fleischmann und Brawa auf ihre Tische tun, wenn sie denn einmal günstig an solche Ware kommen. Bei Märklin hingegen hätten sie die sogenannte „weiße Ware" (ein Synonym für Neuware in den bekannten weißen Schachteln) schon zu unter Händler-Einkaufspreisen von ihrem befreundeten Fachhändler übernommen und seien neue Standard- und limitierte Artikel dann zu „rattenscharf günstigen Preisen" trotzdem kaum losgeworden.

Second-Hand-Profi Professor Sub Zero sagt dazu:

„Die weiße Ware ist teilweise nicht mehr loszueisen, nicht mal mehr über den Preis. Der Markt ist toter als tot, auch wenn es immer mal wieder einzelne Ausnahmen gibt. Die Tatsache, ob etwas überhaupt noch limitiert ist oder nicht, interessiert auf den Börsen fast niemanden mehr. Hat mein Händler von einer Lok zwei übrig und hat er 200 € für die Lok bezahlt, dann hat er mir schon öfter mal nach einem halben Jahr die Dinger für Stück 175 € abgetreten. Zu Anfang versuche ich es dann auf den Börsen für 200, dann mit 175 – und schließlich krieg' ich endlich eine für 150 € weg. Das ist das sogenannte Ende mit Schrecken, was mir lieber ist als ein Schrecken ohne Ende, denn hätte ich noch ein Jahr länger gewartet, dann käme vielleicht gerade der neue „Koll's" raus, den jeder Märklinist eh auf der Börse dabei hat – und da steht das Teil dann für 125 € drin, wenn ich Pech habe. Da könnt' ich mein Geld lieber gleich an die Tür nageln als mit weißer Ware auf Wertzuwachs zu pokern."

Das sind Sätze, die jeden Märklin-Freund erschaudern lassen. Wenn es also so sein sollte, dass weitaus mehr aktuelle Neuheiten mittelfristig im Wert fallen als steigen, dann wäre dieses Fabrikat keine besonders gute Wertanlage mehr – im Höchstfall Sie bezeichnen sich als absoluter Insider mit einem super Gespür und sind in der Lage, schon bei Auslieferung einer Novität deren Marktchancen treffsicher abzuschätzen, damit Sie sich ausschließlich die „richtigen" Schachteln hinlegen – und die am besten gleich mehrfach.

Wir wollen uns einmal an mehreren exemplarischen Artikeln ansehen, wie sich das Preisniveau für Standard- und Sonderartikel in den letzten Jahren entwickelt hat. Fangen wir mit ganz normaler Katalogware an. Im Jahre 1991 brachte Märklin eine modern aussehende französische Mehrsystem-Ellok auf den Markt und führte sie in den nächsten Jahren mit leicht unterschiedlichen Betriebsnummern-Varianten im nicht-limitierten Standardsortiment. Die Rede ist von der sogenannten „Sybic-Maschine" der Baureihe BB 26.000.

Für den Sammler und Betriebsbahner spricht eigentlich alles für diese Lok, denn:

1. gehört sie zu den bei Märklinisten gern gesehenen Maschinen, die gänzlich aus Metall gefertigt werden, und
2. führt kein anderer in Deutschland stark bekannter Produzent diese Lok im Programm (sieht man einmal von der französischen Marke Jouef ab, die hierzulande keine besonders hohe Marktdurchdringung aufweist).

Unser Wechselstrombahner Dédé kauft sich diese Lok als „BB 26.004 Cernay" Anfang des Jahres 1992, und weil er nicht hochpreisig einkaufen will, bemüht er den Versandhändler, dessen Jahreskataloge wir bereits weiter vorn zu Rate gezogen haben. Inzwischen – im neuen Jahrtausend – wird das Modell nicht mehr produziert, und wir nehmen der Einfachheit halber an, die Preistaxierung, die der „Koll's 2000" ausweist, würde ungefähr dem Marktwert entsprechen. Dann ergibt sich:

Märklin 3334/ BB 26.004 „Cernay"	Versandhandelspreis 1992:	302,35 DM
	Marktwert 2000:	ca. 160,00 DM

Dédé, von dem wir weiter vorn gesehen haben, dass es ihn schon mit den Werbe-460ern kräftig gebeutelt hat, ist also mal wieder ein Volltreffer gelungen, indem er mit dem Modell binnen acht Jahren eine „Minus-Verzinsung" im Wert erreicht: Diesmal sind's um die 53 %, die die Lok gegenüber ihrem damaligen Anschaffungspreis nach acht Jahren noch wert ist, und dabei hat Dédé bereits im eher günstigen Versandhandel gekauft, der sich ganz sicher nicht an der Spitze der Preisgestaltung bewegt.

Das Beispiel – dies sei übrigens für die Skeptiker angemerkt – ist im Übrigen nicht boshaft gewählt. Es gibt genügend andere Beispiele, wie Dédé innerhalb von ein paar Jahren bis zur Hälfte seines ursprünglich eingesetzten Geldes kaputtmachen kann.

Um die Sache noch schlimmer zu machen: Der oben genannte ungefähre Zeitwert der Maschine, der im Jahr 2000 mit 160,00 DM geschätzt wurde, heißt nicht zwangsläufig, dass Dédé diese Lok nun jederzeit für diesen Preis wegbekäme. Er muss halt auch einen Liebhaber finden, der sie ihm gnädigerweise überhaupt abkaufen würde, denn Papier ist geduldig und die Preistaxierung eines Sammlerkataloges heißt nun noch nicht zwangsläufig, dass ich jederzeit und überall den Preis auch erhalten werde.

Da unser Freund Dédé eh schon mit den Nerven ziemlich zu Fuß ist und inzwischen ernsthaft mit dem Gedanken spielt, seine ganze Sammlung zu verkaufen und nur noch Gleichstrom-Loks zu sammeln, hat der Autor dieses Buches den Second-Hand-Spezialisten Professor Sub-Zero im Jahre 2000 beauftragt, einen Markttest durchzuführen –

3201

und gab ihm die beiden Sybics aus seiner eigenen Sammlung für insgesamt fünf größere Börsen mit, die in Baden-Württemberg und Bayern stattfanden. Dabei hatte der Professor die Order, die Loks zunächst mit 160 DM auszuzeichnen und im Laufe des Tages, sollte überhaupt nichts gehen, die Maschinen auf den Preisschildern bis auf 135 DM herunterzunehmen. Das Ergebnis sah so aus:

■ Auf den ersten beiden Börsen interessierte sich überhaupt niemand für die Loks. Während „Mitbewerber" von Sub-Zero Preisschilder von 250 Mark und noch mehr auf die gleichen Maschinen geklebt hatten, bekam auch der Professor letztendlich für 135 DM keine Lok weg.

■ Auf Börse Nummer 3 meinte ein entlangschlendernder Witzbold, der offensichtlich überhaupt nichts Geeignetes auf den Tischen für seine Sammlung gefunden hatte, als Draufgabe noch Folgendes: „Der Hobel liegt doch wie Blei. 99 Steine – und ich würd' eine nehmen". Da kamen die beiden Herren dann nicht zusammen.

■ Glück schließlich auf Börse 4: Ein Frankreich-Fan begutachtet die total neuen Loks, als sie gerade mit 140 DM ausgezeichnet waren. Er könne sich sogar dafür erwärmen, beide zu nehmen, meint er: Eine zum Fahren und eine für die Vitrine – allerdings müsse der Preis einfach „stimmen". Was das heißt, erfahre ich am Abend, als der Professor mir 250 DM auf den Tisch blättert, also umgerechnet 125 Mark für jede. *„Mehr war echt nicht drin!"* sagt er resigniert – und ich habe keinen Grund, ihm nicht zu glauben.

Da ich die beiden Loks damals für Stück 300 DM im Versand gekauft habe, heißt das: Effektiv fuhr ich einen Wertverlust von 58 % für jede Lok ein, um sie in der Praxis innerhalb eines angemessenen Zeitrahmens überhaupt wieder loszuwerden. Zufällig kenne ich auch den Second-Hand-Händler Luigi Armati gut, und der handelt berufsmäßig mit Märklin Second-Ware. Als ich ihm von meinem Börsentest erzähle, zieht er zwei neue Sybic-Schachteln aus einem seiner riesigen Regale und sagt so nebenbei: *„Willste zwei wiederhaben? Ich hab noch zehn von dem Ding – leider. Weil du's bist, für Stück 120 Mark. Da hast du dann sogar noch einen Heiermann Gewinn gemacht gegenüber dem Preis des Börsenverkaufs mit 125 das Stück!"*

Wer jetzt immer noch meint, das Beispiel sei boshaft gewählt, da es sich bei der Sybic ja um gar nicht limitierte Standardware handeln würde, dem möchte ich mit einem anderen Beispiel auf die Sprünge helfen. Nehmen wir als Beispiel die DR-/DB-Ellok der BR 143. Auch hier hat Märklin ein Ganzmetall-Modell herausgebracht, das in verschiedenen Varianten (limitiert und nicht-limitiert) auf den Markt gekommen ist.

Damit es auch gut passt, suchen wir uns eine sog. „MHI"-Maschine heraus. Das ist dann auf jeden Fall eine limitierte Einmalserie, die im Handel mit einer „unverbindlichen Preisempfehlung" der Märklin Händler Initiative ausgepreist ist. „Unverbindlich" heißt dabei eigentlich eher „verbindlich", denn Sinn dieser Initiative soll es unter anderem sein, den klassischen Mittelstand unter den Händlern mit Exklusivprodukten zu beliefern, bei denen man einen „angemessenen" Gewinnaufschlag am Markt durchsetzen kann.

Das heißt, diese Artikel werden nicht im „Unterwasserbereich" kalkuliert, wobei natürlich Folgendes passiert:

■ Unser Versandhändler, von dem wir die Preislisten wälzen, hat auch ein Ladengeschäft und wird mit MHI-Produkten beliefert. Die verkauft er, weil es besser so für alle ist (und für ihn auch) zum unverbindlich empfohlenen Preis.

■ Seine Normalware kalkuliert er allerdings nach seiner eigenen Standardkalkulation eher günstiger.

■ Dadurch passiert bei verschiedenen Märklin-Varianten der BR 143 zwangsläufig das hier: Die MHI Lok ist immer teurer als eine, bei der ihm niemand den Tipp gibt, für wieviel er sie denn wohl am Markt verkaufen sollte.

Schauen wir noch einmal unserem Freund Dédé über die Schulter. Der hatte Mitte der 90er noch Spaß am Sammeln und legte sich auch alle Märklin-Varianten der 143er Ellok hin. Im September 1994 kam diese Maschine über die MHI in einer Version als sog. „AEG Weiße Lady" zum mehr oder minder unverbindlichen Preis von 349 DM heraus. Ein paar Monate später, im Jahr 1995, legte sich Dédé diese Lok zu und zahlte bei unserem Versender den MHI-Preis. Gleichzeitig orderte er noch eine 143er-Variante mit, die 1995 ins Normalprogramm des Herstellers kam, und zwar die 143 in der schmucken zweifarbigen S-Bahn-Lackierung kieselgrau-orange.

Als die Loks von dem Versender per Post kamen, stand auf der Rechnung:

Märklin 3441/143 001 weiß, MHI, Delta
Versandhandelspreis 1995: 349,00 DM

Märklin 3445/143 612 S-Bahn, Delta
Versandhandelspreis 1995: 292,70 DM

Hier sehen wir es schon einmal: Dédé hat die limitierte MHI-Maschine um fast 20% teurer eingekauft als die vergleichbare S-Bahn-Lok. Nun ist das mit dem Marktwert so eine Sache. Was nämlich wieviel wert ist, das bestimmen im Normalfall nicht die Preise, die irgendwer festsetzt, sondern der Sammlermarkt, und dem kann letztendlich niemand vorschreiben, was denn gefälligst jetzt wieviel zu kosten habe.
Wollen Sie also an der schier unendlichen Freude von Dédé teilhaben, dann schauen Sie mit mir zusammen in den schon erwähnten 2000er-Sammlerkatalog für dieses Fabrikat. Dann ergibt sich:

Märklin 3441/143 001 weiß, MHI, Delta
Marktwert 2000: ca. 160,00 DM

Märklin 3445/143 612 S-Bahn, Delta
Marktwert 2000: ca. 180,00 DM

Was wollen uns diese Zahlen sagen, gehen wir wiederum davon aus, dass sie die Marktlage zumindest in etwa widerspiegeln:

■ Die „Weiße Lady" mit ihrem anfangs festgesetzten künstlichen Preis ist nun noch weniger wert als die Maschine des Normalprogramms.
■ Und das, obwohl sie fünf Jahre zuvor im Laden eher noch teurer verkauft wurde als die S-Bahn-Lok.
■ Dédé macht mal wieder Geld kaputt, wenn er versucht, die Loks jetzt zu den Preisen weder loszuwerden, die sie am Markt so ungefähr noch bringen könnten: Nach fünf Jahren ist die Weiße Lady nur noch so um die 46% von Dédés Anschaffungspreis wert (eine wirkliche Glanzleistung!), während es die kieselgrau-orange Lok immerhin noch auf stolze knapp 62% von Dédés damaligem Versandhandelspreis bringt. Das heißt, hier hat unser Freund „nur" knapp 40% von seinem damaligen Kaufpreis in den Wind geschossen, und wir wollen mal hoffen, gäbe er diese Lok morgen unserem Börsenprofi Professor Sub-Zero mit, dass er nicht dasselbe mitmachen würde wie der Autor mit seiner vorhin geschilderten Sybic-Erfahrung.
Auch dieses Beispiel ist nicht gänzlich aus der Luft gegriffen. Und wer es nicht glauben will, der sollte sich einmal die unverbindlichen MHI-Preise der letzten Jahre vornehmen und mit den Sammlerpreisen ein paar Jahre später vergleichen. Die Zahl derjenigen Produkte, die im Wert nach ein paar Jahren gestiegen sind, müssen Sie mühevoll suchen; bei nicht gerade wenigen Loks wird die Sache andererseits aber zum herben Draufzahlgeschäft, wollen Sie sich einmal wieder von Ihren weißen Schachteln trennen.
Was das für den Sammlermarkt bedeutet, braucht an dieser Stelle wohl nicht noch einmal explizit ausgewalzt werden. Interessant ist in diesem Zusammenhang höchstens noch, dass offenbar so viele Sammler inzwischen genervt sind, dass auch eine extreme Limitierung nicht mehr als Garant dafür herhalten kann, dass etwas von Märklin überhaupt noch im Wert steigt.
Ein hervorragendes Beispiel ist der ICE in der Ausführung als Demo-Zug für das amerikanische Eisenbahnunternehmen Amtrak.
Dieser Triebzug wurde 1994 als achtteilige Zugpackung produziert, und zwar in einer, wie man so schön sagt, „streng limitierten" Auflage von 5.000 Stück (Artikel-Nr. 3700 – was den Märklinisten bereits sagt: Diesen Zug gab's nur in einer Digitalausführung zu kaufen ...). Aller Wahrscheinlichkeit nach verblieben an die 3.000 Exemplare in Deutschland, während 2.000 in den Export gingen. Es gab aber in Deutschland zweifelsfrei mehr als 3.000 Fans, die einen haben wollen – und von denen schauten nun mal wieder etliche „mit dem Ofenrohr ins Gebirge".
Diese Politik, etwas bewusst knapper zu halten, als dafür Bedarf besteht, bedeutet klassischerweise: Der Markt reguliert sich über den Preis, und der Wert des Artikels steigt kräftig. Doch wir haben schon an verschiedenen Stellen in diesem Buch gesehen, was passieren kann, wenn man auf Dauer Fans verärgert. Steigen die dann nämlich scharenweise aus dem Sammlerhobby aus, dann steigt überhaupt nichts im Wert – sondern ganz im Gegenteil: An denen, die man mutwillig vor den Kopf gestoßen hat, verdient man danach keine müde Mark mehr, und da es weniger Nachfrager gibt, rutscht bei gleichbleibender Produktionsauflage von Normalartikeln und Einmalserien alles preislich in den Keller. Denn: Wenn man Pech hat, dann hat man mehr produziert, als überhaupt noch Fans übrig geblieben sind.
Zurück zum Amtrak-ICE. Wie man hört, wurden die auf die Händler nach einem logischen Schlüssel verteilt, nämlich umsatzabhängig. Das heißt, ein kleinerer Händler erhielt vielleicht einen, während derjenige, mit dem der Hersteller den dreifachen Umsatz macht, sich dafür auch drei Stück sichern konnte.
Fachhändler Harry Hemmschuh ist einer von denen, die bei diesem seltsamen Spiel schnell zwi-

89 7462

schen die Fronten gerieten: Er hatte nämlich zwei Extremsammler, die (fast) alles bei ihm vorbestellten, was es überhaupt zu ordern gibt – aber es gab nur einen Amtrak für Harry. Der Mann hat es deshalb ausgelost, wer den 3700 bekommen sollte. Die Folge: Der andere Fan war so stocksauer, dass Harry jetzt nur noch einen Kunden hat, der Extremsammler ist. Und dass ihm nun jährlich mehrere Tausend Euro in seiner Kasse durch den Aussteiger fehlen, dafür kann er zwar nichts, aber er hat's halt ausbaden müssen. Wir wollen ihn deshalb lieber nicht für dieses Buch nach seiner Meinung über diesen Hersteller befragen.
Bleiben wir beim Amtrak. Der effektive durchschnittliche Abgabepreis dieses Triebzugs vom Handel an den Endverbraucher ist schwerlich auszumachen, da diejenigen froh waren, die überhaupt einen bekamen. Der Händler setzte den Preis dann auch wohl eher nach Gefühl fest – und danach, ob er selbst auch noch ein bisschen abkassieren wollte oder zu denjenigen gehört, die ihre treuen Kunden auch preislich ab und zu einmal belohnen wollen.
Insider bestätigen, dass im Durchschnitt 1.300 bis 1.500 DM für einen Amtrak verlangt wurden. Doch wer ein bisschen hinter die Kulissen blickte, konnte schon damals Sonderbares erfahren – so wie der uns schon bekannte Second-Hand-Händler Professor Sub-Zero, der, wie er uns anvertraute, Märklin-Schachteln von einem Händler „gaaaaanz weit im Osten der Republik" bezieht, sozusagen aus einem düsteren Landstrich des Ex-DDR-Reiches, wo sich nach der „Wende" die allgemeine Begeisterung über das Wechselstrom-System ganz offensichtlich manchmal doch etwas in Grenzen hält. Der Professor sagt es dann auch ganz freimütig:
„Mein Händler Hubertus Ratzematze hat tatsächlich zwei mal den 3700 gekriegt, denn er ist weit und breit der einzig gut sortierte Märklin-Shop in der Gegend. Und was kein Witz ist: Keiner seiner Kunden wollte so 'n Ding für etwa 1.350 Mark überhaupt kaufen. Da hab' ich die beiden Trumpen im nächsten Paket zusammen mit Hubertus' sonstigen Überbeständen durchgeschoben gekriegt. Das war erste Sahne, sag ich euch!"
Profis wissen, was der Professor nun am besten macht: In der Anfangsphase, wenn einige Leute beim Händler leer ausgehen, gerät der Markt für so ein Produkt aus den Fugen. Prompt wird es als Spekulationsware eingesetzt und zu völlig utopischen Preisen angeboten. Das verärgert im Übrigen diejenigen Fans ungeheuer, die so einen Artikel nicht regulär bekamen, dann meistens noch mehr, denn irgendwoher müssen jetzt ja die ganzen Triebzüge kommen, die auf dem freien Markt angeboten werden. Sehr unwahrscheinlich, dass sie ausschließlich in die Hände von Spekulanten gelangt sind, oder?
Sub-Zero schaltete also wie x andere Leute auch eine Kleinanzeige in dem Fachblatt, in dem bevorzugt Märklinisten inserieren:

3700 Amtrak ladenneu, gegen Gebot.
Freundliche Zuschriften erbeten an Fax-Nr. …

Prompt schrieben etliche Freaks, die total heiß auf den 8-Teiler waren, auf die Offerte. Das Ergebnis: Beide Triebzüge konnten für Stück 2.500 DM an den Mann gebracht werden. Gewinnaufschlag für den Professor: 150 % innerhalb von acht Wochen. Märklin also als Wertanlage für pfiffige Leute mit guten Verbindungen? Sagen wir so: Jedenfalls für den beinharten Strategen Sub-Zero, der schon damals ahnte, was geschehen könnte, wenn er die beiden Schachteln länger bei sich „bunkern" würde. Und das passierte laut dem schon mehrfach erwähnten „Koll's"-Katalog mit dem extrem limitierten Triebwagen:

3700 InterCityExpress BR 401 „Amtrak"

Kalenderjahr 1995	Marktwert ca. 2300 DM
Kalenderjahr 1996	Marktwert ca. 2000 DM
Kalenderjahr 1997	Marktwert ca. 1800 DM
Kalenderjahr 1998	Marktwert ca. 1700 DM
Kalenderjahr 1999	Marktwert ca. 1900 DM
Kalenderjahr 2000	Marktwert ca. 1600 DM

Und das sagen uns diese Zahlen in aller Deutlichkeit:

- Die Tendenz des Sammlerpreises zeigt auch für dieses ultralimitierte Gefährt nach unten.
- Langsam aber sicher nähert sich der Marktpreis dem damaligen Ladenverkaufspreis des Artikels an.

Wer das böswillig interpretieren wollte, kann das auch so sehen, dass es inzwischen offenbar weniger als 5.000 Fans auf der ganzen Welt gibt, die noch „heiß" auf diesen Artikel sind, denn ansonsten könnte der Preis bei einer Produktionsauflage von 5.000 Stück nicht tendenziell nach un-

ten zeigen. Gut also war derjenige Spekulant dran, der ganz unmoralisch gleich zu Anfang seine Kasse klingeln ließ – schlecht aber erging es dem, der meinte, heutzutage in der Auflage knapp gehaltene Märklin-Stücke würden im Laufe der Zeit raketenartig im Preis weiter nach oben steigen.
Hat man also darauf gepokert, darf man heute nur noch hoffen, dass der Artikel nicht noch weiter im Wert fällt, so dass man im schlimmsten Fall später nicht einmal mehr sein eingesetztes Geld wieder herausbekommt. Und was ist mit denjenigen, die damals im Anfangsrausch bei der privaten Kleinanzeigen-Versteigerung bei unserem Professor erfolgreich mitgeboten haben? Sub-Zero meint dazu lakonisch:
„Da gibt's drei Möglichkeiten: Entweder es war ihnen 'ne Lehre. Oder sie sind inzwischen aus dem Hobby ausgestiegen. Oder aber sie gehören zu denen, von denen man sagt: Mancher wird auch aus Schaden nicht klug. Die sind dann reif für die nächste Versteigerung von extrem limitierten Artikeln."
Wer sich als Sammler nach den letzten Beispielen schon die Frage nach dem Sinn des Lebens stellen wollte, dem soll mit dem nächsten Beispiel zum Abschluss zumindest noch gezeigt werden: Nicht alle Neuheiten der letzten Jahre fallen sofort rapide im Preis. Es kann auch anders kommen. Was würden Sie denn von einem Güterwagen mit folgender Spezifikation halten:
2-achsiger Kesselwagen „Kleiner Feigling" mit einem Kessel aus durchsichtigem Glas. Oben verschlossen mit einem Korken. Der Wagen kann mit Flüssigkeiten befüllt werden (z. B. mit „Hochprozentigem"). Erscheinungsjahr 1996, MHI-Artikel. Ladenpreis ca. 49 DM.
Stellen Sie sich vor, Sie stehen im Laden und dieses „Ding" hat Ihr Fachhändler gerade frisch hereinbekommen. Wie schätzen Sie die Entwicklung des Marktwerts dieses Fantasieproduktes ein? Dazu unser Modellbahnenthusiast Bert:
„Mit so einem Saufwagen kann ich nichts anfangen. Soll ich da vielleicht 'n Strohrum einfüllen, nach jeder Runde auf der Anlage einmal anhalten und mir 'n Schluck genehmigen – so lange bis ich völlig ‚zu' unter der Platte liege? Da müsste man mir schon den Kaufpreis als Fuffi draufzahlen, damit mir so ein Ding überhaupt ins Haus kommt. Ja, dann gute Nacht, liebes Deutschland!"
Und hier die Antwort des Fachmannes: Erstens ist Bert kein Märklinist, und zweitens hat er sich kräftig versehen. Denn das hier passierte, darf man dem „Kolls" bei diesem Produkt Glauben schenken:

Artikel-Nr. 44520/Kesselwagen „Kleiner Feigling"

Marktwert 1997 ca.	49,00 DM
Marktwert 1998 ca.	49,00 DM
Marktwert 1999 ca.	120,00 DM
Marktwert 2000 ca.	140,00 DM

Nehmen wir an (nach Rücksprache mit einigen Second-Hand-Profis), der Wagen sei vielleicht etwas überzeichnet und brächte im Jahre 2000 im Schnitt „nur" um die 100 Mark auf den Börsen, dann heißt das aber immerhin: In vier Jahren ergibt sich eine Wertsteigerung von 100 %!
Sonderbar scheint dabei zu sein, sieht man sich die obige Entwicklung einmal an, dass den Wagen anfangs offenbar nicht gerade viele Sammler begehrten. Denn erst als die Einmalauflage zwei Jahre aus dem Programm war, fanden sich zunehmend mehr Begeisterungswillige, die meinten, den Wagen nun unbedingt besitzen zu müssen. Warum das so ist, das kann niemand wirklich nachvollziehbar begründen. Hier sind die Vermutungen einiger Experten vom Fach, die als Erklärungsversuche mitunter doch sehr abstrus klingen.

Ole (Fachhändler):
Ich weiß es echt nicht. Bei mir wollte den Wagen niemand. Ich hab ihn dann meinem Schwager geschenkt, den ich mal als Berufssäufer bezeichnen würde. Ich dachte, vielleicht bringe ich ihn auf diese Weise dazu, dass er sich für Modellbahnen begeistert. Dann hätte ich mit ihm ein gutes Folgegeschäft tätigen können. Wenn nun aber viele Händler so einen Wagen – sagen wir mal zweckentfremdet – an Alkoholiker abgegeben haben sollten, dann wird die verbleibende Auflage, die dem richtigen Modellbahnmarkt im Laufe der Zeit noch zur Verfügung steht, wirklich extrem knapp werden. Vielleicht steigt dann der Preis.

Prof. Sub-Zero (Second-Hand-Händler)
Wenn das Produkt nur „daneben" genug ist, dann ist es für Märklin-Sammler genau richtig. Warum denen das aber erst zwei Jahre später klar wurde, dazu hab ich zwar auch noch 'ne Theorie, aber die möcht' ich hier ungern sagen. Sonst schlagen die mich auf der nächsten Börse noch tot.

Bosso (Fach- und Versandhändler)
Ist doch ganz klar: Nach diesem Wagen kamen noch weitere desselben Typs nach, z. B. der „Saugut"-Wagen und

der Kesselwagen „Pflümli-Wasser". Da erst erkannten die Fans, dass das ein neues Sammelgebiet wird. Zu dem Zeitpunkt war der „Feigling" aber im Laden schon abverkauft. Prompt stiegen die Nachfrage und der Preis.

Lux (Modellbahnsammler)
Ich hatte auf einmal die Idee, wenn das mit diesen Wagen so weitergeht, dann kann ich mir auf Dauer 'nen ganzen Fusel-Zug davon zusammenkaufen – mit den verschiedensten Wagen. Das wär' n echter Gag. Und dann könnte nachher beim Clubtreffen jeder aus zehn hochprozentigen Wässerchen seine abendliche Alkoholdosis selbst zusammenstellen. Haben viele so einen Einfall, nimmt der Bedarf an solchen Wagen natürlich exorbitant zu.

Doch egal, wie Sie dazu stehen: Die Entwicklung der Wertsteigerung war anfangs gewiss nicht abzusehen. Es gibt sie also doch noch: Die Produkte, mit denen man mittelfristig einen Wertzuwachs erlangt. Doch wer keine Lotteriespiele liebt und der Ansicht ist, bei denen würde man langfristig trotz eines zwischendurch auch mal möglichen Achtungserfolges im Prinzip eh nur verlieren, der sollte sich doch einmal näher mit den Sammlerkatalogen des Fabrikats Märklin beschäftigen.
In diesen werden auch langfristige Wertkurven analysiert. Wobei wir allerdings wieder am Ausgangspunkt sind, denn was wirklich mit großer Wahrscheinlichkeit steigen dürfte, sind die älteren Märklin-Produkte. Die aus den 50-er Jahren. Oder aus den 40-ern. Oder die noch älteren. Doch sind das keine Stücke mit einem Mehrfachnutzen, die man als begeisterter moderner Modellbahner auch heutzutage gern auf seiner Anlage einsetzen würde.
Man kann die eben analysierte Entwicklung mit Neuware dieses Herstellers aber auch positiv sehen – für den Sammler wie für den Betriebsbahner. Wenn's denn wirklich so ist, dass viele Neuheiten auf dem Second-Hand-Markt relativ rasch im Preis nachgeben und nur wenige steigen, dann könnte man das Risiko eingehen, sich verstärkt Quasi-Neuware nach einer gewissen Wartezeit zu „angemessenen" Preisen auf Börsen auszusuchen.
Und wenn man Glück hat, dann kann es sogar vorkommen, dass man für eine vor fünf Jahren erschienene Lok heutzutage gleich zwei bekommt. Das wäre doch gar nicht übel – denn packt man das so an wie der Käufer, der Prof. Sub-Zero auf der vorhin beschriebenen Börse um meine Sybics im Doppelpack erleichterte, dann hätte man zum ursprünglichen Verkaufspreis einer Lok später öfter mal zwei zum Preis von einer, und das hieße:

1. Fünf Jahre nach Erstveröffentlichung kaufe ich Lok 1 immer noch zum Preis von damals ein. Nicht mal die Inflation muss ich dabei draufzahlen. Mit dieser Lok fahre ich auf meiner Anlage.
2. Außerdem kriege ich zu dem Preis noch Lok 2 ganz oder halb gratis dazu. Die ist für meine Sammlung, die ich mir auf diese Weise extrem günstig aufbauen kann.

Der erfolgreiche Zweitbesitzer würde das als Tipp für dieses Buch ganz einfach so auf den Punkt bringen: Man muss Nerven haben und abwarten können. Na, dann mal viel Glück dabei – denn das klappt natürlich nur so lange, wie es noch genügend Erstnutzer gibt, die erst mal in die Vollen gehen – denn: Irgendwer muss ja das Geld erst einmal vorschießen, das Besitzer Nr. 2 dann einsparen kann …

Märklin Hamo und Trix

Bert hörte sich im Club um. Und das waren die Spontanaussagen zu den Produkten aus Göppingen und Nürnberg:

- *Hamo-Loks sind klasse. Unverwüstliche Qualität – Märklin-Standard eben. So kann ich als Gleichstromfan die Vorteile der großen Auswahl quer durch alle Hersteller damit ergänzen, dass sich auch zugkräftige und pflegeleichte Märklin-Maschinen bei mir einsetzen lassen.*
- *Hamo? Das ist wohl für Märklin-Fans, die aus Versehen beim Start in das Hobby das falsche Gleissystem erwischt haben. Ich weiß beim besten Willen nicht, welcher ernsthafte Betriebsbahner damit fahren will.*
- *Ältere Hamo- und Trix-Geschosse: Für mich sind das rupfende Antriebe, wo die Kisten mit Krach und Vollgas über die Gleise schießen. Ist doch kein Wunder, dass du diese lauten Möhren auf Börsen zu Unterwasserpreisen kriegen kannst!*
- Für *mich hatte Trix schon immer die besten Formenbauer für schöne Altbauelloks. Die Jungs können (oder konnten?) wirklich noch was. Einfach super, diese Modelle!*
- *Also, ich mein', Hamo ist 'ne gute Alternative für Leute, die Roco nicht mögen und deshalb lieber mehr Geld für Produkte bezahlen, die dafür aber meist um Klassen schlechter detailliert sind als die Modelle aus Österreich. Ich lach mich scheckig über die, die sich so*

was kaufen. Ich mein', die haben's ja nicht anders verdient, als dass man ihnen das Moos aus der Tasche zieht! Für mich lautet die Gleichung: Hamo = Gleichstrom-Loks zu Wechselstrom-Preisen. Nee danke, lass' man!

■ *Wenn ich mal so eine gute alte 110 oder 140 von Trix aufmache – das ist noch deutsche Wertarbeit. Metallzahnräder – und überhaupt: Da sitzt jede Schraube, und da könnt' sogar noch ich selbst als Nicht-Bastler nach zehn Jahren ein Ersatzteil einsetzen, vorausgesetzt, da geht überhaupt mal was kaputt, was mir noch nie passierte. Die Leute, die nix auf innere Werte geben und ihr Geld in Konkurrenzloks mit gekapselten Motoren und schnell verschleißenden Plastikzahnrädern verballern, ja, die haben solche Schrottmühlen vermutlich noch nie 100 Stunden über 'ne Anlage geheizt. Die Karren sind dann doch reif für die Tonne!*

■ *Als die Jungs aus Nürnberg und Göppingen endlich auch mal mitbekommen haben, dass eine Allrad-Stromabnahme zum guten Standard gehört, da waren ihnen doch schon graue Bärte gewachsen. Irgendwann fährt der Zug auch ohne solche Firmen ab, die den technischen Fortschritt immer erst dann aufnehmen, wenn's nun rein gar nicht mehr anders geht!*

■ *Hamo? Supermaschinen. Neulich hatte einer vom Club mal 'ne neue Roco-Gurke mit. Die hab' ich gleich vor meinen sauschweren Ganzzug mit den 20 vierachsigen Shell-Kesselwagen von Trix gehängt. Das war putzig, als wir uns entschlossen, sie die Steigung hochzujagen. PUFF! Und da hat sich der Motor mit einem Klicken verabschiedet. Vermutlich auch besser so, denn das Plastikgehäuse war nach 15 Minuten unter Last eh schon irre heiß geworden. Ich glaub, mehr muss ich dazu nicht sagen, warum ich mit Hamos glücklich bin!*

Damit schon zu Beginn der Diskussion keine Missverständnisse aufkommen: Märklin (Hamo) ist nicht Trix und Trix ist nicht Minitrix. Erst einmal zur Spur N: Da hier das Gleichstromsystem firmenübergreifend eingeführt ist, gibt es schon einmal keine Grabenkämpfe zwischen „Märklinisten und dem Rest dem Welt". Und weil die meisten N-Bahner auch nicht nur markentreu kaufen, da sie sich für die Modelle entschieden, die zur eigenen Anlage und Epoche am besten passen, ist diese Zielgruppe in die mehr oder minder vereinfachten Klischee-Sichtweisen gar nicht verwickelt, die Berts Bekannte gerade eben „abgelassen" haben.

Märklin stellte Jahrzehnte lang für den Gleichstrommarkt Modelle unter der Reihenbezeichnung „Hamo" her – das waren anfangs ganz einfach Märklin-Loks, denen man mit wenigen Änderungen dazu verhalf, auf Gleichstromanlagen eingesetzt werden zu können. Mit Trix hat das alles erst etwas zu tun, als die Göppinger zum neuen Eigentümer der Nürnberger Firma avancierten und fortan ihre Gleichstromprodukte nicht mehr unter Hamo, sondern unter Trix laufen ließen. Das begann in der zweiten Hälfte der 90-er Jahre. Dennoch hatten auch schon vorher Trix- und Hamo-Modelle manches gemeinsam.

Fangen wir einmal mit Trix an. Ausgliedern aus der Betrachtung möchte ich zunächst einmal das gute alte betagte „Trix Express"-System. Das übernahmen die Göppinger quasi als Altlast mit, und so war es wohl eine Imagefrage, die Produktion nicht sofort einzustellen, auch wenn man durch die Hintertür dafür inzwischen bereits den Grundstein gelegt hat. Das Gleissystem wird im neuen Jahrtausend nur noch auslaufend weiterproduziert. Wenn's aber mittelfristig keine Gleise mehr gibt, dann dürfte – vorsichtig ausgedrückt – der Liebhaberkreis in der Zukunft sicherlich nicht stark im Steigen begriffen sein.

Zwar wollen uns Sammlerkataloge weismachen, dass Express-Produkte zum Teil schwindelerregende Sammlerpreise auf dem Markt erzielen. Das mag in Einzelfällen hinkommen, sofern diese Modelle eher in Richtung des Blechspielzeug-Marktes zielen, auf die meisten neueren Modelle trifft das aber meiner Einschätzung nach keineswegs zu.

Und die Tatsache, dass man in den Kleinanzeigen der Fachmagazine mit schöner Regelmäßigkeit diverse Annoncen vom Typ: „Suche echt alles von Trix Express" lesen kann, heißt noch lange nichts. Denn erstens wird die Nachfrage nicht dadurch größer, weil sich wenige und immer dieselben Leute laut und wiederholt artikulieren (vergleichen Sie doch mal die Namen der Inserenten über mehrere Monate hinweg!). Und zum zweiten sind es meist Spielbahner, denen es an Neuheiten-Angeboten der Industrie mangelt und die nun Älteres zur Ergänzung suchen. An Spielbahner ist man aber noch nie etwas zu Höchstpreisen losgeworden.

Da Licht und Schatten bekanntlich oft eng beieinander liegen, ist manches an dem, was die Modellbahner am Anfang dieses Kapitels an Vorurteilen über den Nürnberger Hersteller geäußert haben, gar nicht mal so von der Hand zu weisen. Steigen wir einmal ein in die Analyse von Trix (HO) International, denn dieses 2-Leiter-Sortiment ist mit den Gleichstromangeboten der gesamten Konkurrenz am besten vergleichbar. Trix genoss in der Vergangenheit einen besonders guten Ruf bei Sammlern und Betriebsbahnern der Epochen I und II. In dieser Ära war man sehr engagiert und vermochte es superdetaillierte Modelle zu bauen, die jedes Sammlerherz erfreuen. Zudem waren es meistens Modelle, die von keinem Mitbewerber angeboten wurden und mit denen man sozusagen konkurrenzlos am Markt auftreten konnte. Die gute Wartungs-Zugänglichkeit von Motor und Getriebe sowie die Verwendung hochwertiger Materialien für diese Bauteile brachten den Nürnbergern einen guten Ruf bei den Betriebsbahnern ein. Damit aber spaltet sich die Fangemeinde in zwei Lager, denn Trix hat ganz offenbar einige Trends über Jahre hinweg verschlafen, oder gemäßigter ausgedrückt: Man maß ihnen augenscheinlich keine Bedeutung bei.

Am katastrophalsten wirkte sich dabei die Technik der gerade eben gelobten Motoren und der Antriebstechnik aus. Denn während die Konkurrenz in den 90-ern bereits eifrig dabei war, laufruhige und leise Loks mit einem möglichst noch hohen Auslauf bei Stromunterbrechung zu entwickeln, waren die Uhren in Nürnberg offenkundig stehengeblieben – und so manche Preiserfigur, die die Fans mitunter gern in die Führerstände der Loks setzen, müsste sich eigentlich mit einem doppelten Salto quer durch die Frontscheibe aus dem Diesseits herauskatapultieren, wagte man es sich, den Regler am Trafo gar zu schnell von 100 auf 0 herunterzudrehen.
Dass man dabei das Ladegut auf den an solche Trix-Loks angehängten Güterwagen am besten besonders gut festzurrte, das wusste man als Trix-Fahrer spätestens dann, nachdem man zum ersten Mal die auf einem Güterzug transportierten Habseligkeiten – neben dem Gleisstrang verteilt – wieder einsammeln durfte.
Besonders schlecht macht es sich, wenn die Konkurrenz mit direkt vergleichbaren Produkten am Markt überzeugt. Ein gutes Beispiel ist die „Allerweltslok“ der BR 111, eine typische Epoche-IV-Maschine. Als Trix diese Lok in den 90-ern endlich auslaufen ließ, da gab es schon leise schnurrende 111er von Fleischmann – und immer wieder überarbeitete 111er von Roco, die von Facelift zu Facelift immer besser wurden (und zudem im Schnitt eher noch weniger kosteten als die 111er aus Nürnberg).
Unser Modellbahnfan Bert erzählt unverblümt:
„Ich hatte 111er von allen drei Firmen. Mein beiden Trix-Loks wackelten fütchterlich, fuhren ruckartig und laut – und dann waren da noch diese üblen Kabel, die man einfach gut sichtbar auf dem Dach verlegt hatte, von der Hochbeinigkeit der ‚Geräte' mal ganz zu schweigen. Oh Mann, ich habe vor zwei Jahren einen Spielbahner bekniet, sie mir abzunehmen. Der Preisnachlass gegenüber meinem Kaufpreis von vor zehn Jahren: exakt 50 %. Das tut weh!“
So etwas setzt sich beim Fan in der Erinnerung fest, so wie auch der 798er Schienenbus, der zum ersten Mal im Jahr 1979 im Trix-Programm angeboten wurde und den man noch fast 20 Jahre (!) später bis 1998 in fast identischer Ausführung weiterproduzierte. Das „Ding“, wenn man es mal so bezeichnen darf, hat keine Inneneinrichtung und ist über eine unübersehbar klotzige, feste Kuppelstange mit dem Beiwagen verbunden. Ende der 70-er störte das niemanden, aber 20 Jahre später konnte so etwas, auch vom Detaillierungsgrad her, kaum noch als Modell bezeichnet werden.
Längst hatte Roco einen modern konzipierten 798er ins Programm genommen, und die Absatzzahlen des Nürnberger Triebwagens werden wohl in der Endphase nicht mehr ganz „doll“ gewesen sein – wie sollten sie auch.
Doch das ist die Crux an der Sache: Diejenigen, die sich mangels einer rechtzeitigen Formen- und Antriebsüberarbeitung längst ihre Meinung über Trix gebildet hatten, wollten die Neuerungen, als sie dann kamen, schon gar nicht mehr zur Kenntnis nehmen. Dass eine E 70-Ellok (eine Metall-Maschine, die durch eine Entwicklungs-Kooperation mit Märklin entstand) zum Beispiel über einen Motor mit Schwungmasse verfügt, passt dem enttäuschten Fan offenbar nicht ins Bild, und so ignoriert er es einfach.
Ebenso wie die 217er-Diesellok, die komplett überarbeitet wurde und 1995 in drei Farbvarianten wieder neu ins Trix-Programm kam. Auch wenn in diesem Fall der Antrieb mit einer sonderbaren und verschleißanfälligen Riemen-Konzeption zwar als innovativ, aber in erster Linie als „erstaunlich“ bezeichnet werden darf: Das Gehäuse wurde perfekt gestaltet, und davon hätten sich etliche „olle Kamellen“ der BR 215 und 216 von zwei anderen Firmen gut ein paar Scheiben abschneiden können.
Trotzdem: Die Lok wurde auf dem Markt kein Hit, und das hängt ganz sicherlich mit dem inzwischen beim Modellbahner festgesetzten Image der Marke Trix zusammen. Im Hauptkatalog 1997 ist diese Lok dann auch schon wieder letztmalig im Programm zu finden, und wer sie damals beim Händler für um die 200 DM erworben hat, der kann heute einen

Tauschbörsen-Test machen und abwarten, was passieren wird. Ich gebe aber den Praxistipp aus, dass Sie im Schnitt um die 20 % im Preis nachgeben müssen, um ein ungelaufenes Exemplar von Ihrem Tisch zu bekommen (und bei der neuroten Variante noch mehr, denn die befand sich offenbar in großen Auflagen in einer Anfangspackung, wo Lok und Wagen zusammen weniger kosteten als die Lok im regulären Programm allein ...).
Damit ist schon fast alles gesagt über diese Sammlermarke, und so können Sie sich überlegen (auch ohne Sammlerkataloge, die Ihnen mitunter ein fiktives Preisniveau für Trix allgemein vorgaukeln wollen), wie es wohl mit der Wertschätzung dieses Fabrikates unter den Sammlern aussieht.

Der Tipp:

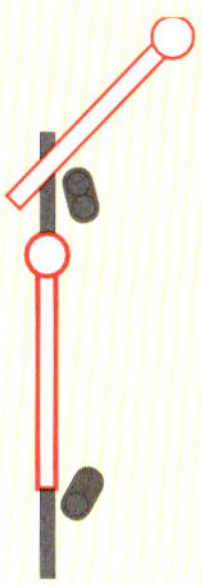

Hoch in der Sammlergunst sind Altbauelloks und Triebwagen von Trix angesiedelt, die Mitbewerber nicht im Angebot haben und die zwischenzeitlich aus dem Angebot des Herstellers geflogen sind. Hier ist die Chance groß, dass diese Modelle im Preis stabil bleiben werden, weil sie sich für die Vitrine hervorragend machen.

Jetzt kommt der nächste Einschnitt: Nachdem man in Nürnberg auch noch das eigene Gleissystem durch Untätigkeit der Weiterentwicklung vom Markt nahm und im Jahreskatalog 1995/96 erstmals das Fleischmann Profi-Gleis auch unter Trix-Nummern verkaufte – oder besser gesagt: Auch nur einen ausgesuchten Teil davon. Das veranlasst jeden logisch denkenden Menschen zu der Frage: Was soll denn das?
Nun kommt also Marke „Trix II", denn inzwischen hat die Märklin-Gruppe den Hersteller übernommen und führt unter dem Markennamen Trix ihr eigenes Gleichstrom-Angebot fort. Dabei kann man es je nach Sichtweise so ausdrücken:
Zitat Modellbahnfan Wiggo:
„Märklin hat das alte Trix-Programm gestrafft, was längst überfällig war, und die ganzen alten Heulbojen rausgenommen. Moderne Märklin-Entwicklungen kommen jetzt als 2-Leiter-Varianten auch als Trix, eine gute Bereicherung für den Markt."

Zitat Modellbahner Fiddy:
„Kahlschlag bei Trix. Der neue Eigentümer schmiss doch fast alles raus, was es bisher gab. Gutes wie Schlechtes. Der Katalog ist so langsam ein Abklatsch: Märklin für unverbesserliche Gleichstrombahner. Das war's mit dem eigenständigen Profil, das zumindest noch einige Fans bei der Stange hielt. Und was das Preisniveau angeht: Leute, das wird einen kräftigen Bauchklatscher geben! Denn im Gleichstrom-Bereich gibt's ganz andere marktführende Firmen, und da kann man nicht einfach so den Preis festsetzen, von dem man denkt, den sollen die Fans gefälligst zahlen!"

Dazu noch eine Anmerkung: Wer versuchen will zu verstehen, wie das Trix-Sortiment jetzt logisch strukturiert ist, der sei auf die Trix-Hauptkataloge verwiesen, in denen sich nachlesen lässt, auf wen das Märklin-Trix-Sortiment denn eigentlich zielen soll.
Vom Fach ist Modellbahnhändler Fürchtegott, der exklusiv analysiert:

- *„Keine Frage, es sind schöne Loks dabei. Aber ich hab dabei fast die letzten Trix-Stammkunden verloren. Früher war da z. B. die Zielgruppe der Epoche I+II-Bahner. Und jetzt: Ein Sammelsurium im Katalog: Ein bisschen von allen, aber von nix viel. Hier bayrische Kohlentrichterwagen der Epoche I. Da 'ne Micky-Maus-Lok. Und schließlich ein verkürztes DB AG-Set mit einem Intercity-Wendezug mit Steuerwagen. Das könnten sich meine Kunden von Roco auch einzeln zusammenstellen, so wie sie's wollen, ohne dass ihnen jemand sagt: ‚Nimm das Vierer-Set. Und wenn du zwei mal den 2.-Klasse-Wagen willst, dann kauf doch zwei Sets.' Wem soll ich denn so was bitte schön verkaufen?*
- *Was ich überhaupt noch gut absetzen konnte, das haben die rausgeschmissen anstatt es zu überarbeiten: Wo sind denn solche unverwechselbaren Modelle wie eine E 05 und der tolle ET 87 geblieben? Alles draußen! Und da lag's ja fast auf der Hand, auch die 217er Diesellok gleich mit wegzuschmeißen, obwohl die nur einen vernünftigen neuen Antrieb gebraucht hätte. Stattdessen gurken die Wechselstrombahner weiter mit ihrer Märklin 216 rum, deren Gehäusegrundform noch aus dem Jahr 1968 stammt. Eine tolle Leistung, wo die Jungs doch immer von den angeblichen „Synergie-Effekten" der beiden Marken reden!*
- *Märklin Hamo hatte bei vielen Gleichstrombahnern – zu Unrecht meine ich übrigens – schon immer nicht den besten Ruf. Ich würde das mal so ausdrücken: Seit der Trix-Übernahme durch Märklin hat Trix eher einen noch schlechteren Ruf als Schachteln, wo noch „Hamo" draufsteht. Das ist allerdings eine Meisterleistung. Also, vielleicht sollte man das Sortiment lieber wieder*

unter Märklin Hamo verkaufen. Das wäre eh ehrlicher, und der Ruf von Trix ist, so wie man's angestellt hat, für den 2-Leiter-Markt sowieso schon einigermaßen hin."

Wenn wir Fürchtegott mal etwas auf den Teppich zurückholen wollen: Es ist sicher nicht alles schlecht, und so begrüßten zum Beispiel im Jahre 2000 viele Fans die vorzügliche detaillierte Neu-ankündigung der Märklin-/Trix-E 44-Altbauellok, die ganz sicher den Weg auf viele Gleichstromanlagen und in viele Gleichstrom-Sammlervitrinen finden wird. Die Frage, die wir uns in diesem Buch allerdings stellen, ist die nach der Wertbeständigkeit und der Wertsteigerung von zeitgemäßen Modellbahnprodukten.

Das genannte Modell weist neben einem Metallgehäuse nun sogar einen fünfpoligen schräggenuteten Anker mit großer Schwungmasse auf (was den Roco-Fans ganz sicher gegen den Strich gehen wird, denn so lässt sich wenig meckern). Preisgünstig kalkuliert kostet diese Lok zwischen 300 DM und 350 DM im Handel. Das ist angemessen, werden viele Leute sagen, und das stimmt sicher auch. Andererseits bin ich mir sicher, dass die Marktkenner unter uns bei diesem Preisniveau davon ausgehen werden, dass die Maschine in den nächsten Jahren im Preis kaum steigen dürfte.

Arbeiten wir uns von Trix zum ursprünglichen Hamo-Angebot zurück, das in den Jahren 1996 und 1997 langsam in Richtung Null heruntergefahren wurde. Wie Hamo zu seinem Ruf kam, das beginnt schon lange vor der Zeit, als Mitbewerber-Firmen im Gleichstromsektor begannen, sich verstärkt um geräuscharme Lokomotiven mit gutem Auslauf zu kümmern.

Die meisten Hamo-Maschinen der 60-er und 70-er Jahre sind Märklin (Wechselstrom)- Originale, die mit relativ einfachen Mitteln für den Einsatz auf Gleichstrom-Anlagen mehr oder minder fahrtauglich gemacht wurden. Diese Loks können aber auf modernen Anlagen mitunter Mucken machen. Da ist zum einen die Einstellung der Spur, da die AC-Norm von der DC-Norm leicht abweicht. Noch unübersehbarer ist die Tatsache, dass viele ältere Hamo-Maschinen Spurkränze aufweisen, die auf neumodischen Gleisen mit geringer Profilhöhe (z.B. Roco Line mit 2,1 mm) für empfindlichen Ärger sorgen.

Im Klartext heißt das: Die Radsätze, die für original Märklin M- oder K-Schienen ausgelegt sind, müssen deshalb noch lange nicht für moderne Gleichstromgleise passen. Mitunter rumpeln ältere Loks sogar auf ganz normalen 2,5 mm-Gleisen (Fleischmann Profi-Gleis, Roco 2,5 mm usw.), da die hohen Spurkränze auf den Schwellen aufsetzen.

Dieses Problem ist bei modernen Hamo-Loks der 90-er Jahre längst abgestellt, aber vielen Fans reichte es, wenn sie einmal die Erfahrung machten, wieviel es kostet, bei einer günstig auf einer Börse erworbene Hamo-Maschine in einer Spezialwerkstatt die Spur einstellen und die Spurkränze abdrehen zu lassen. Und da bei keiner Lok auf der Schachtel aufgedruckt ist, für welche Schienenprofilhöhe sie denn nun wirklich ausgelegt ist, muss im Einzelfall darüber gerätselt werden, ob eine Hamo-Lok – nehmen wir einmal als Baujahr Ende der 80-er Jahre an – denn nun wirklich einwandfrei auf 2,5 oder gar 2,1 mm ordentlich fährt (und dass alte Trix-Loks mit an Sicherheit grenzender Wahrscheinlichkeit auf 2,1 mm eh nicht fahren, das hat sich inzwischen bereits im großen Stil herumgesprochen).

Es ist müßig, über die Qualität und das Preis-Leistungs-Verhältnis dieser Produkte philosophieren zu wollen. Entscheiden wird letztendlich der Markt darüber, was einen Mehrheitsgeschmack der Kunden trifft, und da ist sicher auch das absolute Preisniveau mit von der Partie. Hier kommt für den Markennamen Hamo ungünstigerweise dazu, dass man ab 1990/1991 im Hause Märklin begann, die meisten als Gleichstrom-Maschinen ausgelieferten Loks auch noch über die MHI (quasi „unverbindlich") preiszubinden, so dass diese Artikel aus einem freien Wettbewerb schon mal herausfielen und es somit noch schwerer am Markt hatten.

Nehmen wir uns einmal zwei absolut vergleichbare Loks verschiedener Hersteller vor: Die DR (DB)-Ellok der BR 243 (jetzt BR 143). Diese wurde von Roco im Jahre 1992/93 und von Hamo im Dezember 1993 herausgebracht. Letztere Maschine hat man in direkter Konkurrenz zum Roco-Artikel als MHI-Lok ausgeliefert, was dem Händler eine „unverbindliche Preisempfehlung" für diese Lok bescherte.

Die Maschinen sind überaus gut vergleichbar, denn beide sind bestens detailliert. Das Märklin-Modell überzeugt mit einem Metall-Gehäuse, einem kräftigen Motor und einer kompletten Aufrüstung ab Werk. Beim Roco-Modell hingegen, bei dem das Gehäuse aus Kunststoff ist (was die Lok aber nicht unbedingt schlechter macht!), darf sich der Fan erst einmal an der Montage zahlreicher Zurüstteile versuchen, dafür aber ist diese sehr laufruhige Maschine im Fahrbetrieb erheblich leiser und reagiert feinfühliger auf Veränderungen am Fahrregler.

Und so sieht die Marktlage heute aus, wobei wir wiederum einen Versenderkatalog des betreffenden Jahres zu Rate ziehen:

Artikel	Preis im Jahr 1993	Preise auf Börsen im Jahr 2000
Hamo 8343/ BR 243 DR altrot	MHI-Preis: 319,00 DM	ca. 150,00 – 185,00 DM
Roco 43680/ BR 143 DR altrot	Versandpreis (ca.): 186,60 DM	ca. 155,00 – 185,00 DM

Was wollen uns diese Zahlen sagen? Professor Sub-Zero interpretiert sie für uns ohne Umschweife so:

■ „Die Roco-Lok war im Verkauf um die 40 % günstiger als die Hamo-Maschine. Oder sogar noch mehr. Eine schlechtere Maschine ist sie aber kaum.

■ Wer die Modelle nach sieben Jahren wieder verkaufen wollte, macht mit der Roco-Maschine wenig Geld kaputt (im Schnitt den entgangenen Inflationsausgleich, was bitter genug ist), bei der Hamo-Lok können's aber schon mal um die 50 % sein, wenn man Pech hat.

■ Dies zeigt uns wieder einmal mehr: Der Markt und nicht irgendein vorgegebener Preis bestimmt letzten Endes, was effektiv wieviel Geld nach ein paar Jahren noch bringt."

Wie wir wissen, handelt der Professor ein bisschen mit Modellbahnen herum und ist an fast jedem Wochenende als Aussteller auf Börsen anzutreffen. Da er auch öfter Sammlungen aufkauft und dabei in letzter Zeit überdimensional viele Hamo-Loks dabei waren, hat er für uns Buch geführt, wie er die Maschinen an den Mann gebracht hat. Hier ist eine authentische Auswahl von Hamo-Loks, von denen er jeweils drei Stück oder mehr auf Börsen anbot:

Artikel	Loktyp	Ersch. Jahr	Laden-/Versandpreis	Börsenpreis 2000
8381	V 200.1	1992	MHI 348,00 DM	255,00–290,00 DM
8369	E 19 rot	1994	MHI 399,00 DM	300,00–325,00 DM
8396	BR 96	1995	MHI 499,00 DM	395,00 DM
38411	212 001 „Weiße Lady"	1996	MHI 369,00 DM	180,00–190,00 DM
38613	SBB Werbe-460 „Tilsiter"	1996	ca. 350,00 DM	+ unverkäufl. für 135,00 DM
38380	128 001	1996	MHI 379,00 DM	200,00–250,00 DM

Jetzt geht's ans Lesen dieses Zahlenwerks. Dass fast alles, oder in diesem Fall, alles nach ein paar Jahren im Preis nachgibt, das haben Sie sich vermutlich eh schon denken können. Wie immer in diesem Buch sind die hier genannten Preise Erfahrungswerte, die im Einzelfall natürlich nach oben und unten abweichen können. Aber immerhin: Sie liefern eindeutig eine Tendenz. Die obigen Zahlen sind aber differenziert zu sehen.

Für uns analysiert Sub-Zero das so:

■ „Am schlimmsten sieht der Preisrutsch dort aus, wo die Konkurrenz Vergleichbares anbietet: So hat auch Roco Werbe-460er im Programm – und die 212 ‚Weiße Lady' gibt's dort auch. Das spricht nicht gegen die Hamo-Maschinen, aber heftig gegen die Endverbraucherpreise, die man am Markt meinte, dafür ursprünglich durchsetzen zu müssen.

■ Nach etwa fünf Jahren hat sich das Preisniveau dort eingependelt, wo der Modellbahnfan glaubt, einen fairen Gegenwert zum bezahlten Preis zu erhalten. Der liegt aber offenbar bei diesem Hersteller verdammt häufig unter dem ursprünglichen Ladenpreis. Das spricht Bände.

■ Maschinen, die gut detailliert und auf dem Markt konkurrenzlos sind (z. B. eine 96er oder eine V 200.1 aus Metall), fallen nicht so kräftig im Wert wie andere, da sie auch von eingefleischten Modellbahnern, die sich Konkurrenzfabrikaten verschrieben haben, gekauft werden.

■ Diese eher begehrten Hamo- (und Trix-) Stücke fallen dann von einem extrem hohen Einführungspreis auf ein ‚normal hohes Preisniveau', das heißt, sie geben vielleicht ‚nur' um die 20–25 % nach, um dann auf diesem Niveau zu verharren. Doch auch hier gilt: Der Erstkäufer macht sein Geld kaputt!

■ Die 12 X ist ein sonderbarer Einzelfall: Auch sie sackte kräftigst im Marktwert, auch wenn die Lok schon seit Jahren auf DB-Gleisen zu sehen ist und sich niemand anders an die Nachbildung gewagt hat. Aber offenbar ist das Vorbild der Epoche V zu modern für viele Fans (oder der Hersteller hat eine viel zu hohe Auflage in den Markt gedrückt)."

Bleiben wir bei der gerade erwähnten 12 X: Sie widerlegt – wie auch die V 200.1 – zumindest die alte These, Hamo-Loks seien „sowieso immer noch viel weniger wert" als normale Märklin Wechselstrom-Maschinen. Das muss nicht immer so sein, und bei der 12 X ist's

Ship and Travel
SANTA FE
—all the way
B.&L.E.
81492
OPPENHEIMER
CASING Co.
U.S. YARDS-CHICAGO
O.P.P.X. 8001
CAPY. 60000
LD. LMT. 58700
LT. WT. 44300

BESSEMER & LAKE ERIE
BESSEMER
RAILROAD
GREAT NORTHERN
GN
OPPENHEIMER
CASING CO.
U.S. YARDS-CHICAGO
O.P.P.X. 8001
AGE
GS
BRINE TANK REFRIGERATOR
Kahn's
MEAT RAIL
KAHN'S SONS CO.

eher so, dass dafür in Gleichstrom zu Beginn unseres Jahrtausends tendenziell sogar ein paar Euro mehr gezahlt werden als für das vergleichbare Wechselstrom-Modell.

Das hat natürlich auch einen Grund: Die Wechselstrom-Lok war nämlich als Schnäppchen ab 1998 in einer Anfangspackung drin. So etwas aber rupfen die Second-Hand-Händler gern auseinander, um die Inhalte dann in Einzelteilen zu verkaufen. Die Folge: Nach Auslieferung der Packung gab es die Lok (flächendeckend gesehen 1999 und 2000) mitunter sogar für

199 DM auf den Börsen, wenn auch zwangsläufig ohne den berühmt-berüchtigten OKT (sprich: Originalkarton), den der Märklinist natürlich „braucht" und sich deshalb wohl nachbesorgen wird.

Das alles hört sich bisher so an wie der ultimative Hamo- und Trix-Kauftipp, der da lauten müsste: Warten, warten und noch mal warten. Und dann mit 25–50% Nachlass kaufen. Genau das haben viele Betriebsbahner und Sammler in der letzten Zeit gemacht. Die Sache hat aber einen Haken, wenn das exzessiv von den Fans so betrieben wird. Für uns analysiert Fachhändler Harry Hemmschuh das so:

„Früher hab ich mir von jeder Hamo- und Trix-Neuheit 'ne Handvoll hergetan. Im Schnitt gingen ein bis zwei, oder beim Rest konnt' ich dann sehen, dass ich Land gewinn'. Also, ich gab die dann nach zwei Jahren an 'nen Börsenprofi mit 15% Nachlass auf meinen Einkaufspreis. Heut bin ich klüger: Ich ordere das, was vorbestellt wird. Null Risiko, null Verlust. Wobei ich zugeben muss: Es wird verdammt wenig an Loks vorbestellt, wenn ich den Endpreis nenne."

Mit dieser Strategie nimmt das Unglück seinen Lauf, denn wenn schon der Händler das Hosenschlottern bekommt und von Begriffen wie „unternehmerisches Risiko" nichts mehr hören will, weil sein Lager noch krachevoll ist, dann ist die Chance minimiert, dass später ganze Programmteile eines Herstellers entweder vom Händler oder vom Erstkäufer unter den Fans verbilligt auf den Markt geworfen werden. Dann kann Folgendes passieren, da solche Produkte mit abnehmender Tendenz im Second-Hand- und Sammlermarkt angeboten werden:

■ Die Fans, die endlich in diesem Vertriebskanal kaufen wollen, kriegen das Nervenzittern, da fast keine Ware auftaucht. Hat dann irgendwer doch mal eine neue Lok dabei, die im Laden inzwischen auch nicht mehr geordert werden kann, dann wird man schwach und schlägt zu – auch wenn der Preis so hoch ist wie vor drei Jahren im Laden um die Ecke. Oder:

■ „Aus den Augen, aus dem Sinn!", sagt ein altes Sprichwort. Das fängt schon beim Händler an, denn wer sich der nichts mehr hinlegt, dann macht er auch weniger Umsatz, da er niemanden zu einem Spontankauf verführen kann. Und weil die Marke nicht mehr präsent ist, fällt ihre Wertschätzung unter den Anhängern zwangsläufig noch weiter. Schließlich kann der Hersteller irgendwann seine Programmlinie zumachen, nachdem sie zur Bedeutungslosigkeit herabgesunken ist.

Wie es konkret kommen kann, zeigt ein Beispiel, in dem es um ein Konkurrenzmodell geht, das zunächst die Firmen Roco und Fleischmann und dann – zwei Jahre später – auch noch Märklin/Trix am Markt anboten. Es ist die verkehrsrote Ausführung der Schnellfahr-Ellok der BR 101.

Unser Modellbahnfreund Bert hat sich zunächst die Roco-Maschine gekauft und dann auch noch die von Fleischmann, die bereits den neuen Mittelmotor mit Schwungmasse aufweist und zudem werksseitig komplett aufgerüstet ist. Dafür ist Bert im Gegenzug bereit, für dieses Modell auch ein bisschen mehr zu bezahlen als für die 101 aus Salzburg.

Da seine Anlage sehr modern ist, erwägt Bert zwei Jahre später, sich auch noch Exemplar Nr. 3 von Trix herzutun, denn dann hätte er drei Maschinen von drei Herstellern mit drei verschiedenen Betriebsnummern, was einige Abwechslung auf seine Anlage brächte. Beim Blättern in dem Hauptkatalog seines Versenders offenbart sich ihm folgende Preisstellung:

Artikel	Ersch.-Jahr	Versandpreis 1999	Mehrpreis gegenüber dem günstigsten Anbieter
Roco 43741 101.004 verkehrsrot	1997	215,65 DM	–
Fleischmann 4355 101.005 verkehrsrot	1997	276,95 DM	+ 28 %
Trix 22549 101.008 verkehrsrot	1999	350,55 DM	+ 62,5 %

Erwähnenswert ist ganz sicherlich, dass die Roco- und Fleischmann-Maschinen bereits 1997 erschienen und Bert bis zum Erscheinen der Trix-Ausgabe

schon geschlagene zwei Jahre Zeit gehabt hat, um sich bereits mit wirklich leise fahrenden 101ern einzudecken, bevor er diese Lok nun auch noch als Trix-Metall-Modell kaufen und dafür ca. 60% mehr ausgeben darf.
Bert hatte deshalb einen klugen Plan: Mal ein Jahr warten – und die Lok dann auf einer Börse kaufen, denn dann ist sie vielleicht von einem entnervten Anbieter schon fast bis aufs Roco-Niveau oder zumindest bis aufs Fleischmann-Niveau gesackt.
Doch so kam es nicht, denn Bert hat die Maschine bisher noch auf keiner Börse auch nur gesehen – und auch bei diversen Fachhändlern, die er aufsuchte, drückte er sich erfolglos die Nase an den Vitrinenscheiben platt. Wie wir inzwischen recherchierten, ist die Lok aber tatsächlich an den Handel ausgeliefert worden. Aber wie viele Exemplare geordert wurden, das weiß (oder sagt) niemand. Wenn Sie zu den glücklichen Besitzern gehören, die so eine sicher eher seltene Lok besitzen, dann stellt sich Ihnen die Frage: Wenn die Lok denn wirklich so selten ist, wird sie dann im Wert steigen?
Unser Mann fürs Grobe, Börsenprofi Professor Sub-Zero, gibt die Antwort (leider) mal wieder etwas undiplomatisch:

■ „Hast du 350 Mark bezahlt, dann kannst du versichert sein, dass du sie zu diesem Preis wohl nie wieder wegbekommen wirst.

■ Am besten also, du behältst sie und benutzt sie zum Fahren, denn dafür – und nicht etwa zum spekulativen Sammeln – ist sie auch gedacht, und dafür ist sie hervorragend.

■ Und wer es immer noch nicht gemerkt hat: Wenn heutzutage eine Auflage knapp ist, heißt das noch lange nicht: Wertsteigerung. Die kommt nämlich nur, wenn überhaupt ein entsprechender Markt für das Produkt besteht. Keine Nachfrage – kein Wertzuwachs! Oder besser gesagt: Investiere nie in Sachen, die (fast) keiner will. Und tust du es doch, dann warte, wenn's geht, bis sich jemand findet, der als Erstbesitzer das Geld kaputt macht."

Harte Worte eines Börsenprofis. Womit wir wieder bei Bert angekommen sind. Dem würde ich nicht unbedingt vom Kauf dieser Maschine abraten, wenn er sie sich zum Fahren anschaffen und dafür bei seinem Händler den Laden- oder Versandpreis bezahlen will. Am besten wäre es dann aber sicherlich, wenn er mit der Lok zusammen – sozusagen auch noch als Letztnutzer – alt wird. Aber sehen Sie es doch auch einmal so: Modellbahnen bedeuten auch Hobby und Spielspaß – und nicht nur das spekulative Ziel der Wertsteigerung. Denn ginge es ausschließlich darum, dann dürften Sie sich heutzutage wirklich nur noch verdammt wenige Neuheiten kaufen.
Wenn Sie aber über eine gewisse Nervenstärke verfügen, dann sitzen Sie's einfach aus und warten Sie ab was passiert, denn auch von Kleinauflagen der Großserienhersteller müssen ja irgendwann einmal die Produktionsauflagen am Markt auftauchen. So wie in unserem folgenden Abschlussbeispiel. Dieses Gespräch zwischen Händler Harry Hemmschuh und seinem Kunden Bert hat der Autor kurz vor der Jahreswende 1999/2000 in einem Fachgeschäft kurz vor Ladenschluss belauschen dürfen …

Bert: *Hey Harry, du kennst unser Spiel. Weihnachten steht vor der Tür. Da brauch' ich immer 'n preisliches „Gustostückerl". Was haste denn heute mal so zum Verschleudern an mich da?*

Harry: *Du stehst doch auf Trix, oder? Und ich sitz drauf. Da dachte ich an 'n Topangebot. 152er. Die neue DB AG-Güterzuglok in HO. Metall und so, du verstehst. Das Modell drück ich dir jetzt aufs Auge, okay?*

Bert: *Oh, Harry, 'ne rote 152, die is' doch so richtig teuer oder? Bestimmt 350 „Mack" aufwärts?*

Harry: *Ja, die schon. Aber ich hab 'ne beige für dich. Ist 'ne Märklin-Werbelok: 100 Jahre DB Museum Nürnberg + Märklin Museum Göppingen. Gibt's als DC-Variante von Trix! Bert, ich sage dir: Hier, nimm sie, die brauchst du!*

Bert: *Ach, du dickes Ei, die is' ja irre hässlich! Harry, was ist denn das für ein schreckliches Teil? Hast du keine normale Cargo-rote?*

Harry: *Nun hab' dich nich' so. An das Design gewöhnt man sich. Zum Fahren ist die doch erste Sahne! Und: Der Preis ist heiß!*

Bert: *Hm, ja wie ist denn der Preis? Wenn schon die normale rote so hundsteuer ist?*

Harry: *Bitte nicht ausrasten. Das ist 'n MHI-Gerät. Eigentlich 449!*

Bert: *Was – Harry, hast du die Pfanne heiß? 449! Lire oder wie? Du, die kann doch nicht 449 Mark kosten. Da fällste ja schier vom Glauben ab!*

Harry: *Ich wußte, dass es so kommt. Um ehrlich zu sein, ich hab mir im 3. Quartal zwei Stück hergetan.*

Bert: *Aber Harry! Das nenne ich Mut zum Risiko. Darf man erfahren, wie viele du jetzt am 24.12. mittags um 14:00 Uhr von der noch hast?*
Harry: *Ähm, um ganz ehrlich zu sein: Zwei.*
Bert: *Haha, das ist ja schier die Härte! Und nu'?*
Harry: *Der ultimative Weihnachtshammer: 290 Deutschmark je Stück. Wenn du beide nimmst. Das ist kräftig unterm Preis der roten Ausführung. Gib deinem Kumpel Risto eine ab oder mach damit, was du willst. Hauptsache die Dinger sind jetzt bald weg hier! Ich kann und will sie nicht mehr sehen!*
Bert: *290? Du hast Recht, Mann: So übel sehen sie für diesen Preis eigentlich doch nicht aus. Außerdem: Bei 'nem Abschlag von 35 % auf den Ladenpreis – ich glaub, das ist der Beginn einer langen Freundschaft!*

Womit wir wieder beim Globaltipp dieses Buches sind: Die potentielle Wertsteigerung liegt im Einkaufs- und nicht im Verkaufspreis. Und selbst wenn viele Modellbahner ein ähnliches Design-Empfinden wie Bert haben sollten, was auf den Marktpreis der 152er drücken würde: Will sich unser Freund später mal wieder von Lok Nummer 2 trennen, hat er zumindest durch diesen Weihnachtsdeal das Risiko minimiert, dass die Maschine später auf dem Sammlermarkt noch viel weiter im Wert fallen wird. Das heißt, Bert wird später vielleicht nur noch einen kleinen Verlust beim Wiederverkauf machen. Oder vielleicht sogar einen leichten Gewinn; wer weiß das heute schon?

Roco

Bert hat sich umgehört, und das hier zu den Produkten aus Salzburg aufgeschnappt:

■ *Sind das nicht die Dinger, wo pralle Beutel mit Zurüstkrams beiliegen? Da gibt's zwei Möglichkeiten: 1. Du montierst sie und bestellst dir ein Ersatzgehäuse dazu, wenn dir mal wieder 'n Missgeschick mit dem Kleber passierte, oder 2. die Beutel bleiben zu und du bewunderst die tollen Gehäuselöcher dein Leben lang. Dann lieber Fleischmann oder Trix!*

■ *Das ist doch die einzige Firma, die sich wirklich um die Wünsche der Modellbahner kümmert! Maßstäbliche Wagen, Superdetaillierung, klasse Fahreigenschaften – und überhaupt: Im Gleichstrombereich haben die alle Mitbewerber längst abgehängt! Wenn Roco etwas neu macht, braucht es niemand anders mehr zu machen. Und macht Roco etwas neu, was jemand anders schon hat, dann kann der seine Reste davon besser gleich rausramschen!*

■ *Roco? Kauf ich mir immer bei meinem Händler, wenn da mal wieder Aktionen sind. Und die sind oft in letzter Zeit. Da kriegst du auf Dauer fast alles nachgeworfen. Die schaufeln sich doch ihr eigenes Grab, oder meint ihr, ich bestell' mir die meisten Neuheiten noch vor?*

■ *Macht doch mal unter den seriösen Modellbahnern 'ne Umfrage, wen die sich als Hersteller für ein neues Supermodell wünschen. Ich sag dir: Bestimmt 70 % würden spontan Roco sagen. Das stimmen Preis und Leistung.*

■ *Plastik wohin das Auge blickt. Und dann mach doch mal so 'n Ding mit Rastnoppen auf. Wenn du bei diesen Klipsverbindungen nicht aufpasst, dann fliegen dir die Rastnasen um die Ohren – und das war's dann auch schon.*

■ *Ich hatte von denen bisher schon mehrere Maschinen im Dauereinsatz. Außer mal zwischendurch ölen fiel da echt nix an. Das hättet ihr Märklinisten wohl gern, dass die Teile nach 50 Stunden zusammenfallen. Tun sie aber nicht!*

■ *Schon mal 'ne Karre von denen komplett zugerüstet und dann wieder in die Schachtel getan? Da freut sich nur der Fachhändler über 'ne saftige Ersatzteilbestellung. Und anfassen darfst du so 'n Lok dann eh nicht mehr. Einmal schief angucken – dann fallen schon die ersten Kleinteile fast von allein ab. Sicher okay für Leute, die nur 'ne Vitrine haben!*

■ *Die Modelle von denen sind so super, da wär's fast 'n Witz, wenn du noch extra Geld für 'n Faulhabermotor ausgibst. Denn: Gutes kann zu dem Preis nicht mehr besser werden.*

■ *Schlag die Fachzeitungen auf. Wenn Roco etwas neu macht, dann ist es immer gut, denn es muss gut sein. Bei der Konkurrenz hält man auch gern mal 'ne Lupe sogar an unzugängliche Bodenteile dran, ob da alles stimmt. Tja, aber diese Firmen buchen ja auch nicht so massiv in den Magazinen die farbige 4. Umschlagseite für ihre Dauerwerbung.*

■ *Ersatzteile werden auch an Endverbraucher geliefert. Und immer prompt. Bin sehr zufrieden mit diesem Fabrikat. Guter Service und gute Produkte. Mir würd's reichen, wenn es nur noch Roco auf dem Markt gäbe.*

Jetzt kommen wir zu einer Marke, die die kompromisslosen Perfektionisten und die Betriebsbahner, die es sehr genau nehmen, dauerhaft in Atem hält. Es hat sich inzwischen auf breiter Front herumgesprochen: Roco hat vor allem im letzten Jahrzehnt keine Mühen und Kosten gescheut, um sich bei den „Freaks" mit hochwertigen Großserienmodellen einen Namen zu machen.

Unser Buchbegleiter Professor Sub-Zero sieht das locker ausgedrückt so:
„Roco ist eigentlich ‚Anti-Märklin'. Stell dir vor, an 'ner neuen Märklin-Lok stimmt was nicht: Der DB-Keks ist in der kleinen Erstauflage seitenverkehrt draufgeklatscht. Oder in der aufgedruckten Bw-Anschrift ist schon 'n Schreibfehler drin. Oder im schlimmsten Fall fehlen ganze Bedruckungsvorgänge am Tender. Dann jubeln die Fans und der Sammlerkatalog im nächsten Jahr wird schreiben: ‚Extrem kleine Auflage. Ist statt 100 € nun 1000 € wert'. Würde sich Roco solche Ausrutscher leisten, dann kämen die Fans und hauten den Salzburgern solche Produkte um die Ohren."
Und damit sind wir schon bei der Produktphilosophie. Realistische Nachbildungen sind angesagt, und dafür hat man eine wachsende Fangemeinde, die es dem Hersteller mit treuen Dauerkäufen dankt. Folglich findet man bei Roco weder ein Lokunterteil mit einem draufgesetzten Millenniums-Schwein drauf – und auch keine Glaswagen, in die man hochprozentigen Fusel einfüllen kann.
Roco hat sich in den letzten zwei Jahrzehnten, was Technik und Perfektion anbelangt, stark weiterentwickelt. Man kann es global auch so ausdrücken: Je älter ein Märklin Produkt ist, um so eher steigt es im Wert, je älter aber ein Roco-Modell ist, um so mehr sinkt es im Wert.
Das hat auch seine Gründe. Nehmen wir als Beispiel wieder den HO-Bereich, in dem die Salzburger im Gleichstromsektor einen hohen Marktanteil haben. Die typischen DB-Einheitsloks, die Roco noch in den 80-ern produzierte, verfügten über Motoren und Antriebe, die die Fans auch als „Rasenmäher" bezeichnen. Diese Hobel sind heute quasi unverkäuflich, und mit Interesse sehe ich öfter auf Börsen, dass ein Aussteller für eine alte 140 (Erstveröffentlichung: 1977) 75 Euro haben will, und der einen Tisch weiter nur noch ungefähr die Hälfte. Das Resultat ist aber dasselbe: Braucht ein Spielbahner nicht zufällig noch ein paar Ersatzteile für seine eigene Lok, dann läuft bei solchen Maschinen überhaupt nichts.

Spätestens seit Mitte der 90-er Jahre hat Roco quer durch seine gesamte Modellpalette aber einen so hohen Standard erreicht, dass sich praktisch alles, was sich noch an „Altmodellen" im Allgemeinprogramm befindet, von der Form wie auch vom Antrieb her gründlichst überarbeitet präsentiert. Doch weil auch in der Realität der technische Fortschritt nicht stehenbleibt, gibt es im Hause Roco selbst bei guten Modellen immer weiter Handlungsbedarf, und so überarbeitet der Hersteller sozusagen fast permanent seine Produkte weiter.
Wer sich nicht ausgiebig mit diesem Fabrikat auseinandersetzt, hat es deshalb schwer zu erkennen, was für ein Modell aus was für einer Generation denn da nun auf einem Börsentisch eigentlich vor ihm liegt.
Dazu ein charakteristisches Beispiel: Die Standard-Ellok der BR 111 befindet sich in der türkis-beigen Lackierung seit 1977 im Programm des Salzburger Produzenten. Zwischen 1977 und 1998 – das ist eine Zeitspanne von über 20 Jahren! – wurde sie unter derselben Artikelnummer vertrieben (13113 = altes Nummernschema 4133A). Das ist aber so ungefähr das einzige, was eine 77-er-Lok mit einer des Jahre 1998 überhaupt noch gemeinsam hat:

- Die Maschine der Erstauflage „bestach" durch unschön aussehende Löcher für die Rastnoppen im Gehäuse, was nach 1980 abgestellt wurde.
- Die Lackierungsqualität der Farbtrennkanten ließ anfangs sehr stark zu wünschen übrig und wurde dann immer besser bis hin zu einem fast perfektem Standard.
- Die Motoren hat man mehrfach überarbeitet, bis die Letztauflage mit einem butterweichen und leisem Antrieb jeder Konkurrenzmaschine das Wasser reichen konnte.
- Eigentlich wurde fast alles einmal oder gar mehrfach während der Produktionszeit erneuert. Das beginnt mit immer filigraner werdenden Stromabnehmern und endet mit verbesserten Haftreifen, Beleuchtungs- und gar Zurüstteilen.

Diese Politik der permanenten Verbesserung heißt nichts anderes, als dass eine Neuerung die nächste jagt und ein Produkt damit zwangsläufig schnell veraltet. Was aber als „Auslauf-Modell" gilt, das sackt auch am Markt im Wert, weil die Fans stets nach den neuesten überarbeiteten Modellen lechzen. Wurde also etwas verbessert, dann kann für kompromisslose Realitäts-Fans das Vorgängermodell logischerweise nur noch viel weniger wert sein.
Da Roco, wozu wir noch kommen, bei jeder Neuauflage auch die Betriebsnummer der Lok ändert, lässt sich – jedenfalls für den Kenner und Sammler – relativ schnell erkennen, aus welchem Produktionsjahr eine auf dem Markt angebotene Maschine stammt. Zurück zur türkis-beigen 111. Hier kommt es noch dicker, denn 1999 ist das Modell nicht nur weiter fließend, sondern noch einmal komplett gänzlich überarbeitet worden und kam

16
VT 133 525

nun unter der Artikelnummer 63640 als sog. „Exclusive"-Lok erneut auf den Markt.
Unser Freund Bert notierte sich die Preise bei seinem Händler und auf den Börsen und hat das als Marktübersicht so für uns zusammengefasst, wobei die Zwischenstufen der permanenten Weiterentwicklung hier nicht alle aufgeführt sind:

Artikel./ Baujahr ca. Betriebs-Nr.	Händlerpreis (DM, Jahr)	Börsenpreis (DM, Jahr 2000)	Bemerkungen
43413/1979 111.009	–	95,00	* Gehäuse mit Rastnoppen * Lok gilt als unverkäuflich * Erstauflage der Roco-111
43413/1997 111.045	165,00 (1998)	150,00	* roter DB-Keks * ohne digitale Schnittstelle * Letztauflage mit allerletzter Betr.-Nr. 111.026
63640/1999 111.087	230,00 (2000)	230,00	* türkiser DB-Keks * komplette Formenneuheit * große Schwungmasse

Roco-Sammler und -Experte Ruedy Pirelli, den wir für diese Kapitel zu Rate zogen, analysiert diese Zahlen für uns folgendermaßen:

■ *„Selbst die Freaks, die Roco nach Betriebsnummern sammeln, wollen den ‚alten Schinken mit den Rastnoppen' heutzutage nicht mehr haben.*

■ *Die 111.045 hatte – als sie auf Auslauf gesetzt wurde – einen fairen Ladenverkaufspreis. Da bei Roco alles im Wiederverkaufswert sinkt, wenn eine komplette Überarbeitung herausgebracht wird, gibt's diese Lokomotive jetzt noch günstiger zu kaufen.*

■ *Betriebsbahner können somit neuere Roco-Auslaufprodukte zu leicht ermäßigten Preisen im Handel oder auf Börsen zu einem exzellenten Preis-Leistungs-Verhältnis kaufen. Denn die 111.045 fährt fast schon genauso butterweich wie die 99er Neuentwicklung. Wie aber alles bei Roco ist sie preislich am Markt unterbewertet, wenn es ein neues Modell gibt, auf das sich die Freaks sofort stürzen.*

■ *Dass die Neuentwicklung zur Jahrtausendwende um stolze 40 % teurer geworden ist, schreckt den Sammler nicht, denn wie wir sehen, hat Roco-Neuware auch auf Börsen einen stabilen Preis und fällt nicht gleich rapide so wie manche Konkurrenzfabrikate, die offenbar gern ihre Kundschaft schröpfen wollen.*

■ *Ob die Neukonstruktion auch um 40 % besser ist als die bisherige Lok, möge jeder selbst entscheiden. Dass man bei der neuen Maschine im Vergleich zum Vorgängermodell sogar die Pfeife selbst zurüsten muss, will man nicht hässliche Löcher mitten auf dem Dach in Kauf nehmen, will ich nur der Vollständigkeit halber sagen.*
Aber das zeigt: Das Roco-Image am Markt ist unter den Sammlern extrem hoch angesiedelt. ‚Ganz neu' heißt auf jeden Fall auch: ‚Ganz toll gemacht'. Und damit preisstabil (bis die nächste Überarbeitung kommt …)."

Man kann es auch so sagen: Immer wenn Roco eine komplette Überarbeitung eines Modells ankündigt, dann werden die Sammler reihenweise nervös und inserieren schon vor Auslieferung der Neuheit ihre bisherigen Modelle, um diese möglichst noch preisstabil wegzubringen, bevor deren Wert am Markt zu sinken beginnt.
Und dass es so kommt, dabei half ihnen in der Vergangenheit der Hersteller selbst mitunter ganz kräftig, indem er über die Händlerschaft fast schon massenhaft Aktionen fuhr, in denen Auslaufware (oder Modelle, die am Markt in bestimmten Farbvarianten nicht so gut gingen) zu ermäßigten Preisen offerierte (sagte da jemand: verschleuderte?) wurde. Damit hat man groteskerweise der Situation noch Vorschub geleistet, dass Artikel einer Marke, die bevorzugt gesammelt wird, im Ausverkaufs-Ramsch landen und deshalb flächendeckend und unübersehbar einen Preisrutsch mitmachen.
Daraus zu folgern, dass Roco nicht sammlungswürdig ist, wäre aber meiner Meinung nach ein Fehler. Zum einen gab es in der letzten Zeit so viele Zentral- und Regionalaktionen mit verbilligter Ware, dass eh kaum noch ein Mensch mitbekam, was denn wer nun gerade wo zu welchem Preis verramschte.
Und zum zweiten befindet sich der Hersteller mit seinem Produktangebot zu Beginn unseres Jahrtausends eher auf einem so hohen Standard, dass zumindest davon auszugehen ist, dass aktuelles Rollmaterial in der Zukunft auch dann nicht kräftig im Wert sinken wird, wenn Überarbeitungen der Modelle anstehen – vorausgesetzt, es gibt nicht herstellergesteuerte Jubiläums-, Frühjahrs-, Nikolaus-und-so-weiter-Aktionen am laufenden Band. Denn dann könnte der geneigte Fan auf die Dauer einen großen Teil des Angebots billiger erstehen, sucht er nur oft genug seinen Händler auf und schaut da mal ein bisschen nach dem Rechtem …

Noch ein Tipp zum Thema:

Auch im Wagenbereich hat Roco seit diversen Jahren einen ausgezeichneten Standard, was die Perfektion angeht – alle alten Wagen ohne KKK und ohne ein Höchstmaß an Vorbildtreue verschwanden bis etwa Anfang/Mitte der 90er Jahre konsequent aus dem Programm. Da über uns auf diesem Sektor folglich keine Dauerüberarbeitungen hereinbrechen können (und es zum Glück auch nicht permanent weiter zu verbessernde Schwungmassen gibt), ist die Chance sehr groß, dass die neueren Roco-Wagen gegenüber ihrem Ursprungspreis im Schnitt nicht nachgeben werden – sondern eher noch den Inflationsausgleich plus die Preissprünge für vergleichbare Neuauflagen anderer Epochen mitmachen.

Jetzt kommen wir zu einem Sammelgebiet, dass in dieser erbarmungslosen Konsequenz nur bei Roco anzutreffen ist: Der Hersteller erkannte, dass man den Roco-Fan und Lupenbahner zu viel mehr Käufen bewegen kann, wenn man für gleiche Artikel bei jeder Neuauflage die Betriebsnummer ändert.
Denn es ist einigermaßen logisch. Wenn schon drei 103er im eigenen Bw auf der Anlage stehen, dürfen nicht alle dieselbe Betriebsnummer haben. Damit aber ufert die Sache rasch zu einem extrem Sammelgebiet aus, denn jetzt reicht es nicht mehr, eine Roco-Lok oder einen Wagen jeweils einmal zu besitzen – nein: Man „braucht" jede Neuauflage und kann dabei nur hoffen, dass einen das nicht in den Ruin treibt.
Verharren wir einmal beim interessanten Teil dieser Politik und der eben schon erwähnten Lok der BR 103. Über mehrere Jahre hinweg wurde dieses Maschine unter der Artikelnummer 43442 in der Ausführung als „lange Version" hergestellt. Wer wollte (und möglichst keine Auflage verpasste), konnte sich deshalb die folgenden Betriebsnummern dieses Modells sichern, die aufgrund ungesicherter Dokumentationen lieber gar nicht erst einen Anspruch auf Vollständigkeit erheben: 103 173, 103 217, 103 223, 103 224, 103 229, 103 230, 103 240.
Das sind immerhin schon sieben Maschinen der gleichen Baureihe – ganz abgesehen davon, dass sich der Hersteller zwischendurch den fast unentschuldbaren Ausrutscher leistete, eine Miniauflage unter der Betriebsnummer 103 120 herauszubringen, die aber in echt über einen kurzen Führerstand verfügt und deshalb strenggenommen „krass falsch" als Nachbildung ist. Wie schon vorhin erwähnt: Wir sind hier nicht bei Märklin, und abgesehen von einer Handvoll Freaks, die finanziell nicht ganz schwach auf der Brust sind und Roco komplett nach Betriebsnummern sammeln, wird eine 103 120 auf dem allgemeinen Markt trotz ihrer Miniauflage kaum den x-fachen Preis einer „richtigen" langen 103 erzielen …
Man kann dazu stehen wie man will, aber irgendwie hat es schon etwas Faszinierendes, auf seiner Anlage voneinander unterschiedene Betriebsnummern derselben Lok einsetzen zu können. Hier ist eine Auswahl der Auflagen der seit 1987 überarbeitet im Programm befindlichen altroten Streckendiesellok der BR 215:

Produkt	Betriebsnummer	Heimatdienststelle laut Anschrift
215 altrot	215 015	Bw Ulm
(# 43417)	215 020	Bw Krefeld
	215 033	Bw Trier
	215 060	Bw Ulm
	215 061	Bw Ulm
	215 136	Bw Trier

Was für den Sammler auf den ersten Blick attraktiv aussieht, hat allerdings auch einen Haken, nimmt man es mit dem Aspekt der Wertanlage mal ganz genau. Wenn Sie sich wegen einer Sammlungsbereinigung nach einigen Jahren mal wieder von einigen Maschinen trennen wollen, dann müssen Sie für die Sammler schon die richtigen Betriebsnummern treffen, die jemand noch gerade braucht, der sich für das Modell an sich begeistern kann.
Bieten Sie also zwei Trierer 215er an, aber der Sammler sucht nur noch welche vom Bw Ulm, so nützt es ihnen überhaupt nichts, für diesen Loktyp einen Interessenten gefunden zu haben. Damit aber wird das Sammeln mit Hinblick auf den späteren Werterhalt zu einem ziemlichen Lotteriespiel, da niemand exakt einschätzen kann, welche Betriebsnummern denn wohl in welchen Stückzahlen in der Produktion gefahren wurden.
Den Sammlern wie auch den Händlern wird das Leben vom Hersteller eh schon nicht leicht gemacht – und das, obwohl man ja eigentlich an einer

gewissenTransparenz seiner Auflagen interessiert sein müsste, damit der Freak auch so richtig bedient werden kann und keine neue Betriebsnummer mehr verpasst. In der Praxis sieht das aber oft anders aus.
Es gibt die Möglichkeit, unterschiedliche Auflagen mit Artikelnummern-Anhängseln wie „Punkt-1" zu bezeichnen. So unterscheidet sich beispielsweise ein österreichischer oranger Eurofima-Wagen bei den Artikeln 45222 und 45222.1 nur durch die Betriebsnummern bzw. Längsträger-Anschriften. Das aber muss nun im Gegenzug noch lange nicht bedeuten – wie wir oben bei den Beispielen der 103 und der 215 gesehen haben –, dass bei einer gleichen Artikelnummer auch wirklich die gleiche Lok im Karton drin ist.
Dazu ein Beispiel, das jeden Fan auf Dauer zermürben muss: Unser Kumpel Bert sammelt die formschöne österreichische Ellok der Reihe 1014. Neben zwei hier nicht aufgeführten weiteren Varianten plus einem Dummy stellt sich die Lage für ihn Mitte des Jahres 2000 so dar, dass er folgende „Normal-Maschinen" besitzen müsste, um bis dahin komplett zu sein:

Artikel-Nr.	Loknummer	Bemerkungen
43820	1014 008	Europrogramm, 1. Auflage
43820	1014 013	Europrogramm. 2. Auflage
43820.1	1014 010	Landessonderserie

Roco-Fan Ruedy hilft uns dabei zu verstehen, warum Bert außer einem 1014-Abo auch ein Abo mit Beruhigungsdragees hat:

- „Im normalen Programm gab es bisher nacheinander zwei Auflagen, aber natürlich unter derselben Artikelnummer.
- Hat also Bert Kenntnis von der zweiten erlangt und stürmt er zu seinem Händler, dann schüttelt dieser zuerst den Kopf, denn von Maschine Nr. 1 hat der noch zwei am Lager, die Bert aber nicht will.

- Also bestellt Händler Harry Hemmschuh eine Maschine nach. Er kann aber bei seiner Bestellung nicht differenzieren, weil alles unter der gleichen Artikelnummer angeboten wird.
- Harry kann Pech haben und als seine Bestellung eintrifft, liegen im Lager des Produzenten auf dem 1014-Stapel oben drei Loks aus der ersten Auflage drauf, die wieder einsortiert wurden, weil ein fauler Kunde, der nur noch gegen Vorauskasse beliefert wurde, das Zeitliche gesegnet hat und die für ihn bestimmte Ware nun wieder aufgelöst und in den Bestand zurückgebucht wurde.
- Harry kassiert nun eine 1014 008 und hat damit schon drei am Lager.
- 1014 010, die geschickterweise wenigstens eine modifizierte Artikelnummer hat, konnte Bert beim Harry schon gar nicht ordern, da die im Normalkatalog nicht angeboten, sondern nur in Österreich vertrieben wurde. Also musste er sich auch noch dort einen Versandhändler suchen, der ihm diese Lok gnädigerweise nach Deutschland schicken wollte."

Wenn Sie jetzt schon Zweifel daran haben, ob das Sammeln überhaupt noch Spaß macht, dann denken Sie auch noch daran: Es gibt eine zunehmende Anzahl von Freaks, die sammeln auch noch Güterwagen nach Betriebsnummern. Dabei sei mal dahingestellt, ob das überhaupt einen Sinn macht, denn bei einem auf der Anlage an uns vorbeirauschenden Güterzug erkennt man vielleicht noch gerade die Loknummer – aber unter Garantie nicht auch noch die Miniziffern, die irgendwo auf den Seitenwänden der Güterwagen aufgedruckt sind.
Das aber macht nichts, denn es geht um das psychologische Moment: Der Fan „weiß es einfach": Wagen XY gibt es mit verschiedenen Betriebsnummern, und da wäre er schön dumm, würde er sich den Wagen dreimal mit der selben Nummer zulegen. Das aber führt zu katastrophalen Auswüchsen, denn so gibt es tatsächlich Leute, die wühlen sich auf jeder Börse durch die Roco-Wagenstapel durch, und da sie natürlich selbst kaum noch wissen, welche Wagen sie mit welchen Nummern bereits besitzen, haben sie ellenlange EDV-Listen dabei, auf denen sie das vergleichen können.
Erschwerend kommt für diese Leute hinzu, dass eigentlich niemand genau weiß, welche Wagen es mit welchen Nummern denn bisher überhaupt auf dem Markt gibt. Und was noch viel schlimmer ist: Der Hersteller produziert auch noch sogenannte Promotion-Aufträge und bedruckt Güterwagen für Industriefirmen, wenn die dies wollen, ganz individuell nach den Wünschen des Auftraggebers. So durchschaut man letztendlich überhaupt nicht mehr, was es alles am Markt überhaupt gibt und rettet sich von einer schlaflosen Nacht zur nächs-

ten – und der letzte zu diesem Thema herausgebrachte – und auch nicht immer vollständige – Sammlerkatalog ist auf dem Stand von 1994 …
Roco-Sammler Ruedy Pirelli, der noch auf dem Boden der Tatsachen geblieben ist und sich diesem Trend bisher nicht angeschlossen hat, kennt aber einen, den's voll erwischt hat. Er erzählt uns:
„Mein (ex) Kumpel Edzi sammelt Roco-Güterwagen systematisch nach Betriebsnummern. Inzwischen packt er es schier nicht mehr. Der Typ ist total fertig und lungert sogar auf Börsen in Paris wie in Utrecht herum – immer in der Hoffnung, dort irgendwo mal ein stinknormales Wägelchen zu finden, auf das aber 'ne Nummer aufgedruckt ist, die er noch nicht hat. Der Wagen kostet dann vielleicht 25 € und die Anreise zur Börse inklusive Übernachtung das zehnfache. Aber das macht nix.
Edzi tauscht sich dann regelmäßig mit ein paar Freaks aus, die es genauso bunt treiben und die sich alle gegenseitig fertigmachen, was ihnen noch für Nummern fehlen. Ich befürchte, eines Tages ist der Mann entweder reif für die Klapse – oder er schmeißt alles hin und sammelt Schmetterlinge. Beides wäre ganz schön schlimm, jedenfalls für ihn, finde ich!"
Als Hersteller könnte man jetzt sagen: „Aber Leute! Das haben wir doch alles so nicht gewollt!" Das stimmt schon, aber der Trend ist nicht mehr aufzuhalten. Für den Sammler heißt das aber, dass er innerhalb des Produktangebotes immer weiter differenzieren muss: Man kann gar nicht mehr alles sammeln – und wenn man das nicht mehr kann, dann wird ausgewählt. Je differenzierter andererseits aber die Sammelgebiete der Fans werden, um so schwieriger ist es überhaupt, noch eine verlässliche Aussage darüber zu treffen, welche Artikel man denn später überhaupt wieder verkauft bekommt, wenn einem einmal danach sein sollte.
Kommen wir noch einmal auf Bert zurück, den es weiter oben nach einer 1014 verlangte, die er in seinem Heimatland gar nicht erstehen kann, wenn er nicht die Handvoll Versender bemüht, die sich die Mühe machen, solche Artikel trotzdem herzubekommen. Jetzt aber geht es erst richtig los.
Roco stellt zusätzlich zu seinem eh schon sehr umfangreichen Programm jährlich zahlreiche Landessonderien her. In Deutschland z. B. lassen sich dänische wie luxemburgische Exportprodukte von Roco durchaus kaufen, wenn der Händler sie regulär über das deutsche Auslieferungslager bestellt. An französische oder gar spanische Artikel kommt man aber nicht ran, und damit nimmt das Unglück für den Sammler seinen Lauf.
Nun ist es so, dass im Ausland Roco-Importeure sitzen, und die bestellen für ihren speziellen Markt die von ihnen gewünschten und in Auftrag gegebenen Landessonderprodukte. Das sind in Frankreich z. B. die Firma Regain-Galore oder in Italien der Importeur Gieffeci. Wer bestellt, kriegt natürlich auch die Ware – und zwar alles bis zum letzten Wagen, denn das steht ihm ja zu. Nun kann der Fan sehen, wie er da rankommt; den Hersteller scheint das bislang jedenfalls nicht sonderlich interessiert zu haben.
Zwar wird argumentiert, hier handele es sich um absolute Exoten, die hierzulande doch (fast) niemand haben wolle. Dabei wird aber übersehen, dass es ja gerade die (Extrem-) Sammler sind, die solche Produkte bevorzugen – und die man ja eigentlich gerade, zum Beispiel mit den ganzen Nummernvarianten, ansprechen will. Denn: Wenn wenige Leute viel kaufen, dann ist es eine geradezu törichte Idee, gerade denen einen Teil der eigenen Produktpalette einfach vorzuenthalten.

Unser Experte Ruedy Pirelli gehört zu den Fans, die neben „Roco normal" auch Roco Frankreich, Roco Italien und Roco Spanien sammeln. Er hat im deutschsprachigen Ausland auch einen Versender aufgetrieben, der ihm seine Wunschartikel alle herbeischafft.
Doch mit dem hat er sich schon öfter „in die Wolle gekriegt", da Ruedy einfach annahm, bei den in Rechnung gestellten Preisen würde ihm kräftig das Fell über die Ohren gezogen.
Die Vermutung liegt auch nahe, und so kriegt Versandhändler Enrico Sardo von Ruedy öfter mal eine ziemliche verbale Breitseite ab, aber leider kann er selbst am wenigsten dafür. Denn die Lage stellt sich kompliziert so dar:

- Die Exportserien sind mitunter wahre Kleinstauflagen für den ausländischen Importeur. Das verteuert das Produkt ungemein.
- Freuen tun sich über diese Versandorgien auf dem Kontinent allerhöchstens die Paketdienste und die Exportsachbearbeiter der Firmen. Denn das mehrfache Umleiten von Warenlieferungen innerhalb der EG (oder sogar mit komplizierten Zollbestimmungen bei Partnern außerhalb der EG) lässt die Transportkosten schnell in schwindelerregende Höhen schnellen. Folglich wird's so richtig schön teuer, bis diese Roco-Ware vom Hersteller (Land 1) über den Importeur (Land 2) zum Reimport-Händler (Land 3) und zum Endverbraucher (gegebenenfalls sogar in Land 4) gelangt.

■ Wer schon so heiß auf Sammlerprodukte ist, dass er sich solch komplizierte Bestellungen antun will, der zahlt dafür am besten auch eine „angemessene" Summe. So jedenfalls scheinen einige (wenn auch nicht alle) Importeure zu denken, die auch ganz gern ein bisschen was im Klingelbeutel behalten wollen.
Roco-Fan Ruedy hat sich für uns durch die auf „zig" Seiten ausartende Roco-Liste 2000 des im Ausland ansässigen Versenders Enrico gewälzt, der ihm durch wahre „Bestellungen im Fuder" einen guten persönlichen Rabatt einräumt. Hier ein sehr interessanter Auszug daraus:

Artikel	Roco-Programm	Produkt-Info	Ruedy-Preis
45051	Normal-programm	DB AG Interregio-Wagen Bimz zweifarbig blau/weiß	68,00 DM
45271	Normal-programm	DB AG Intercity-Wagen Bvmz zweifarbig rot/weiß	68,00 DM
44666	Normal-programm	ÖBB Schnellzugwagen Bmz zweifarbig verkehrsrot/grau	56,00 DM
45113	Normal-programm	SNCF Corail-Wagen Bauart Vu zweifarbig silbern/anthrazit	86,00 DM
45113.1,	Export Frankreich	entspricht 45113	110,00 DM
45113.2		andere Betriebsnummern	
45221	Normal-programm	Eurofimawagen 2. Kl. „B" zweifarbig hell-/dunkelgrau	67,00 DM
45221.1	Export Italien	entspricht 45221 andere Betriebsnummer	90,00 DM
47002	Normal-programm	Einheitstaschenwagen beladen mit Auflieger „Burger King"	54,00 DM
46579.7	Export Spanien	Einheitstaschenwagen beladen mit Auflieger „San Miguel"	81,00 DM

Wer sich diese Aufstellung mal etwas genauer anschaut, dem wird vermutlich „das Messer in der Tasche aufklappen". Bevor aber unser Experte analysiert, soll vorab ein oft genanntes Argument diskutiert werden, was immer wieder neu und immer wieder gern hervorgeholt wird, wenn es darum geht, sich zu rechtfertigen, wieso eigentlich direkt vergleichbare Artikel völlig unterschiedliche Preise im Markt haben.

In solchen Fällen antwortet der gewitzte Vertriebsprofi des Herstellers gern so:

1. Die Leute kaufen sich ja meist nur das, was der Bahnverwaltung aus „ihrem" Land entstammt. Damit ist es ja sonnenklar: Ein DB-Wagen erreicht die höchsten Produktionszahlen.
2. Bei einem ausländischen Wagen setze ich doch viel weniger Stück ab. Ist ja logisch: Deshalb muss der Wagen echt teurer sein.

Von dieser Sichtweise zeigt sich unser Roco-Experte Ruedy Pirelli in Hinblick auf die abgedruckte Aufstellung doch stark verwundert. In der sind nämlich nur absolut vergleichbare und unverkürzte mehrfarbige 1:87-Reisezugwagen der Produktserie „Exclusive" aufgelistet. Dabei handelt es sich um Wagen, die allesamt auch im Ausland zu sehen sind, so dass der gut informierte Sammler (was ja wohl auf Roco-Fans zutreffen dürfte) durchaus auch ein Interesse an französischen und österreichischen Wagen haben dürfte.

Doch selbst wenn es so sein sollte, dass „man" sich nach Scheuklappen-Manier bevorzugt die Wagen des eigenen Landes kauft, dann wäre doch erheblicher Erklärungsbedarf angesagt, wieso denn ein ÖBB-Wägelchen billiger als ein deutscher Wagen ist: Ginge es nach der Größe des Landes, müsste es umgerechnet ja wohl mehr deutsche als österreichische Modellbahner geben.
Die Sache wird nun ad absurdum geführt, schauen wir uns – ganz einfach erst einmal wiederum im Normalprogramm – einen französischen Wagen an. Wieso denn bei dem gleich mit etwa 25 % mehr hingelangt wird als bei einem deutschen 303 mm-Wagen, das wissen wohl die Götter, aber die konnten für dieses Buch leider nicht befragt werden.
Damit das alles noch ärgerlicher wird, müsste der Roco-Sammler nun noch die nächsten Stolpersteine aus dem Weg räumen, und das sind die größten Brocken überhaupt: Es geht um die lieben Preise der Exportserien.

Ruedy, unser Experte für Roco, fasst das so zusammen:

■ „Offenbar reicht der Normalpreis eines Corail-Waggons noch immer nicht aus, damit man mit dem Sammeln endlich aufhören soll. Nein, die pure Nummernvariante des 45113.1 kostet nochmals um die 28 % mehr als der eh schon mächtig teure Wagen des Normalprogramms. Damit dürfte die Grenze der Zumutbarkeit so langsam überschritten sein.
■ Einem italienischen Eurofimawagen kommt zumindest noch zugute, dass die Normalausführung auch nicht mehr kostet als ein vergleichbares deutsches Gefährt. Doch wer sich die Punkt-1-Variante

zulegen will, wird letztendlich mit etwa 35 % mehr zur Kasse gebeten – mit einem Wagen wohlgemerkt, an dem eigentlich nur die aufgedruckte Wagennummer anders ist.

■ Wem auch das immer noch nicht langt, der könnte (wie etliche Roco-Fans im Übrigen) anfangen, die beliebten beladenen Güterwagen des Typs „Taschenwagen" zu sammeln. Die sind schon im Normalprogramm heutzutage wahrlich keine Preiskracher mehr, jedenfalls nicht im positiven Sinne. Das obige Beispiel zweier vergleichbarer Waggons ist allerdings der Hit schlechthin: Wer also an ein spanisches Exemplar kommen will, zahlt dafür noch mal geschlagene 50 % mehr als für einen vergleichbaren deutschen 4-Achser. Das nenne ich einen Tritt vors Schienbein."

Es kann also kaum geleugnet werden, dass der Zug hier irgendwie in die falsche Richtung fährt. Wie schon so oft beim Thema dieses Buches stoßen wir immer wieder auf die erstaunliche Erfahrung, dass diejenigen Sammler, die man eigentlich als seine Hauptzielgruppe hegen und pflegen sollte, mitunter die ganze Packung abkriegen, bis ihnen irgendwann Hören und Sehen vergeht und sie aus dem Hobby aussteigen. Das aber kann ja wohl nicht im Interesse des Herstellers liegen …

Unser Marktbeobachter Prof. Sub-Zero legt noch einen drauf und sagt es frei heraus:

„Denken Sie doch ruhig mal über so einen Export-Corail für 110 Mark nach. Glauben Sie allen Ernstes, dass Sie den zu diesem Preis oder gar noch teurer irgendwann in Ihrem Leben wieder weggedrückt kriegen? Also kaufen Sie ihn sich vermutlich nicht. Doch dann haben Sie als Frankreichsammler nicht alle Nummern, die's auf dem Markt gibt. Und was machen Sie dann? Vermutlich gar nicht mehr nach Nummern weitersammeln. Sie legen sich also nur noch eine normale Garnitur hin und – das war's. Welch eine Freude, denn der Hersteller macht so keine einzigen Euro Zusatzumsatz mehr mit Ihnen, auch wenn er noch 20 Nummern auf den Markt bringt! Eine wirklich reife Marketing-Leistung!"

Wie unschwer zu erkennen ist, wird der Sammlermarkt, wenn zuviel kommt und wenn es dann auch noch gar zu teuer wird, irgendwann zwangsläufig umkippen. Oder die Sammlerschaft driftet in Spezialgebiete so auseinander, dass es keine breite Basis mehr für ein und denselben Sammelbereich gibt. In beiden Fällen hat man es später verdammt schwer, für seine Sammelobjekte den geeigneten Liebhaber zu finden, der zum einen diese Artikel überhaupt sucht und zum anderen auch noch bereit ist, dafür einen Preis zu bezahlen, der sich mit gesundem Menschenverstand kaum noch begründen lässt.

Und was die Exportserien angeht, gibt es noch eine überaus unerfreuliche Draufgabe: Die sind nämlich in keinem jedermann zugänglichen Katalog zu bewundern. Oder wissen Sie, wie der oben aufgeführte San Miguel-Taschenwagen aussieht und ob der mit seiner schönen Optik vielleicht etwas für Sie wäre? Denn wenn der Importeur schon auf eigene Kosten ein paar Prospektchen mit den eigenen Modellen drucken lässt, dann wirft er sie meistens unters eigene Volk und legt nicht auch noch der Bestellung des ausländischen Händlers einen Batzen bei.

Sammler Ruedy Pirelli mit einem authentischen Erfahrungsbericht:

„Mein Händler hat neulich je zwei Exportkataloge von Roco Spanien und Roco Frankreich für mich besorgt. Die Kumpels bei mir aus 'm Club haben sich fast drum geschlagen, wer sich denn nun das jeweils zweite Exemplar nehmen durfte. Da setzte es für den einen schon fast 'ne zünftige Watschn, als der sich, einfach so, diese Papiere sichern wollte. Ich hab' die Dinger dann auf meinen Kopierer gelegt. Zwar nur schwarz-weiß, aber die Gemüter beruhigten sich wenigstens etwas."

Da mag man sagen: Was ist denn das für ein komischer Markt, wo es schon an der Basis überhaupt – nämlich dem Infomaterial – fehlt, das ich brauche, um überhaupt erst einmal etwas vernünftig bestellen zu können?

Der Tipp:

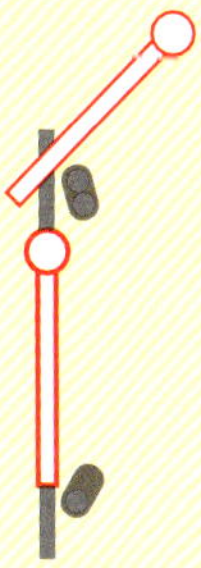

Der echte Fan sammelt Roco nur ungerüstet. Das heißt: Die Zurüstbeutel bleiben original verschlossen. Das ist im Übrigen auch für Sie selbst manchmal von Vorteil, denn so bekommen Sie niemals heraus, ob jemand beim Einlegen dieser Beutel in den Styroporeinsatz nicht mal wieder so nachgeholfen hat, dass sich eh die Hälfte der Griffstangen jetzt schon hart verbogen im Beutel präsentiert. Zugerüstetes Rollmaterial ist im Prinzip nur mit einem starken Preisabschlag zu verkaufen. Also leben Sie lieber mit den Gehäuselöchern, wenn Sie darauf pokern, sich später mal wieder von ein paar Stücken trennen zu wollen.

58 1556

Wenn Sie jetzt noch nicht gänzlich entmutigt sind und trotzdem schöne und superdetaillierte Roco-Modelle sammeln wollen, dann beachten Sie auf jeden Fall den Ratschlag von Seite 121 unten, in welcher Form dieses Fabrikat überhaupt sammlungswürdig ist.

Zur Ehrenrettung der Salzburger darf eines nicht verschwiegen werden, was sich noch nicht bei allen Fans herumgesprochen hat. Seit den letzten Jahren rüstet auch Roco verstärkt seine Modelle fast komplett ab Werk auf. So gibt es genügend Loks und Wagen, bei denen zum Beispiel die Haltegriffe an den Türen und viele andere Kleindetails bereits ab Werk freistehend montiert sind. Das erleichtert dem Sammler die Entscheidung, die restlichen Miniteile fein säuberlich verschlossen im Beutel zu lassen …

Sie wissen es ja sicher: Geteiltes Leid ist halbes Leid – und damit Sie sehen, dass Sie als Roco-Sammler nicht die ganze Last dieser Welt zu tragen haben, seien Sie versichert: Auch der Händler als Mittler zwischen Ihnen und dem Hersteller kriegt mitunter mal einen Querschläger ab. Die Produkte sind also (siehe Export) mitunter extrem teuer oder aber (siehe Aktionen) manchmal auch total billig.

Den Händler kann's zumindest bei diesen Aktionen ganz schön kalt erwischen, denn wenn er sich vorher (zu) gut bevorratete, dann hat er womöglich noch etliche Artikel bei sich mehrfach lagern, die auf einmal in einer durch den Hersteller gesteuerten Aktion gelandet sind und nun günstiger unters Volk geworfen werden. Dann kann er gleich seine früher regulär erworbenen Exemplare dazulegen und am besten nicht darüber nachdenken, wieviel ihn das nun kostet.

Eine Anekdote zum Schluss unserer Roco-Betrachtungen. Stichwort Millennium: Es gibt mal wieder eine Aktion. Diesmal aber nicht irre günstig, sondern eine Aktion für die absoluten Freaks: Vier Güterwagen-Typen mit Echtholzbeladung. Zum Beispiel einen vierachsigen Mehrzweck-Tragewagen, beladen mit zwei schmucken Echtholzkisten der Maschinenfabrik Esslingen. Beim Händler zu haben für knapp 60 Mark das Stück, und das wohl frei nach dem Motto: Was Kleinserienhersteller mit ihrem Ladegut können, das können wir schon lange.

Stimmt: So kann man es sagen, schaut man sich diese Wagen mit der Superbeladung an. Doch irgendwie zogen die Fans nicht richtig mit. „Aktion" – das heißt doch immer auch: „billig". Und nun? Exklusiv und teuer. Das verstehe wer will. Das Resultat ist also vorhersehbar: Die Sachen flossen im Handel nicht so ganz doll ab. So war's auch bei Harry Hemmschuh, dem Fachhändler von Bert. Und dann passierte das Unfassbare:

Harry *Du, Bert, erinnerste dich noch: diese Holzwagen. Standen da drüben im Display.*

Bert: *Sag mal, Alter, waren das nicht die Trümmer, die du schier nicht losgekriegt hast? Waren echt schön, aber im Preis jenseits von Gut und Böse.*

Harry *Jaja, ich weiß. Diese Flachwagen mit den Baumstämmen zum Beispiel. Ich mag gar nicht mehr dran denken. Ein Segen, dass damals dieses junge Ding für ihren Ernährer zum Geburtstag davon gleich acht Stück als Ganzzug mitgenommen hat. Da hatte ich einfach das Glück des Tüchtigen auf meiner Seite.*

Bert: *Die floppten ganz schön, oder?*

Harry: *Aber weißt du was, du Preisfuchs: Jetzt gibt's 'ne Resteaktion mit diesen Wagen. Ich glaub, einige Händler, die sich damals die Zähne dran ausgebissen haben, können die Dinger nun noch mal nachordern. Ich jedenfalls war auch dabei. Wenn's dich interessiert: Jetzt kann ich dir welche für 'n halben Preis abtreten. Und ich verdien' immer noch was dran!*

Bert: *Hört hört! Und warum guckst du jetzt so belämmert?*

Harry: *Ich hab wie Tier nachgeordert und auch gekriegt. Aber jetzt ist es mir erst total klar geworden, dass ich da echt 'n ganz schönen Bock geschossen hab': Denk doch mal an die Typen, die die Dinger vor wenigen Monaten zum normalen Preis bei mir gekauft haben. Wenn die das jetzt sehen, die schlagen mich doch tot! Ich kann unmöglich die Sonderpreisvitrine damit vollpflastern. Nicht dass die treuen Freaks glauben, ich hätte sie damals abgezockt. Ich mein', ich kann ja überhaupt nix dafür, die waren damals echt so teuer. Sag mal, Bert, kennst du nicht jemanden, der auf Börsen und so, du verstehst …*

Bert: *Na klar, Chef. Also der Sub-Zero – 'n guter Kumpel von mir übrigens – der würde 'n paar Packstücke von den Wagen sicher zum halben Preis übernehmen. Wenn du mir vorher freundlicherweise zehn Stück von dem Ding mit der großen Echtholzkiste rausnehmen könntest und mir …*

Harry: *… Bert! Der darf das aber bitte nicht bei mir um die Ecke auf der Börse in der Markthalle*

	verticken. Etliche Kunden von mir gehen da ja auch hin – dann gibt's Keile, ich schwör's dir!
Bert:	*Nönö, schieb da mal keine Panik! Der Typ wohnt 300 Kilometer entfernt. Und der verhobelt die Dinger dann in der Frankfurter Gegend, da wird eh fast jedes Wochenende in 'nem anderen Nest im großen Stil auf Börsen was verramscht. Das kriegen wir doch total easy hin. Ich mein', du gibst mir vorher die zehn da schon zum Höchstrabatt, oder?*
Harry:	*Na klaro! Aber hoffentlich kommen da nicht noch mehr solche Hämmer in nächster Zeit ...*

Das Beispiel zeigt mal wieder in schonungsloser Offenheit, wie man den Sammlermarkt mit gekonnten Störmanövern ins Wanken bringen kann. Hoffen wir also im obigen Fall, dass nicht ein anderer Händler aus „Frankfurt und Umgebung" auch so ein kluges Kerlchen wie der Harry war und die Aktionsware dann – weil er dieselbe Idee hatte – zu einem Bekannten in die Nähe von Harrys Laden weiterschickte.

Fleischmann

Erst einmal äußern sich Berts Bekannte vom Eisenbahnclub zu den Produkten aus Nürnberg:

■ *Superdetaillierte Modelle. Komplett ab Werk aufgerüstet. Saugut. Sauteuer.*

■ *Sind das nicht die Jungs, die noch die Uralthobel wie die furchterregende E 44 im Programm haben – und die seit den 60-er Jahren? Ist das peinlich!*

■ *Niemand baut bessere Miniatur-Dampfloks als Fleischmann. Und das weiß jeder, egal ob er's zugibt oder nicht!*

■ *Als die endlich mal dahinterkamen, dass man Loks mit verschiedenen Betriebsnummern und mit Schwungmassen ausrüsten kann, war Roco schon ein Jahrzehnt weiter.*

■ *Hervorragende Fahrzeuge mit Superbedruckung. Aber von denen kommt ja fast nix Neues. Sie haben uns die Hütte mit ICE-Varianten bis zum Abwinken vollgeknallt, und jedes Jahr kommt prompt eine neue Dampflok. Zwar schön, aber mies für mich als Epoche III- und IV-Fan. Ich mein', ich würd' mir gern mehr von denen kaufen, wenn die Jungs denn endlich mal hinne machen würden. Also Leute, legt mal einen höheren Gang ein; ich will nicht nur Neuheiten von Roco kaufen. Sonst seid ihr mit eurem Marktanteil irgendwann sauber abgehängt!*

■ *Sehr toll durchdachte Produkte. Wartungsfreundlich, betriebstauglich, leise. Und vor allem auch das Profi-Gleis ist top. Bei denen kann man sich wenigstens sicher sein, dass nicht alle paar Jahre ein neues Gleissystem auf den Markt geschmissen wird.*

■ *Die Güterwagen von denen suchen ihresgleichen. Absolut filigran und klasse im Formenbau. Exzellent bedruckt und komplett ab Werk zugerüstet. Jetzt soll mir bloß keiner kommen und labern, die Dinger seien ja mitunter 20 % teurer als die Halbfertigbausätze der Konkurrenz. Ich brauch' doch nur zwei nebeneinander hinstellen, da sieht man doch sofort, was gute Wertarbeit ist und was ich in den Gully kicken kann.*

■ *Die Welt besteht nicht nur aus cargorotem Krimskrams und ICEs. Die 218 ist die einzige neukonstruierte Diesellok aus Nürnberg seit dem Anfang der 80er Jahre. Kommt da noch mal irgendwann wieder was nach? 'Ne 236, 245 oder 270 zum Beispiel, oder 'n Turmtriebwagen der BR 701? Oder macht eure 212 und die 221 mal neu, damit ich in Gleichstrom nicht bei der einen Lok diesen Zurüstorgien-Trumpen der Konkurrenz kaufen muss – und bei der anderen nicht dieses überteuerte Abzocker-Metallgerät, das im Übrigen viel mieser fährt als euer guter alter Rundmotor.*

Nach diesem Querschnitt der Meinungen gibt es genügend Felder, die wir für die Diskussion aufbereiten können. Zum Beispiel die folgende Frage: Wird Fleischmann denn überhaupt gesammelt? Die Antwort ist: „eher ja", aber die Einschränkungen sehen so aus:

■ Wie auch bei Trix gibt es einen Sammlermarkt für historische Fleischmann-Produkte – Modelle also aus den 50-er und 60-er Jahren, doch wie viele Leute die wenig filigranen und stark verkürzten Modelle denn wirklich mit teurem Geld bezahlen wollen, darüber lässt sich nur spekulieren.

■ Neueres Rollmaterial aus den 80-ern bis hin zu Produkten des neuen Jahrtausends werden von Betriebsbahnern und Sammlern gekauft. Dabei genießt die Marke einen sehr guten Ruf am Markt, jedoch gilt sie nicht gerade als besonders preisgünstig, was auf den späteren Wiederverkaufswert drückt.

Zwar gibt's auch aus Nürnberg inzwischen veränderte Betriebsnummern bei Neuauflagen der Loks, aber so richtig hat man offensichtlich die Sammler nicht im Visier, was angesichts der Produktqualität dieser Marke eigentlich schon fast ein unverzeihliches Marketingmanko ist.

Und: Worüber wir uns im letzten Kapitel bei Roco bezüglich der Exportserien-Politik ausgelassen hatten: So etwas gibt es auch bei Fleischmann. Nur ist das vielen Leuten nicht einmal bekannt, da der Hersteller offenbar annimmt, seine deutschen Fans interessiere das wohl nicht.

Wer sich jedoch für französische Donnerbüchsen oder luxemburgische vierachsige Rungenwagen vom Typ „Res" begeistern kann, der findet diese wunderschönen Produkte durchaus bei Fleischmann. Allerdings ist es ihm fast unmöglich, überhaupt an diese Artikel heranzukommen. Wer dennoch nicht davon lassen will, den haut's angesichts des Preises dann schier um, denn legt man auf die Reimporte französischer Donnerbüchsen noch mal 50% bezogen auf den Normalpreis der deutschen Variante drauf, dann wäre das nach den wenigen Angeboten, bei denen wir überhaupt diesbezüglich fündig wurden, fast noch ein preisliches Sonderangebot.

Wenn sich also Roco in diesem Segment hier Berts und Ruedys Schimpfe eingefangen hat, dann kann man angesichts der schwindelerregenden Höhe von Fleischmann Export-Preisen fast nur die Vermutung hegen:

Sammler sind unerwünscht!

Bleiben wir gleich einmal beim Preis. Für dieses Kapitel haben wir den Fleischmann-Sammlerprofi Lux Dunlop mit ins Boot geholt. Lux wälzte für uns die 2000-er „Stammkunden-Preisliste" eines Modellbahn-Centers. Und damit auch alles einigermaßen vergleichbar ist, nahm er sich Spur HO-Loks der DB vor, die es im Gleichstrombereich von Roco in der gehobenen Exclusive-Ausführung gibt. Was musste er da sehen:

Roco-Produkt	Preis	Fleischmann-Produkt	Preis	Differenz
# 63020 BR 798 2-tlg.	236,70 DM	# 4400 BR 798 2-tlg.	211,80 DM	– 11 %
# 63640 BR 111 türkis/beige	230,00 DM	# 4348 BR 111 türkis/beige	253,75 DM	+ 10 %
# 63560 BR 145 DB Cargo	244,80 DM	# 4320 BR 145 DB Cargo	281,95 DM	+ 15 %
# 43637 BR 141 Ep. III grün, Auslauf '98	206,80 DM	# 4326 Ellok BR 141 Ep. IV grün	254,85 DM	+ 23 %

Wie immer bei den Vergleichen kommt es nicht auf das absolute Preisniveau an, denn dies kann bei Ihrem Händler vor Ort aus den verschiedensten Gründen anders sein. Aber: Ein Preisvergleich zweier Marken bei ein- und demselben Shop sagt ganz gewiss etwas über die Preistendenz der Hersteller aus. „Aha!" werden Sie nach der Lektüre dieser Zahlen also sagen. Das ist wohl nichts mit dem Vorurteil, dass Fleischmann immer teurer ist als der 2-Leiter-Konkurrent aus der Republik Österreich. Und das alles noch ohne diese lästigen Zurüstbeutel. Ist das alles so richtig, wenn man die nackten Zahlen sieht?

Unser Fleischmann-Experte Lux Dunlop klärt uns auf:

■ „Der 798er, den der liebe Autor Ingo da einfach reingeschrieben hat, ist eine der unrühmlichen Ausnahmen. Das hat aber auch seinen Grund: Bei dem Teil zieht's einem die Schuhe aus. Die Konstruktion dieses Geschosses ist aus den 60-ern. Das Gerät hat so langsam 40 Jahre auf dem Kasten. Man sieht's an der üblen Kuppelstange zwischen Motor- und Steuerwagen, den milchigen Fenstern und dem knallhart falschen Maßstab. Bei Roco hingegen gibt's 'ne Innenbeleuchtung, 'ne Inneneinrichtung, einen modernen Antrieb, eine Schnittstelle und, und, und ... Leider, muss ich als Fleischmann-Profi sagen. Dass das betagte Gerät „nur" 11% weniger kostet als ein modernes Modell der Konkurrenz, möchte ich lieber nicht kommentieren. Wenn es denn wirklich nur um die 11% weniger zeitgemäß wäre. Da gibt es nichts zu beschönigen, aber rein gar nichts.

■ Wenig Erbauliches lässt sich über die 141 sagen, was den Preis angeht. Sie war halt immer schon teurer als die Salzburger Lok. Sicher genauso gut, vielleicht einen Tick besser. Aber ungleich teurer.

■ Zu der 111 würde ich am liebsten gar nicht Stellung nehmen, da ich das Roco-Kapitel mit den Beispielen über die 111 vorab lesen durfte. Die Fleischmann 111er ist ein Modell, das mit kleinen Modifikationen (z. B. Normschacht) seit dem Kalenderjahr 1984 so gebaut wird. Sie mit der neuen Roco 111 zu vergleichen (und nicht mit der noch viel günstigeren Classic-Lok eine Generation vorher) ist schon fast geschmeichelt, denn zöge man die Letztauflage der Roco Classic-Maschine zum Vergleich heran, dann wäre die Preisdifferenz zuungunsten der Fleischmann-Lok noch viel schlimmer ausgefallen. Zu den obigen 10% Preisunterschied fällt mir da nicht viel Beschönigendes ein – übel, aber wahr.

■ Ein gutes Vergleichsbeispiel ist die neue 145. Die von Fleischmann hat nämlich ebenfalls einen 5-poligen Motor mit Schwungmasse zu bieten. Es handelt sich also anders als bei den restlichen Beispiele da oben um eine Maschine mit neuestem Fertigungsstandard. Die 15% Mehrpreis sind – meiner

Fan-Meinung nach – durch die leicht höhere Produktwertigkeit und die Wartungsfreundlichkeit absolut gerechtfertigt. Insofern kann man das Preis-Leistungs-Verhältnis beider Maschinen als absolut gut bewerten."

Lux hat gesprochen, und damit sind wir mitten drin in der Bewertung dieses Fabrikats – sozusagen in den Höhen und Tiefen, die die Nürnberger zu bieten haben. Fangen wir doch einfach mal bei Motor und Antrieb an. Als die 101 und die 145 von Fleischmann mit dem neuen Konzept herauskamen, da war in Fachkreisen das Motto zu hören und zu lesen: Na endlich, jetzt kommt der Roco-Standard auch bis in deutsche Entwicklungsstuben.

Was man meist nirgendwo lesen kann, ist die Bewertung vieler Spiel- und Betriebsbahner, die die „klassischen" Fleischmann-Loks wie die oben genannte 141 oder die 111 besitzen. Die von den Experten oftmals so kritisierten altbewährten Rundmotoren bieten einen ruhigen Leiselauf und sind geradezu unglaublich wartungsfreundlich und haltbar, so dass es nichts Vergleichbares auf dem Markt gibt.

Mit der „Verbesserung" auf das neue Konzept gehen auch Begleiterscheinungen wie schnarrende Motorengeräusche einher, die zudem von Lok zu Lok einer Charge völlig unterschiedlich klingen können. Doch das alles gilt heute nicht mehr, denn wenn die Fachwelt und die Freaks erfolgreich die 5-Poler mit Schwungmasse zum Standard etabliert haben, dann sackt alles kräftig im Wert, was „alt = anders = schlecht" ist. So einfach ist das.

Und was die Produktwertigkeit bezüglich durchdachter Konstruktionen angeht, da ist man in der Tat mit Fleischmann hervorragend bedient. Nicht überall lassen sich die Gehäuse oder Teile davon so problemlos demontieren und sind die Innenteile so wartungsfreundlich angeordnet.

Auch das liest man interessanterweise nicht sehr oft in der Fachpresse, da viele Redakteure offenbar nicht darüber hinweggekommen sind mit megagroßen Lupen die Gehäusedetails von außen zu bewerten. Und wer auch nur 20 verschiedene Fleischmann-Loks besitzt, den wird man beneiden, wie wenige Standard-Ersatzteile an Birnchen oder Haftreifen es überhaupt gibt, die fast überall passen. Da müssten Sie sich bei manch anderem Exklusivfabrikat mitunter ein ganzes Kleinteilemagazin anschaffen, sollten Sie je auf die kühne Idee kommen, die wichtigsten Verschleißteile für Ihre Loks je zwei mal auf Vorrat zu halten.

Dazu aber noch eine Anmerkung von Fleischmann-Sammler Lux:

„Was wirklich ärgerlich ist: Bis heute haben es die Jungs nicht für nötig erachtet, ihren Loks überhaupt ET-Blätter beizulegen, so dass ich jedes Mal zu meinem Händler rennen darf, um die benötigten Ersatzteile in seinem verrauchten Hinterzimmer rauszusuchen. Also hab ich mir vor zwei Jahren einen kompletten ET-Ordner bestellt. Der war gut teuer – und die eingeschickte Postkarte, dass ich bitte die jährlichen Nachlieferungen auch erhalten möchte, schmiss man in Nürnberg offenbar gleich weg. Also darf ich mir in spätestens drei Jahren wieder diesen Ordner kaufen. So kann man auch seine Kunden vergraulen. Das darf ich meinem Roco Kumpel Ruedy gar nicht erzählen, der lacht sich dann doch schier kaputt über mich."

Damit sind schon bei den Schattenseiten des Herstellers angekommen. Wenn also die neueren Modelle klasse laufen und zudem super detailliert sind, dann müsste die Firma ja eigentlich an der Spitze der Beliebtheitsskala bei den Hobbyfreunden stehen. Ja, wenn da nicht ein paar sehr ungewöhnlichen Fakten wären.

Die Sortimentsstruktur ist so eine Sache. Jeder Hersteller, der neue und gute Modelle herausbringt, sieht zu – wenn er was auf sein Image hält –, dass er sich möglichst schnell von seinen Uralt-„Trümmern" verabschiedet, bevor die zur Lachnummer werden und man Topprodukte wie betagte Relikte aus früheren Zeiten gleichzeitig im Programm führt.

Wer will, kann das nicht mehr ganz zeitgemäße Rollmaterial dann als sog. „Hobby-Linie" weiterverkaufen, die sich meist an Spielbahner wendet. Dazu gehört aber,

- dass man solche Produkte, an denen der Zahn der Zeit nagt, auf extra Seiten verbannt, und
- dass die Preisstellung eines veralteten Einsteigerproduktes realistisch weit unten festgesetzt wird, damit jeder sofort erkennt, warum es sich lohnt, für filigrane Modelle auch ruhig das Doppelte auszugeben.

Unser Experte Lux kam schon beim 798er-Triebwagen echt ins Schleudern, aber es hätten auch diverse andere Produkte sein können, die Fleischmann in kaum veränderter Ausführung seit den 60-er und 70-er Jahren im Programm mit durchschleift. Dabei ist es wie bei einer 212er- oder 221er-Diesellok um so erstaunlicher noch heutzutage Modelle im Programm zu haben, die aus einer Entwicklungszeit stammen, als man in langsamer Gewöhnung an den realistischen 1:87-Maßstab alles

noch um ein paar Prozentpunkte zu groß (ca. 1:85) baute. Stellen Sie solche Modelle heutzutage neben maßstäbliche Nachbildungen, dann drängt sich einem unübersehbar die Vermutung auf: Irgendwas stimmt hier nicht!

Bleiben wir bei dem Triebwagen. In den 90ern brachte Fleischmann als komplette Neuentwicklung einen 795er-Triebwagen heraus, der höchsten Ansprüchen gerecht wird und – jedenfalls nach der Meinung von Sammlerfreund Lux – einem vergleichbaren Roco-798er in Formenbau und Detailreichtum noch um eine Wagenlänge voraus ist.

In der obigen Liste würde dieser Zug bei gleicher Kalkulation als 2-Teiler 261,45 DM kosten und damit nur knapp 25 % mehr als das betagte 798er-Vehikel vom gleichen Hersteller, über das sich die modernen und zeitgemäße Modellbahner, die etwas auf sich halten, eigentlich die Bäuche vor Lachen halten müssten.

Als Gelegenheitskäufer dieser Marke haben Sie also strenggenommen schlechte Karten: Denn wenn Sie nicht wissen, welches Modell aus welcher Entwicklungsdekade stammt, dann stehen Ihnen vor der Vitrine Ihres Fachhändlers im ungünstigsten Fall die Haare zu Berge und Sie überlegen sich, ob Sie zu tief ins Glas geschaut haben, wenn Sie zum Beispiel für eine steinalte E 44 (Baujahr mit Grundgestell-Rahmenbeschriftung: ab 1968) bei gleicher Kalkulationsbasis wie weiter oben aufgeführt in etwa 285 DM bezahlen sollen.

Nun würde das ganz sicher den Rahmen dieses Buches sprengen, wenn wir hier gleich eine komplette Marketing- und Vertriebsberatung mitmachen würden. Wie die Beispiele jedoch gezeigt haben, gibt es Gründe, Fleischmann zu sammeln – aber sehr differenziert zu sammeln.

Was die Sammler am meisten bewegt ist natürlich die Frage, wie wertstabil denn Produkte aus neuerer Zeit sind, wenn ich die betagten älteren Modelle (die sich aber heute noch im Katalog befinden) am besten gleich mit kräftigen Preisabschlägen nur noch den Spielbahnern anbieten kann.

Fleischmann-Loks und Wagen haben im Normalfall zwei Charakteristiken:

- Erstens werden sie über einen längeren Zeitraum im Programm gehalten, und
- zweitens liegen sie bezogen auf Konkurrenzfabrikate im HO- und auch N-Sektor nicht unbedingt gerade im untersten Preisniveau.

Daraus folgt zweierlei:

1. Was länger lieferbar war, ist nicht unbedingt sofort gesucht, da man es ja über einen längeren

Zeitraum ganz regulär kaufen konnte (auch wenn es für die Sammler sehr angenehm ist, denn dann kann man wenigstens noch selbst entscheiden, ein Wunschmodell dann zu kaufen wenn man es will – und nicht wenn der Hersteller es gerade so will).

2. Gilt die Standardware als im oberen Preisbereich gelegen, dann wird man sie mit großer Wahrscheinlichkeit später nicht noch teurer als den normalen Ladenpreis, den diese Artikel vorher hatten, wieder verkaufen können.

Unser Marktbeobachter Lux gibt deshalb die folgenden Tipps an die Leser weiter:

Tipp 1: Fleischmann-Ware wird auf Börsen (und über Kleinanzeigen) im Allgemeinen gut verkauft, wenn es sich um neuere Modelle handelt, da viele Leute warten, wenn sie wissen, dass ein Artikel nicht nur kurz im Programm des Herstellers geführt wird. Folglich findet man immer Interessenten für Rollmaterial, das man wieder veräußern möchte.

Tipp 2: Leider klappt das, wie so oft, meistens nur über den Preis. Lässt man also „gut etwas nach" (oder anders gesagt: Macht man mit Freude Geld kaputt), dann leert sich der eigene Börsentisch – oder die eigene Versandliste – bei Fleischmann schnell – wobei man im Schnitt sicher weniger ablassen muss als bei einem anderen Fabrikat, von dem wir schon sprachen …

Dabei kommt es wieder darauf an, ab welcher Grenze von den Fans „mit gesundem Menschenverstand" ein Produkt als preiswürdig eingeschätzt wird. Meiner Erfahrung nach muss man bei neueren Dampfloks am wenigsten (ca. 5–10 % +) nachgeben, auch eine Diesellok der BR 218 (10 %–20 %) findet schnell einen Interessenten. Doch für die schon erwähnte 141 und ähnliche Backlist-Artikel, die noch im Programm sind oder es bis vor kurzem waren, kann der Abschlag durchaus um die 25–30 % oder noch mehr vom durchschnittlichen Ladenverkaufspreis liegen.

Man kann es auch positiv sehen, denn (neueres) Fleischmann-Rollmaterial steht in dem Ruf, am Markt einige Jahre später dann nicht noch weiter zu fallen. Gemäß unserer Devise, dass der Vorteil des gut informierten Sammlers im Einkauf liegt, sollte man sich für Standardware nach Quellen umsehen (und sich in Geduld üben), wie man an solche – am Markt durchaus oft unterbewerteten – Produkte zu „unter Normalladenpreisen" kommen kann. Gelingt einem dies mit mehreren Stücken, kann man sich sicher sein, dass man später – sollte man sie wieder abstoßen wollen – kein Geld mehr drauflegt, sondern man eher noch beim Preis ein bisschen oben drauflegen kann.

Beim Kapitel über die Firma Märklin hatten wir schon über spezielle Produktlinien gesprochen, die mehr oder minder unverbindliche Richtpreise haben. Solche Sonderserien gibt es im Übrigen als spezielle Verbands-Sondermodelle oder Initiativen-Produkte auch bei anderen Herstellern, so bei Roco und natürlich auch bei Fleischmann. Und wieder passiert das gleiche, wenn „obere Etagen", die für solche Produkte den Preis festsetzen, mal ein bisschen hinlangen wollen.

Dazu nennt uns Fleischmann-Experte Lux Dunlop ein hervorragendes Beispiel, bei dem es um die Ellok der BR 111 geht, wo ihm weiter vorn bei der Preisanalyse schon ein bisschen mulmig zumute war. Es kommt aber noch besser, denn 1999 brachte ein Spielzeugverband die einmalige Sonderserie der 111 in S-Bahn-Farbgebung mit verkehrsroter Bauchbinde heraus (HO-Artikel Nr. 98 4349).

Der „unverbindliche" Preis: 299 DM. Oder um jeden gleich mit der Nase drauf zu stoßen: Das sind noch mal um die 18 % mehr, als wir für die zweifarbige türkis-beige Maschine beim Fachhändler von Lux hätten hinblättern müssen – eine überaus bemerkenswerte Preisstellung in exakt dem Kalenderjahr, in dem bereits Roco seine komplett überarbeitete Formenneuheit herausbrachte.

Lux Dunlop exklusiv für dieses Werk mit einem Erfahrungsbericht über die besagte Sonderserie der S-Bahn 111:

Step 1: *Ich sehe Unglaubliches. Das Gerät ist – sogar verglichen mit einem am Markt nicht unbekannten Wechselstrom-Fabrikat, das die gleiche Farbvariante herausbrachte – mit Abstand die teuerste 111, die es überhaupt zu kaufen gibt. Klar war: Ich wollte sie haben. Klar war auch: Nicht zu diesem Preis!*

Step 2: *Ich zermürbe meinen Händler. Vor Auslieferung hatte ich enthusiastisches Interesse für die DB-AG-111er im S-Bahn-Look bekundet. Mein Händler László tat sich auch welche her. Dummerweise nahm ich dann aber erst mal keine. Irgendwie war mir spät, aber nicht zu spät aufgefallen: Das Ding ist ja wirklich irre teuer! Das sagte ich László dann auch bei jedem Besuch.*

Step 3: *László ist kleingearbeitet. Weihnachten hat er immer noch vier. Ich sage ihm: „Mensch, du sitzt ja drauf. Ist das unangenehm. Meinst du, ich könnte dir HELFEN?" (man beachte dieses Wort!). Der Gute hat sofort gemerkt, was ich damit meine. Außerdem hatte ich zufällig Bargeld dabei.*

Step 4: *Zahltag – jetzt wird abgestaubt. Ich nehme alle vier Loks mit: zwei für mich und je eine für meine Kumpels Fatty und Holm. Dem László war irgendwie klar, dass ich nicht mehr Moos abdrücken wollte als eine neue Roco 111 kostet, auch wenn ich meine, dass die von Fleischmann trotz ihres Konzeptionsalters immer noch eine tadellose Figur macht. Also ließ László mir nach Ladenschluss etwa 23 % auf den in der Tat unverbindlichen Preis nach, wenn ich denn wirklich alle vier abtransportiere. Er kommt also mit einem blauen Auge aus der Sache raus.*

Und Step 5: *Ich kann beruhigt schlafen! Denn als Profi schätze ich den aktuellen Marktwert der erworbenen Maschinen so ein: Minimal das, was ich dafür hingeblättert habe – und maximal 5–10 % mehr. Also: Trenne ich mich doch mal wieder von meinem Exemplar Nr. 2, habe ich wenig Probleme damit!*

Und noch etwas: Nach meiner Erfahrung sehen Sie im sog. Second-Hand-Markt viel weniger neuere Fleischmann-Produkte, als es eigentlich dem Marktanteil in Spur HO und Spur N entsprechen müsste. Einer der Gründe ist ganz sicher, dass die meisten dieser Loks und Wagen ganz gezielt und wohl überlegt von den Fans gekauft werden, entweder vom Vitrinensammler oder vom sehr zufriedenen Betriebsbahner.

Beide Modellbahner-Typen werden die Loks aber so schnell nicht mehr missen wollen. Außerdem haut man ihnen nicht jährlich zu viele unzählige neue Varianten um die Ohren, so dass es sich lohnen würde, über eine Sammlungsverkleinerung nachzudenken. Folglich wird auch keine Fleischmann-Neuware beim Händler und Versandhändler massenhaft als Auslauf-Artikel oder auf Börsen und in Sammlerlisten als „neue Second-Hand-Ware" in großen Stückzahlen angeboten.

Brawa

Wieder hören wir zuerst Berts Kumpels zu den Produkten:

■ *Mein Bruder Gero – drüben im Osten, du weißt schon – der hat ein paar von diesen „U-Booten" der BR 229 von Brawa und von der Konkurrenz aus Zwickau. Bei letzteren hab' ich ihm neulich geholfen, überhaupt das Gehäuse abzukriegen. Da haben wir Blut und Wasser geschwitzt. Die Brawas hingegen: Top! Extrem gut zugänglich, da ziehst'e einfach die Puffer raus und nimmst das Gehäuse von oben ab. Und fahren tun die Loks – klasse!*

■ *Brawa? Kenn' ich nich'. Hat hier keiner. Oder ist das was zum Essen?*

■ *Hab meinen Kumpels ganz schön eingeheizt, nachdem ich denen 'ne Brawa Metall-216 in Wechselstrom vor die Nase gesetzt hab'. Zuerst höhnisches Lachen, wieso ich denn für 'n Fremdfabrikat mehr Kohle ausgegeben hab' als für 'ne „original" Maschine. Dann haben sie das Göppinger Gerät daneben gestellt. Ein Raunen ging durch den Saal. Und bei den Vergleichs-Testfahrten auf der Clubanlage, da gab's dann lange Nasen für die Fans der weißen Schachteln.*

■ *Brawa? Jaja, früher machten die vor allem Kabel, Lampen, Signale und so. Und dann kam Viessmann in Fahrt. Gar nicht immer extrem teuer – und ganz gewiss nicht schlechter. Das haben die bei Brawa sicher spürbar gemerkt. Und nu' fühlt man sich berufen, lieber Loks und Wagen zu machen. Na, dann schau'n wir mal!*

■ *Ich hatte zweimal ein klitzekleines ET-Teil nachzuordern, weil mir was von der Lok abkrachte. Dank der beiliegenden Ersatzteilblätter hab' ich selbst hingeschrieben. Vier Tage später hatte ich jedes Mal prompt die Teile im Haus – und viel gekostet hat's auch nicht. So einen Service hab ich noch nie erlebt!*

■ *Teuer ist ja noch gemäßigt ausgedrückt. Ich habe neulich für meine Wechselstromanlage je eine digitale E 69 von Brawa und von Märklin bestellt. Für die aus Remshalden hat mir der Harry knapp über 360 Märker abgeknöpft. Das waren ja noch fast 80 Mark mehr, als ich ihm für das Märklin-Ding übern Tresen schieben durfte, und dessen Preis ist schon – finde ich zumindest – sehr stark gewöhnungsbedürftig!*

■ *Für mich bietet Brawa eine Summe aus komplett ab Werk aufgerüsteter Detailperfektion und besten Laufeigenschaften. Das ist ein ungeschlagenes Kunststück mit einem besten Preis-Leistungs-Verhältnis. Nur diese Schlafmütze hier am Ort, die tut sich partout diese Sachen nicht her. Märklin/Trix und ein bissel Roco und Fleischmann, das muss reichen, sagt er. Mir reichte das auch, und seitdem bin ich Versandkunde bei Harrys Zweitfirma „Toys for Big Boys" in Halbnullhausen. Und noch etwas: Bisher ist beim Versand von Brawa-Loks noch nie was kaputtgegangen.*

■ *Ich hab' gehört, die lassen irgendwo anders auf der Welt fertigen. Na, wenn das denn wirklich stimmt, so frage ich mich: Könnte der Kram dann nicht ein wenig billiger sein? Ich meine, 'ne 232 kostet so viel wie eine von Roco und 'n „U-Boot" fast so viel wie eins von Gützold!? Wo bleibt jetzt die eingesparte Kohle – bei mir als Endkunde jedenfalls nicht. Dann hab ich noch mitgekriegt, dass die Jungs vor gar nicht langer Zeit mitten im Jahr noch einmal für etliche Artikel ihre Preise „angepasst" haben. Als Grund musste der immer höhere*

Dollar-Kurs ihrer Auslandspartner herhalten. Da hat mein Händler gesagt: „Und tschüß, Leute! Ich brauch' euch nicht, aber ihr braucht uns!" Also, da denk ich mir, es wäre vielleicht nicht ganz verkehrt, mal über die Devise nachzudenken: In Deutschland erdacht, in Deutschland gemacht! Viel teurer kann's hier ja wohl auch nicht mehr werden!

Ich hoffe, Ihnen geht es nicht auch so wie dem gut informierten Herrn in den Eingangsbemerkungen, der annahm, Brawa könnte vielleicht eine Gourmet-Stilrichtung sein. Denn immerhin machte sich die Firma schon vor langer Zeit mit perfekt detaillierten Quasi-Kleinserienmodellen der deutschten Bauartgruppen „Kö" und „Köf" in der Szene einen Namen.

Und als man dann im großen Stil in den Lok- und Wagenmarkt einstieg, war Luft anhalten angesagt: Ganz so, wie es einer von Bert Kumpels gerade eben ausgedrückt hat, bestechen Brawa-Modelle durch eine Synthese von unglaublicher Detailqualität plus einer hervorragenden Laufruhe. Und dass (fast) alles an Miniteilen sogar werksseitig montiert ist, rundet den guten Gesamteindruck ab.

Dabei hatten es die Konstruktionsprofis aus dem schwäbischen Remshalden anfangs gar nicht so einfach, den Markt sozusagen von unten nach oben aufzurollen, als sie in den 90-er Jahren – und hier zunächst mit der Nachbildung von Dieselloks aus dem Gebiet der ehemaligen DR – als Großserienhersteller den Markt mit Spitzenprodukten zu bereichern begannen.

Viele Fachmagazine wollten das anfangs einfach nicht zur Kenntnis nehmen – und erschwerend kam hinzu, dass es bei den ersten Realisierungen immer einen Konkurrenten gab, der zeitgleich mit derselben Neuheit auftrumpfen konnte: Das war bei der 232 kein geringerer als Roco, der als Produzent eh einen hervorragenden Ruf bei den Freaks genießt – und bei dem 219er „U-Boot" der Hersteller Gützold, der sich nach der Wende in affenartiger Geschwindigkeit zu einem Topqualität-Anbieter gemausert hatte und zudem – wenn man das mal so sagen darf – über den Bonus der ostdeutschen wagemutigen Unternehmer verfügte, über die man in ihrer Aufbauphase in unserem marktwirtschaftlichen System eigentlich auch gar nichts Schlechtes sagen wollte und durfte.

Die Vergleichstests in den Fachzeitschriften trieben dann auch mitunter sonderbare Blüten. Einig war man sich anfangs offenbar sehr oft darin, dass das Brawa-Modell aus Prinzip irgendwie schlechter sein müsse als das der Konkurrenz, und wenn alles nichts half, dann mussten halt die Fakten ein bisschen zurechtgerückt werden.

So war's dann beispielsweise auch bei den sogenannten „U-Booten", die im Maßstab 1:87 umgerechnet 224,0 bis 224,1 mm lang sein müssten. Die Schieblehre-Profis von einem am Markt nicht ganz unbekannten Magazin maßen dann auch prompt 224,5 Millimeter für die Lok aus Remshalden, und da war das Resultat klar: Die Maschine ist viel zu lang und damit mieser als das „U-Boot" der Konkurrenz.

Dummerweise hatten sie sich mit einem Mitbewerber-Blatt wohl nicht rechtzeitig abgesprochen, denn auch die bescheinigtem der Brawa-Maschine absolute Patzer beim Maßstab. Allerdings war nach deren Schieblehre die Lok mit 222,8 mm derbe zu kurz. Das Resultat, so sehr es auch als „der wahre Schenkelklopfer" bezeichnet werden muss, war natürlich wieder das gleiche: Die Lok muss mieser sein als die des Wettbewerbers: Egal, ob sie jetzt zu lang oder zu kurz ist, auf jeden Fall ist sie falsch. Sie sehen: So einfach geht das.

Doch ganz offensichtlich sind die Zeiten so langsam vorbei, als die Fans flächendeckend noch das glaubten, was schwarz auf weiß gedruckt steht. Viele bildeten sich ihre eigene Meinung – und Brawa hielt beharrlich durch und beglückt seitdem die Modellbahner jährlich mit neuen Highlights, an denen man kaum noch vorbei kann. Dazu gehören z.B. die Dampflok der BR 65.10, die neue Maßstäbe setzende Metall-216er in diversen Ausführungen, die Altbau-Ellok der BR E 95 oder der moderne Talent-Triebwagen, dessen Erstauflage rasant schnell ausverkauft war.

Damit aber noch nicht genug. Mit hervorragend gelungenen Personenwagen des Typs „Württembergische 8-Meter-Zweiachser" zeigten die Formenbauer, wie filigran man inzwischen Bühnengeländer und andere Gehäusedetails selbst in Großserienqualität herstellen kann. Inzwischen sind denn auch prompt die Stimmen verstummt, die anfangs ihre Messschieber etwas vergewaltigten, um zu einem ihnen genehmen Testergebnis zu kommen.

Und das Argument, die Remshaldener würden über eine Partnerfirma fernab unserer Republik fertigen lassen, scheint auch nicht mehr ganz zu ziehen. Denn zum einen hat sich doch so langsam herumgesprochen, dass andere Großserienherstel-

ler inzwischen Teile ihrer Fertigung auch längst ausgelagert haben (ohne dass das aber im großen Stil publiziert wurde). Und zum anderen war bei den anfänglichen gut gestreuten Halbwahrheiten irgendwie gekonnt unter den Teppich gekehrt worden, dass der Formenbau durchaus in Deutschland gemacht wird – und zahlreiche Modelle wie die Köfs, die „Gartenlauben" oder die Schienenbusse gänzlich hierzulande produziert und montiert werden.

Nach dieser Lobeshymne ist es nun an der Zeit, dieses aufstrebende Fabrikat für den Sammlermarkt zu bewerten. Dazu haben wir wieder einen Experten angeseilt, der auf die „neuen Firmen am Markt" spezialisiert ist und bevorzugt diese sammelt. Unser Mann für die diesbezüglichen Analysen ist Strunz Conti, der zu Hause seine Regale mit Brawa prall gefüllt hat, so dass sich die Balken biegen.

Strunz drückt die Diskussionsbasis für uns so aus: *„Dass Brawa nicht als der ‚Billige Jakob' gilt, das haben einige von Berts Kumpels am Anfang dieses Kapitels schon schonungslos klargemacht. Wichtig zu wissen für die Fans ist vielleicht, dass die Remshaldener den Handel nach einem sog. Netto-Netto-System beliefern. Das heißt: Es gibt keine Mengenrabatte und jeder erhält die Ware zum gleichen Preis. Damit ist das Preisniveau am Markt je nach Kalkulationsaufschlag überschaubar und nicht so großen Schwankungen unterworfen wie bei einigen Konkurrenzfabrikaten."*

Gut, das wissen wir jetzt. Aber was bedeutet das praktisch? Strunz Conti hilft uns dabei:

■ „Da Brawa kein Vollsortimenter ist (und z. B. kein eigenes Gleissystem hat), überlegen sich viele kleinere Klitschen, dass es sich für sie nicht lohnt, diese Marke angemessen zu listen, wenn's eh keinen Mengenbonus gibt. Folglich gibt's immer noch Landstriche, da können Sie das Rollmaterial dieses Fabrikats mit der Lupe suchen. Dadurch dauert es, bis es sich herumgesprochen hat, dass Brawa Topqualität hat. Die, die's noch immer nicht wissen, kaufen's auch nicht. Noch nicht.

■ Da das Preisniveau sich auf relativ hohem Stand stabil hält und es auch keine massenhaften Ramschaktionen seitens des Herstellers oder der Händler gibt, heißt das: Die Produkte werden mittelfristig kaum im Wert sinken, aufgrund des Preisniveaus aber auch nicht nennenswert steigen.

■ Positiv ausgedrückt: In der Zwischenzeit hat auch Brawa einige Varianten seiner edlen Modelle sortimentsbereinigt (wie z. B. die 229er-Variante

LADEGEW.
TRAGF.
X
K.Bay.
Sts.B.

D VIII

oder einige Beschriftungs- und Farbvarianten der 232er-Familie). Da ja im Laufe der Zeit auch ein paar Modellbahner wieder nachwachsen und Bedarf für diese Maschinen entsteht, wird man sie später an Sammler und Betriebsbahner voraussichtlich ohne Verluste veräußert bekommen, wenn man sich denn davon wieder trennen will."

Man kann es auch so sehen: Die Modelle scheinen durch die Bank den „Inflationsausgleich" mitzumachen. Und bei einigen gut verkäuflichen Loktypen hat der Hersteller selbst bereits die Preise nach oben, wie man so schön sagt, „angepasst". Eine HO-E 95 wurde beispielsweise in der zweiten Auflage mit einem bereits spürbar hoheren Preis in den Markt gebracht. Wer sich also bei der Erstveröffentlichung des Modells gleich mehrere hingelegt hat, wird später seine überzähligen Lokomotiven wohl eher wieder mit einem Gewinnaufschlag veräußert bekommen.

Auch Brawa fertigt im Übrigen Verbandssondermodelle. Da die Firma aber (noch) nicht so groß ist, werden diese Modelle sozusagen „unverbindlich preisgebunden" in einer Vorlauf-Exklusivphase den Sortimenten dieser Verbände zur Verfügung gestellt. Danach kann man sie dann meistens aber im regulären Programm wiederfinden.

Brawa-Experte Strunz Conti hält für uns ein nettes Beispiel bereit:

■ Die verkehrsrote „Cargo"-Ausführung der V-Lok BR 216 wurde zum Beispiel anfangs über einen Händlerring ausgeliefert. Der „Einmal-kurz-gehustet-Preis" der Maschine (Basis: HO-Gleichstrom, Artikel-Nr. 0384): 298 DM. Wer kaufte, war selbst schuld.

■ Danach kam exakt diese Lok mit derselben Betriebsnummer auch ins Normalsortiment. Und wird folglich individuell kalkuliert. Bei dem Versender, den meine Kollegen für dieses Werk hier schon mehrfach zitiert haben, steht sie mit knapp 240 DM in der 2000er-Liste. Und kostet damit soviel wie die altrote Variante.

Damit hätten wir's mal wieder: Frei kalkuliert fällt der Preis in diesem Fall und Beispiel um ca. 20 %. Und ohne die Händler-Einkaufspreise hier im Detail auswalzen zu wollen: Bei der eben genannten Preisstellung des Versandhändlers verdient dieser übrigens durchaus noch „ein bisschen was" an der Maschine und muss sich nicht als Dumping-Preisbrecher beschimpfen lassen.

Wer also die Nerven hatte und abwartete, bis die Lok ins Normalprogramm des Anbieters kam, minimierte damit seine Chancen, bei einem späteren Verkauf übel Geld drauflegen zu müssen, nur weil er anfangs nicht warten konnte und die Maschine zu einem „Mondpreis" glaubte, sich sichern zu müssen. „Wer zu spät kommt, den straft das Leben", sagt ein Sprichwort. In diesem Fall hatte das aber leider keine Gültigkeit.

Dafür aber bei einer vergleichbaren Farbvariante. Ein anderer Verband hatte sich ungefähr zeitgleich die türkis-beige Variante der BR 216 als Vorlauf-Exklusivprodukt gesichert. Strunz hat den Markt beobachtet und weiß Erschreckendes für Zauderer zu berichten:

■ *„Die Oberen jener Händler-Gemeinschaft setzten den Preis nicht ganz so abgehoben fest wie die Kollegen des Konkurrenz-Verbandes: 259 DM für die Gleichstromlok. Anfang 2000 kam sie dann ins Normalprogramm und kostete im Einkauf den Händler exakt so viel wie die altrote und die cargo-rote.*

■ *Viele Fans hatten anfangs gezögert, da die Remshaldener den Bock geschossen hatten, die typische Epoche IV-Maschine mit einem hässlichen DB AG-Emblem der Epoche V zu verhunzen. Da dachte man sich: Das Teil wird sicher bald überall rausgeramscht werden.*

■ *Wurde es aber nicht, und so verkaufte Brawa das dann im ersten Halbjahr 2000 offenbar ganz locker aus. Da die Differenz im 2000er Versandhandelspreis nach obigem Beispiel nur etwa 10 % zum vorher festgesetzten „unverbindlichen" Exklusivpreis ausmachte, war die Preisersparnis auch nicht so frappierend – beziehungsweise es hatten sich wohl vorher schon schwach gewordene Fans mit der Lok zum Festpreis eingedeckt.*

■ *Die Brawa-Oberen sind aber – im Gegensatz zu einigen anderen Firmen – lernfähig und hatten sich aus der Szene mehrfach angehört, dass sich die Lok noch viel besser verkaufen würde, wenn die Neuauflage denn nun einen normalen Epoche IV-Keks bekäme.*

■ *Prompt reagierte man und legte diese Lok sodann mit anderer Betriebsnummer (und anderer Artikelnummer) als typische Lok der Epoche IV neu auf. Die oben genannte Weisheit, wen das Leben straft, gilt zumindest bei diesem Beispiel, denn die Erstauflage der Maschine mit dem roten Magerkeks ist inzwischen werksseitig ausverkauft – ohne dass sie irgendwo im großen Stil verramscht worden ist. Die Maschine wird deshalb unter Garantie einigermaßen wertstabil bleiben."*

Keine ganz schlechten Aussichten also für Fans, die sich mit der Lok eindeckten. Dabei liegt der Vergleich mit dem Finanzmarkt auf der Hand: Sie können mit Aktien spekulieren und dabei viel Geld gewinnen – oder verlieren, wenn Sie nicht der absolute Insider sind. Oder Sie kaufen Investmentpapiere. Die machen zwar erfahrungsgemäß keine exorbitanten Preissprünge mit, steigen dafür im Laufe der Zeit aber meist stetig im Wert (und in wenigen Fällen dümpeln sie auf gleichbleibendem Niveau vor sich hin).

Wenn Sie sich die bisherigen Firmen, die in diesem Buch behandelt wurden, anschauen, werden Sie bestimmt einen Hersteller entdecken, dem Sie den Aktienmarkt zuordnen können. Brawa hingegen schätzt unser Fankollege Strunz eher als „Investmentpapier" ein. Und das heißt: Auch mit einem Fuder Brawas im Regal hat er sich keine Zeitbombe unters Kopfkissen gelegt, sondern höchstens ein kalkulierbares Restrisiko – wenn alles schief läuft.

Ein Abschluss-Tipp liegt Strunz Conti aber noch am Herzen, damit seine Ausführungen nicht missverstanden werden:

„Es soll damit nicht gesagt werden, dass man alles von Brawa risikolos kaufen kann, sozusagen als Wertanlage. Köfs von Brawa zum Beispiel sind ein Sammelgebiet geworden. Die Dinger haben aber quasi Kleinserienniveau, was die Detaillierung, die Auflagen wie auch die Preise angeht. Erinnert euch an die Werbe-460er weiter vorn in diesem Buch. Wenn ich das richtig sehe, springen da verdammt wenig Fans neu auf diesen Zug auf. Wer also später mal 'ne Hella- oder 'ne Klöckner-Köf wieder loseisen will, der kann sich nach meiner Einschätzung auf was gefasst machen. Jedenfalls was den Preis angeht!"

Piko, Gützold & Co.

Lassen wir erst einmal wieder Berts Bekannte sich mit ihren Meinungen und Ansichten an dieser Stelle austoben.

■ *Piko? Kenn' ich von früher, als „der Vorhang" noch zu war. Die Dinger rumpelten ja wie Tier. Für Normalmenschen nicht zu gebrauchen. Heutzutage haben die Jungs mindestens im Preis zu echter Spitzenqualität aufgeschlossen: Jaha, das haben die „drüben" fix gelernt: Marktwirtschaft heißt auf Deutsch wohl nur: „abkassieren". Also: Ossi-Qualität und Wessi-Preis, dann passt's schon.*

■ *Schon „zu Honeys Zeiten" hatte Piko einen bemerkenswerten Formenbau. Die Güterwagen waren schon immer klasse detailliert, na und die Radsätze, die tauschte man halt aus. Heute ist das ganze Programm überarbeitet mit Normschacht, KKK, Superantrieben bei Loks und so weiter. Das ist Spitzenqualität. Und die darf dann logischerweise wohl auch einen gelifteten Preis haben, aber davon wollen viele „Besser-Wessis" offenbar nichts hören. Teuer: Ja, gern, wenn's von Roco ist!*

■ *Das ist immer ein bisschen unglücklich, wenn man 'nen Markennamen beibehält, der ein bisschen vorbelastet ist. Dann wollen viele gar nicht mehr wissen, ob die Qualität wirklich besser geworden ist. In unserer müden Gegend hier im tiefsten bayerischen Wald führt echt kein Typ Piko als Sortiment.*

■ *„Neu 97", so stand es großspurig bereits im 97er Hauptkatalog von Piko über die E 93. Zwei Jahre später kam sie dann doch wirklich in den Handel. Aufwachen Leute! Ihr seid hier nicht mehr in der Planwirtschaft von früher, wo man so nach der Devise arbeitete: Komm ich heut' nicht, komme ich morgen, übermorgen komm ich ganz bestimmt – wenn denn mal wieder Material für die Produktion da ist.*

■ *Gützold macht schöne Sachen. Die 219er/229er zum Beispiel. Und dann die 155er Ellok. Einfach erste Sahne. Fahreigenschaften, Detaillierung, angemessener Preis. Und so richtig schön schwer ist dieser Kraftcontainer. Viel Gramm umgerechnet fürs Geld. Und guter Service ist übrigens auch selbstverständlich bei den Zwickauern. Habe ich schon mehrfach ausprobiert. Die sind nicht so hochnäsig wie manche westdeutsche Firmen!*

■ *Da haben die Typen von Gützold diese Schüttgut-Seitenentlader Fas 126 seit 1996 im Programm – und dann kommt Märklin/Trix, macht die 3 1/2 Jahre später in etwa zum gleichen Preis und setzt sie in den Altbundesländern, wie man hört, bei AC- wie DC-Fans offenbar supergut ab. Das spricht doch schon dafür: Die Sachen aus den neuen Ländern, die gehen doch höchstens „drüben". Hier führt das doch kaum ein Mensch, wenn's nicht gerade ein supergroßes Center ist.*

Hüben und drüben, und schon geht es so richtig mit Vorurteilen los. Was haben diese Firmen eigentlich miteinander zu tun?

Vor der sogenannten Wende gab's jenseits des eisernen Vorhangs zwangsweise nur ein „vereinigtes" Fabrikat: Es lief nämlich alles unter Piko. Das, was noch einigermaßen aussah, gelangte in den Export, während die eigenen Modellbahner dann das abbekamen, was in einer Planwirtschaft halt so übrig blieb – zum Beispiel die Exemplare an Loks, die noch schlechter bedruckt waren als die für den Export.

Das leidliche Preisniveau, über das sich verschiedene Stimmen schon mehrfach in diesem Buch aufgeregt haben, war auch kein Thema, denn es gab staatlich festgesetzte Preise, und eine Preiserhöhung konnte man höchstens dann festsetzen, wenn man eine Formenneuheit anbot. Alles Ältere gab's sozusagen zu unveränderten Schleuderpreisen

052 524-6

immer weiter. Und als „Schleudern" konnte man viele Modelle, was die Fahreigenschaften betrifft, dann wohl auch bezeichnen, denn wer das Glück hatte, ein paar mit 1B-Teilen zusammengeschraubte Alt-Pikoprodukte mal fahren sehen zu dürfen, dem dürfte wenig dazu einfallen, wie etliche Maschinen noch in den 80-er Jahren über die Gleise humpelten.

Den Modellbahnern in der DDR war das größtenteils schnurz, denn erstens konnte man sein gehortetes Geld ja eh nicht vernünftig ausgeben, und zweitens hatte man meist auch genügend Zeit, wenn's auf der Arbeit gar nicht so kapitalistisch hektisch zuging wie im ausbeuterischen Westen. Also entwickelte man in der eigenen Werkstatt an der Drehbank genügend handwerkliche Fähigkeiten, um den Modellen, wenn man denn mal welche ergattert hat, den notwendigen Feinschliff zu geben.

Die vagen Erinnerungen, die etliche Leute in den Altbundesländern bezüglich der damaligen DDR-Produkte heute noch hegen, sind wohl ganz offensichtlich nicht totzukriegen – übrigens auch in unbelehrbaren Händlerkreisen nicht. Erst als sich Piko zur Jahrtausendwende mit sehr guten Neukonstruktionen der „Westbaureihen" E 93 und E 63 so richtig in den westdeutschen Markt beamte, nahmen die Anfragen von interessierten Fans derart zu, dass vielen Fachhändlern nichts anderes übrig blieb, als „Piko neu" nun doch führen zu wollen oder zu müssen.

Ganz sicher sind die Modellbahner der neuen Bundesländer von Anfang an offener für die Produktverbesserungen von ihrem alten Stammfabrikat gewesen, doch ist es bis heute so, dass in diesen Ländern die Kaufkraft weniger hoch ist als in Westdeutschland, wo ganz sicher mehr zahlungskräftige Sammler sitzen, die sich nur ganz langsam an die neue Spitzenqualität aus Sonneberg gewöhnen oder gewöhnen wollen.

Auch bei den hier diskutierten Marken haben wir wieder einen Sammlerexperten ins Boot geholt. Modellbahnfreund Hiob Goodyear war schon dem Hobby verbunden, als an der innerdeutschen Grenze noch scharf geschossen und jedes Paket von Schnüffelnasen aufgemacht und dessen Inhalt argwöhnisch begutachtet wurde. Hiob exklusiv:

„Die Leute in den neuen Ländern sind schon ein bisschen stolz, dass Piko es genauso gut kann wie zum Beispiel Roco. Viele ganz normalen Arbeiter mussten allerdings lernen, was es heißt, im Kapitalismus zu überleben. Ihre Einkommen sind jedenfalls nicht so rasant gestiegen wie die Piko-Preise. Einige sind fast enttäuscht, dass gerade ihre Marke, der sie seit Jahrzehnten die Stange gehalten haben, jetzt auf der nach oben offenen Preisskala offenbar diejenigen im Visier hat, bei denen ‚Geld überhaupt keine Rolex spielt'. Die Leute glauben mitunter, die Basis braucht man jetzt nicht mehr, denn da gibt's finanziell wenig zu holen. Das verbittert!"

Somit schlittern wir in ein sehr diffiziles Fahrwasser hinein; eine Marke also, die inzwischen Spitzenqualität zu angemessenen Preisen liefert – und auf ein dreigeteiltes Modellbahnerlager stößt:

■ Modellbahntyp 1 ist allem Neuen gegenüber aufgeschlossen, schätzt diese Firma und kauft sich gern deren Produkte.

■ Modellbahntyp 2 schätzt diese Firma ebenfalls, ist aber nicht mehr in der Lage, sich das Material zu den Preisen noch zu leisten.

■ Modellbahntyp 3 will es alles nicht wahrhaben, hat noch nie so eine Schachtel aufgemacht und weiß das Ergebnis schon vorher: Drin wird sowieso miese Qualität zu hohem Preis sein.

Ganz sicher ist Typ 3 im Abnehmen begriffen, denn auch die Hartnäckigsten überzeugt man langsam aber sicher doch. Nur ist auch zu sehen, dass diejenigen Hobbyfans – bevorzugt die aus dem Ex-DDR-Gebiet – das Hobby schon immer als das gesehen haben, wofür es ursprünglich auch mal gedacht war. Dazu Hiob Goodyear:

„So was wie Modellbahnen sammeln gab es in den neuen Bundesländern früher nicht. Man war ja froh, wenn es überhaupt mal wieder etwas zu kaufen gab – und war das ein 2-Achser-Kesselwagen, dann nahm man den, weil's gerade nix anderes gab, auch im ganzen Fuder für einen Ganzzug mit. Auf die Idee, dass man Modellbahnartikel auch sammeln könnte, kamen die Leute damals nicht. Sie hätten sich auch die Zähne an dem Projekt ausgebissen, denn der Farbprospekt von Piko war eigentlich für die ‚Wessis' bestimmt, um ein paar Devisen für die marode Staatskasse gegen Ware einzutauschen."

■ Ein Sammlermarkt für Piko- und Gützoldprodukte wird also erst allmählich entstehen, und da liegt es nicht nur an der zunehmenden Akzeptanz der Marken bei den Fans, sondern schon vorher daran, wie diese Firmen in den zahlungskräftigsten Altbundesländern mit ihrer Produktpräsenz im Laden vorankommen.

■ Deshalb ist davon auszugehen, dass der Sammler, der sich Modelle der betreffenden Fabrikate zulegt, vorerst keinen Wertzuwachs erzielen wird, sollte er sich davon später wieder trennen wollen. Da in den Köpfen vieler, die Piko von früher kennen, dieses „Inzwischen-aber-ganz-schön-teuer-Image" im Kopf herumspukt, spricht das dagegen, dass sich in naher Zukunft am Second-Hand-Markt Preise für diese Modelle durchsetzen lassen, die auf der Höhe der normalkalkulierten Ladenpreise liegen – oder sogar noch über denen.

Dazu Hiob, der an die Zukunft des Hobbys glaubt: *„Am besten das kaufen, was man selbst auch behalten möchte. Oder mehr kaufen und x Jahre liegen lassen. Bis dahin haben's noch ein paar Unverbesserliche mehr gemerkt, dass Piko und Gützold Spitzenqualität liefern – und dann wollen die's auch haben. Wenn man davon ausgehen könnte, dass die Hobbyprodukte so wie in der Vergangenheit alle immer noch teurer werden, könnte man darauf pokern, Auslaufartikel später gut loszubringen, wenn die Nachfrage danach mit Verzögerung einsetzen wird. Ist allerdings 'ne etwas gewagte Sache. Das kann auch in die Hosen gehen, denn beim heutigen Preisniveau von Modellbahnen geht eh den meisten Leuten schon jetzt die Puste aus, bevor auch nur die nächsten Preisrunden eingeläutet sind."*

Nun gibt es noch die Möglichkeit, wie man sich sein eigenes Preisniveau durchsieben kann, was dem stetigen Aufbau eines eigenen Imagefaktors nicht gerade förderlich ist. Über eine andere Marke konnten wir weiter vorn bereits lesen, dass dort bevorzugt über die Händler Einmalaktionen gefahren werden, um Überbestände oder Auslaufware schnell und unbürokratisch aus dem Lager zu kriegen.

Noch offensichtlicher wird die Sache aber mit einer gekonnten Preisinnovation, die gleich jeden auch noch so tumben Beobachter dazu bringt zu erkennen, dass ein kräftiger Preisrutsch bereits eingesetzt hat. Gützold zum Beispiel hat ganz offiziell in seiner Händlerpreisliste für einige – nicht aber alle! – Varianten der H0-Baureihe 155 seine Preise nach unten angeglichen, offenbar um deren Abverkauf zu beschleunigen.

Unser Fan Hiob durfte beim Fachhändler Hubertus Ratzematze mal kurz einen Blick auf die Preisliste des Jahres 2000 werfen. Dabei verblüffte ihn: Die 155er kostet je nach Ausführung inzwischen kräftig unterschiedlich. Besonders die neurote, die sich Hiob noch vor zwei Jahren zum regulären Preis gekauft hatte, gibt's nun – ganz offiziell – fast nachgeworfen.

Da Herr Ratzematze es aber nicht so gern hat, wenn wir hier gleich eine nicht für Endverbraucher bestimmte Händlereinkaufs-Preisliste abdrucken, listen wir einmal seine Ladenverkaufspreise 2000 für diese Loks auf. Da Hubertus jede Maschine mit einem identischen Aufschlag belegt hat, ist das Verhältnis dann ja eh das gleiche wie in der Einkaufspreisliste.

Artikel	Lok-nummer	Ausführung	Preis im Laden	Differenz
39200	155 034	DB AG Epoche V Farbgebung neurot	175,50 DM	–
39100	155 064	DR Epoche V Farbgebung altrot	236,25 DM	+ 35 %
39300	250 182	DR Epoche IV Farbgebung altrot	275,40 DM	+ 57 %
39400	155 158	DB Cargo Epoche V Farbgebung verkehrsrot	297,00 DM	+ 69 %

Hiob erinnert sich düster: Für die himbeerrote Lok mit Latz (39200) hat er vor zwei Jahren noch so fast hundert Mark mehr bei Hubertus auf den Tisch gelegt. Das findet er, um genau zu sein, wenig witzig. Und nachdem er sich nun wieder einbekommen hat, analysiert er die Aufstellung für uns folgendermaßen:

- „Krass ist die Preispolitik beim altroten Kraftcontainer, wobei zu sagen ist, dass es die als „155" bezeichnete Maschine als Erste gab und die als „250" bezeichnete Lok dann ins Programm kam, als man die 155 auf Auslauf setzte. Immerhin: Obwohl sich beide Loks nur in der Beschriftung und sonst rein gar nichts unterscheiden, musste man inzwischen für die 155 bei Hubertus um die 40 DM weniger bezahlen. Sonderbar!
- So richtig auffällig ist der Preisunterschied zwischen der altroten 250 und der neuroten 155: Schaut man sich einen Preisunterschied von um die 100 DM (!) an, dann ist man geneigt, höflich zu fragen, durch was denn der eigentlich begründet sein soll. Immerhin handelt es sich um die gleiche Lok, sollten das einige Strategen schon vergessen haben.
- Und: Lasst uns doch mal die neurote 155 mit der verkehrsroten Cargolok vergleichen. Innen drin: identische Technik, nur außen drauf: andere Lackierung. Der Preisunterschied: mehr als 120 DM beim Ladenverkaufspreis. Da möchte ich den sehen, der ohne zu zögern das Geld für die verkehrsrote Lok zückt."

Man kann es auch so sehen: Preisaggressive Versender nutzen die Angebote, die die Industrie bietet, gern zur eigenen Preisprofilierung – und erst recht, wenn es sich um ganz offizielle Angebote handelt, gegen die niemand schießen kann. Sieht man als Modellbahnfreund nun wiederholt, wie Versender in den Fachmagazinen mit der neuroten 155 als „Superhammersonderpreis" auftrumpfen, dann verankert sich so ein Preis im Bewusstsein als am Markt durchsetzbarer Preis.

Und selbst wenn man großzügigerweise davon ausgeht, dass eine himbeerrote Variante sich wohl schlechter verkaufen lässt als eine schmucker aussehende verkehrsrote Lok: Dass letztere von den beiden um knapp 70 % teurer ist, dürfte wohl allgemein als nicht sehr logisch angesehen werden.

Was deshalb am Markt passieren könnte, sieht Hiob unverblümt so:

- „Beim Freak setzt sich der Marktpreis so fest, dass der für die günstigste Variante so in etwa mit nur leichtem Aufschlag auch für alle anderen Varianten gilt.
- Ist der Preisunterschied aber gar zu hoch, dann kauft man die teure Lok vermutlich nicht. Machen das aber viele so, haben Händler und Hersteller ein Problem, denn dann heißt es: Dieses Gefährt dreht nicht.

■ Dann kommt die logische Konsequenz: Der Klügere gibt nach. Also entweder der Händler oder gleich der Hersteller. Prompt sackt das Niveau dann auf den Preis der anderen Maschine, die man eigentlich nicht als positives Beispiel für Nachzügler zum Verramschen etablieren wollte.

■ Und wer sich als Modellbahner vorher ganz regulär mit diesen Loks eingedeckt hat, der hat für die Zukunft was draus gelernt. Mit Wertstabilität und Image hat so eine Politik jedenfalls herzlich wenig zu tun. Schade eigentlich, denn die 155er hat das wahrhaftig nicht verdient!“

Womit wir wieder beim Thema Imageaufbau angekommen sind – und dabei, dass gute Qualität heutzutage leider am Markt nicht ausreicht, um erfolgreich zu sein. Nehmen wir die Firma Tillig, die sich einen guten Namen mit der sogenannten Spur der Mitte – dem Maßstab TT – gemacht hat. Jedenfalls in den neuen Bundesländern, denn in einem Radius von etwa 100 Kilometern kennt der Autor dieses Buches, der im südlichen Baden-Württemberg wohnt, keinen einzigen Händler, der dieses Fabrikat überhaupt führt. Es ist, wie einem mehrfach versichert wird, auch keine Nachfrage danach da.
Tillig, was viele gar nicht wissen, stellt für den Salzburger Produzenten Roco in HO die unverkürzten Doppelstockwagen der DB AG her, so dass es also eine Tillig-Ausgabe und eine Roco-Ausgabe von diesen Wagen gibt. Eigentlich müsste das die Sammler zu wahren Freudensprüngen animieren, denn so käme man in den Genuss von unterschiedlichen Betriebsnummern derselben Wagen. Die Realität sieht aber in den Altbundesländern ganz anders aus.
Second Hand-Profi Professor Sub-Zero hat neulich mal einen großen Laden um seinen Warenbestand erleichtert, dessen Inhaber der bei der Bevorratung immer gern den großen Mann gemimt hat und nun durch seine Hausbank den Hebel für immer umgelegt bekam. Sub-Zero hatte dann auf den nächsten Börsen auch ein paar praktische 6er-Packs der „Dostos" von Roco und von Tillig dabei.

Sein Erfahrungsbericht zu den Tillig-Doppelstock-Wagen:

■ „Die Rocos habe ich mit normalen Ladenpreisen, so 80 bis 90 Mark, ausgezeichnet. Und die von Tillig auch. Nachdem etliche Nervensägen noch beim Preis herunterhandeln wollten – das muss ja so sein auf Börsen –, waren nach drei Börsen fast alle Wagen von Roco weg. Und die Tillig-Wagen hatte ich immer noch. Und zwar alle.

■ Vom dauernden Transportieren werden die ja nun auch nicht besser. Dann machte ich andere Preisschilder drauf: Zuerst 75, dann 70, dann 65 Mark. Das half überhaupt nichts!

■ Mein Standaufpasser Xerxes meinte lakonisch zu mir: ‚Da muss 'n Schild daneben: Original Roco'. An sich ja 'n Witz, denn die Rocos sind ja eigentlich original Tillig. Aber als ich das dann so gemacht hatte, kamen x Typen und fragten: ‚Hey Meister stimmt das auch echt?' Und ich sagte: ‚Aber klaro, bring doch 'n Roco-Ding mit – die sind total identisch. Nur die hier kannste von mir um 20% günstiger haben!' Zuerst mürrisches Zweifeln, aber dann kam die Sache in Fahrt, als wir am Börsentisch harte Überzeugungsarbeit leisteten.

■ Und dann kam auf einmal ein Typ – ein einziger, und der hat's gewusst: 65 Steine für die „Dostos"? Da wäre ich ja blöd, würde ich für die Dinger mit der Roco-Umverpackung 20 Mark mehr zahlen. Sagte es und nahm alle mit, die noch da lagen. Einer war's also, einer von 'zig Leuten, die für ‚Dostos' Interesse bekundet haben."

Und was lernt man daraus als Sammler?

Stell dir vor, du machst ein Schnäppchen – und niemand merkt's!

Das ist gut für Sie, denn so kommen Sie zu scharf kalkulierten Unterwasserpreisen an Rollmaterial für Ihre Sammlung und Anlage. Aber denken Sie in diesen Fällen daran: Nicht alle Fans sind so gebildet wie Sie. Und sollten Sie solche Produkte selbst mal wieder verkaufen wollen, dann müssen Sie dieselbe Überzeugungsarbeit wie der Professor leisten. Wobei anzumerken ist, dass Sie bei obigem Preis sicher nichts falsch gemacht hätten, denn zu dem bekämen Sie diese schönen Wagen unter Garantie an Leute, denen Sie den nötigen Nachhilfeunterricht geben, bestimmt wieder weg …

Liliput

Bert spricht seine Freunde beim wöchentlichen Clubtreffen auf diese Marke an, und das sprudelt ungefiltert aus ihnen zu den Produkten von Bachmann Industries Europe heraus:

■ *Langsam aber sicher überarbeiten die „die ganzen alten Möhren". Das hat denen wirklich gut getan – und im Preis wurden die Artikel nach der Übernahme durch Bachmann auch noch eher günstiger. Schön, dass diese Marke erhalten blieb.*

■ *Wenn ich das richtig mitgekriegt hab', dann lassen die die Sachen in China produzieren.*

■ *Nehmt doch mal einen Liliput-Wagen komplett aus dem Einsatz raus, tut ihn wieder rein und versucht dann, das Ding wieder in die Schachtel zu kriegen. Also, ich bin nicht der letzte Depp, aber bei mir dauert das gut fünf Minuten – vorausgesetzt, ich will keine rausgerissenen Schachtellaschen nach dieser Aktion haben. Katastrophe hoch zehn!*

■ *Ein absolutes Muss für Güterwagensammler. Typen wie Villach, Linz, Oppeln und dann die neuen ultrafiligranen Fährbootwagen zum Beispiel: Superkonstruktionen. Und ein Superpreis dazu.*

■ *Überarbeitete Formen? Dass ist nicht lache! Guckt euch mal z. B. die Schürzenwagen an. Da schiebt's in den Kurven weiterhin die ganzen Aufstiege zur Seite, damit konstruktionsbedingt die Wägelchen nicht entgleisen. Nicht, dass ihr mich falsch versteht, Leute, aber ich bin – auch wenn Roco-Fan Ruedy Pirelli aus mir fast Apfelmus gemacht hätte – lieber auf die Neukonstruktion der Märklin-Schürzenwagen umgestiegen. Die sind nur wenig teurer, dafür aber viel besser. Muss auch der Anti-Märklinist neidlos zugeben.*

- *Ohne die schönen Liliput-Dampfloks wäre die Szene um beneidenswerte Modelle ärmer!*
- *Das Sortiment geht doch voll am Markt vorbei. Wer will denn beispielsweise diese MaK-Diesellok-Prügel noch kaufen? Die wurden doch schon von den Voreigentümern reihenweise verramscht. Aber nein, mehr oder minder überarbeitet kommen diese Geräte ja immer wieder jedes Jahr neu raus. Kann denen vielleicht mal jemand sagen, was deutsche Fans wirklich wünschen? Auch wenn ein Teich zwischen uns liegt, irgendeiner im Hauptquartier muss es doch hören wollen.*
- *Falls es euch Heinis noch nicht aufgefallen ist: Die Wagen haben sogar alle Federpuffer. Serienmäßig und ohne Mehrkosten. Da könnt ihr ja alle mal bei euren Lieblingsfirmen in Salzburg oder Göppingen vorstellig werden und 'ne Bittschrift einreichen, ob die das auch mal irgendwann hinkriegen. Vermutlich heißt's dann: Aber klar Jungs, euer Wunsch ist uns Befehl. Und ein Jahr später habt ihr dann den Salat: Für diese revolutionären Verbesserungen mussten wir ‚leider' die Wagenpreise schon wieder um 10 % anheben. Aber ihr wolltet es ja so!*
- *Papier ist ja geduldig. Wäre nicht übel, wenn zwischen einer Ankündigung im jährlich teuer zu bezahlenden Hauptkatalog und der Realisierung eines Modells nicht gleich Jahre ins Land gehen würden. Da frage ich die vom Liliput-Stand auf jeder Konsumentenmesse: Hey, Leute, frage ich, wie sieht's denn nun endlich aus mit dem neuen So-und-so-Wagen. Und dann heißt's so ungefähr. ‚Tja, Kalle, wer weiß das schon? Mal gucken, wenn die nächsten Container mit Neuheiten hier abgeladen werden.*

Liliput hat eine bewegte Geschichte. Noch in den 80-er Jahren konnte man uneingeschränkt sagen: Diese Marke wird gesammelt! Das betraf vor allem die exzellent detaillierten Dampfloks.

Die waren zwar teuer und bei den Fahreigenschaften standen den Betriebsbahnern mitunter ganz schön die Haare zu Berge, aber das machte alles nichts: Liliput Austria hatte bei den Fans einen Stein im Brett.

Das änderte sich aber schon, bevor die Marke strauchelte. Werksseitig wurden – wohl aus Finanznöten – immer höhere Auflagen neuer Modelle mit Gewalt in den Markt gedrückt und einige Varianten dann relativ schnell gleich ab Werk verschleudert, mitunter als angebliche 1B-Ware getarnt. Wer damals Liliput sammelte und sich noch daran erinnern kann, für eine neue Bügelfalten-E 10 so um die 260 DM hingeblättert zu haben, dem verging das Lachen schon ein paar Monate später, als diverse Versender die ersten Rheingold-Varianten für 119 DM aufdringlich in Anzeigenaktionen anboten – und deren Vorrat schien schier unerschöpflich zu sein. Folglich knirschte es auch zunehmend im Sammlermarkt und das Preisniveau dieser einstmals so geschätzte Marke kam heftig ins Rutschen.

Viele Händler wissen noch heute, wieviel Geld sie damals kaputtgemacht haben und konnten sich mit den nächsten Liliput-Eigentümern schon gar nicht mehr so richtig anfreunden. Für dieses Buch haben wir einen Experten angeseilt, der die Marke schon in den 80-ern exzessiv sammelte: Birger Firestone sieht den Niedergang vom Liliput-Image so:

„Als nach dem Exitus von Liliput Austria der Markenname vom deutschen Modellautoproduzenten Herpa gekauft wurde, setze es noch mal einen Schlag für den Sammlermarkt. Die Miniautobauer aus Dietenhofen sahen offenbar sehr schnell ein, dass zwischen einem 1:87-Plastik-Ferrari Testarossa und einer HO-Dampflok ein Unterschied wie Tag und Nacht ist. So schnell wie möglich entschlossen sie sich, die zugekaufte Last wieder loszuwerden. Mit Bachmann, die 1993 ihren ersten Liliput-Deutschland-Katalog herausbrachten, war dann in kürzester Zeit der Markenname nun schon beim dritten Eigentümer gelandet."

Das Problem für den Sammlermarkt ist aber bis zum heutigen Tage ein ganz anderes. In jedem neuen Liliput-Hauptkatalog ist zu lesen:

Liliput bis 1992: Ersatzteile für Fahrzeuge aus alter österreichischer Fertigung sind von Bachmann Industries nicht erhältlich. In Kleinanzeigen von Modellbahn-Fachzeitschriften werden diese Teile oftmals angeboten. Wenden Sie sich bei Bedarf bitte an diejenigen Inserenten.

Da haben Sie es schwarz auf weiß: Außer der Übernahme diverser Altformen hat Liliput (neu) mit Liliput (alt) nicht mehr viel zu tun.

Liliput-Sammler Birger Firestone glaubt denn auch, dass das obige Eingeständnis der Nicht-Lieferfähigkeit für Altteile verheerende Auswirkungen auf den Sammlerwert von Liliput allgemein hat:

4

FO
BF 271
2

„Mit so einer Lok kannst du heute nicht mehr fahren, denn kracht da irgendwas zusammen, kommt es einem Lotteriespiel gleich, ob man bei der Suche nach Ersatzteilen überhaupt fündig wird. Für den Betriebsbahner, der damals teuer eine Liliput-Dampflok erstanden hat, heißt das: Für ihn hat so eine Maschine einen Restwert von null, denn auf der Anlage einsetzen wird er sie bestimmt nicht mehr, da ihm ansonsten die Muffe 1 zu 1000 sausen wird, dass bitte auf keinen Fall irgendwas kaputtgehen möge."

Diese psychologische Komponente schlägt freilich vollends auf den Sammlermarkt durch – unterstützt auch noch durch die erfolgreichen Bemühungen von Bachmann, viele der alten Modelle nach ein paar Jahren doch erfolgreich überarbeitet zu haben und diese dann – verglichen mit Liliput Austria – als verbesserte Produkte zu niedrigeren Preisen erneut anzubieten. Zwar gibt es unverbesserliche Fans, die den Leuten glaubhaft machen wollen, dass Liliput Austria-Ware immer noch total gesucht sei und am Markt horrende Preise erziele. Das ändert aber nichts daran, dass Sie die „Unbelehrbaren", die auch heute noch 700–800 DM für eine österreichische Liliput-Dampflok bezahlen würden, aus einleuchtenden Gründen wie eine Stecknadel im Heuhafen suchen können.

Birger hat sich deshalb als „wahren Markttest" auch um die Handvoll Dauerinserenten bemüht, die in den Fachmagazinen unaufhörlich mit Liliput (alt) in Erscheinung treten. Seine Beobachtung:

■ „Fordern Sie von denen die Listen im Abstand von einem Jahr an, dann ist es schon peinlich, wie wenig von den alten Modellen zu Mondpreisen überhaupt weggebracht wurden. Kann man an einer Hand abzählen.

■ Da helfen auch keine innovativen Ideen, um an neue Käufer zu kommen. Einer von diesen Spaßvögeln ist, nachdem ihn so langsam jeder in der Branche kennt, inzwischen dazu übergegangen, sogar unter einem neuen Namen zu inserieren, um mehr Listenanforderungen zu kassieren. Die Strategie dürfte aber wenig aufgehen, wenn man schon an der immer noch identischen Adresse sehen kann, wer eigentlich dahinter steckt.

■ Mein Tipp deshalb an diesen Herrn: Schlachte deine Mühlen aus und verkloppe die Ersatzteile teuer. Dann gibt's zumindest noch ein bisschen Geld, bevor überhaupt niemand mehr die alten Dinger haben will!"

Kommen wir zurück auf den Sammlerwert von Liliput-Bachmann. Gewiss ist der neue Eigentümer wieder auf dem besten Weg, die Altlasten, für die er überhaupt nichts kann, zu überwinden und Liliput imagemäßig wieder auf einen höheres Niveau zu hieven. Bis aber in Fachkreisen der Markenname wieder als wirklich „First Class" unter den Sammlern gilt, dürfte noch etwas Zeit vergehen. Die Zeit können Sie übrigens nutzen, um sich mit den überarbeiteten Wagen von Liliput als Betriebsbahner einzudecken, denn da bekommen Sie im Normalfall gute Produkte für einen doch recht günstigen Preis.

Börsenprofi Professor Sub-Zero steuert ergänzend bei:

„Die Händler bei uns in der Gegend rennen größtenteils eh mit Scheuklappen vorm Gesicht durch ihre Ladenbuden. Liliput? Haben die doch gar nicht nötig zu führen. Ich kenn' aber einen, der macht damit gute Umsätze, und wenn ich die Sachen mit auf die nächste Börse nehme, dann reißen sich die Fans drum. Da muss ich nicht mal Dumpingpreise machen. Die Hauptsache ist, dass die Artikel zum normalgünstigen Preis überhaupt mal irgendwo angeguckt und dann auch gleich mitgenommen werden können. Die Ex-Sammlermarke ist somit eher zu einem Geheimtipp gut informierter Fans geworden."

Mitunter dauert es verdammt lange, bis ein überarbeitetes oder überhaupt neu angekündigtes Modell denn auch wirklich erscheint. Der Freak, der weiter vorn über die Vorlaufzeit von Piko Dampf abgelassen hat, hätte seine höchste Freude an vielen Liliput-Neuheiten, wenn es denn eh keine sind, die man klammheimlich schon wieder aus einem der nächsten Kataloge getilgt hat, bevor sie überhaupt erschienen sind.

Birger hat für uns als charakteristisches Beispiel einen Wagen herausgesucht, den wir uns einmal etwas näher ansehen wollen und an dem gut nachzuvollziehen ist, wie „die Bachmänner" den deutschsprachigen Sammlermarkt offenbar einschätzen.

Wir schreiben das Jahr 1996. Liliput kündigt als Neuheit bzw. als Formenüberarbeitung drei Varianten eines „österreichischen Liegewagens" an. Der erste – ein sog. „K-Wagen" – ist im Katalog überhaupt nicht abgebildet, Wagen 2 und 3 präsentiert man dafür mit dem selben Vorbildfoto und gibt im Text an, dass sich die Modelle nur durch die Wagennummer unterscheiden werden. Dafür soll Wagen Nr. 2 laut Katalog nur in Österreich als Landessonderserie erhältlich sein.

Die Posse geht im Jahr 1997 weiter. Modelle gibt's nicht zu kaufen, und wie ein K-Wagen aussieht, das erfahren wir im Hauptkatalog jenes Jahres auch nicht. Dafür gibt's bei den anderen beiden Liegewagen, die ein Jahr vorher noch durch zweimal das selbe Foto eindrucksvoll dokumentiert wurden, eine interessante Neuerung: Der Wagen ist nur noch einmal abgebildet, sonst aber bleibt alles beim Alten.

Wir schreiben das Jahr 1998 und dürfen uns den nächsten Katalog kaufen, aber weiterhin keine Wagen. Der K-Wagen – was immer das auch sein mag, denn ein Foto hat man immer noch nicht aufgetrieben – soll laut Katalog nun 1999 herauskommen. Dafür hat sich bei den anderen beiden Liegewagen einiges geändert: Variante Nr. 2 soll nun doch im Europrogramm erscheinen und nicht nur in Österreich. Irgendwie dürfte er dann wohl sogar noch anders aussehen und nicht nur eine reine Nummernvariante sein. Denn bei dem Wagen steht nun dabei: „Dunkelblaue Lackierung". Das ist schön zu lesen, denn ein Foto gibt's dazu freilich nicht, so dass man vergleichen könnte, wo denn da nun der Unterschied zu dem immer noch hochaktuellen Vorbildfoto für Variante Nr. 1 sein könnte.

Es geht ins Jahr 1999. Unser Händler hat die Nase von der Marke inzwischen, wie man so schön sagt, gestrichen voll (offizielle Formulierung: „Führen wir gern auf Vorbestellung"). Netterweise verkauft er uns aber noch einen neuen Liliput-Katalog. Das ist nun der vierte seit der Ankündigung der österreichischen Liegewagen, aber es gibt nichts Neues zu vermelden. Ein Vorbildfoto für alles – und der Rest steht in den Sternen.

Wir schreiben das Jahr 2000 – und als der neue Katalog erscheint, liefert man zeitgleich auch tatsächlich die Wagen aus. Im Jahr Nr. 5 nach der Erstankündigung ist's jetzt ganz deutlich zu sehen: Die drei Wagen sind zwei verschiedene Wagentypen – nämlich einmal tatsächlich ein eher unbekannter K-Wagen und zweimal in unterschiedlichen Lackierungen sog. Bcmz-Wagen aus Österreich.

Lassen wir einmal die in Österreich angesehene Vorbild- und Modellzeitschrift „Schienenverkehr aktuell" zu Worte kommen. Hier schreiben die Experten im April-Heft des Jahres 2000 Folgendes zum Liliput K-Wagen:

„Das von Liliput nunmehr wieder aufgelegte Modell wurde überarbeitet und unterscheidet sich gegenüber dem ursprünglichen Liliput-Modell in einigen Punkten wesentlich – leider nicht nur positiv. (...) Der neu gestaltete Fahrzeugboden ist zwar etwas besser detailliert, weist aber gegenüber dem Vorbild noch immer wesentliche Abweichungen auf. Die nun vorhandene Kurzkupplungskinematik (...) ist (...) zu kurz ausgeführt. (...) Daß die werksseitig montierte Hakenkupplung überhaupt kuppelt, ist nur der Flexibilität des Materials der Kupplungsdeichsel zuzuschreiben, ... Sowohl der (Kurz-) Kupplungskopf von Fleischmann als auch der von Märklin können ohne Modifikationen ... nicht verwendet werden."

Wie war doch gleich der Slogan? „Liliput. First Class by Bachmann." Liliput-Freund Birger Firestone drückt es so aus:

„Der Sammler, der heute Liliput kauft, sollte nicht unbedingt darauf pokern, dass diese Produkte auf dem Second-Hand-Markt kräftig im Wert steigen werden. Aber es ist ja noch nicht aller Tage Abend. Ich würde das positiv so ausdrücken: Die Bachmänner haben bisher noch nicht alle Möglichkeiten von Sortiments- und Produktverbesserungen angegangen."

Lima, Rivarossi, Jouef und Arnold

Wer jetzt denkt: „Potzblitz, was ist denn das für eine Sammelrubrik?", der hat noch nicht mitbekommen, dass die Fusionswelle auch den Modellbahnsektor erfasste und der Kampf ums Überleben härter geworden ist. Alle vier Firmen gehören nämlich zum Beginn des Jahres 2000 zur gleichen italienischen Gruppe, die folglich mit einer breiten Palette in den Spurweiten HO und N auftrumpfen kann.

Das hier ist vorab die Meinung von Berts Kumpels zu den Produkten aus Vicenza, Como und Co.:

- *Ich weiß noch: Vor ein paar Jahren, da stürmte so ein Greenhorn neu in unserem Club herein und tönte: „Schaut mal her, 'ne ganz neue Lima-Lok. Das Schnäppchen hat Händler Harry zum halben Preis rausgehauen. Superdetailliert und so leise wie Roco. Und noch mehr Zurüstbeutel drin. Aber beim Harry nur halb so teuer!" Meine Herren, da ham wir die Karre kurz über die Anlage geheizt. Nach fünf Minuten, da kam der Lok das große Zittern und dann der Exitus!*
- *Gerade wer sich für ausländische Modelle und Bahnen interessiert, kommt an Lima nicht vorbei. Da gibt's die größte Auswahl – und die Jungs machen auch wenigstens massig was neu. Oder meint ihr, Roco hätte jemals Bock gehabt, für so ein kleines Land wie Österreich 'ne 2043, 2050, 2067 usw. zu machen?*
- *Vor etwa zehn Jahren hab ich für so 'ne italienische Rivarossi-Doppellok 'n' neuen Faltenbalg gebraucht. Das Gummi-Ding war einfach porös geworden und durchgekracht. Ich machte dem Importeur irre Druck – und nach einem Jahr kam dann endlich mal was. Das angelieferte Kunststoff-Teil passte aber wirklich null und*

DB
112 504-6

gehörte sicher zu 'ner völlig anderen Lok. Das reicht mir für immer!

■ *Vielleicht habt ihr es vergessen, dass Lima solche Supermodelle wie eine E 10-Vorserie, den VT 08 oder die maßstäblichen Rheingold-Wagen im Programm hat? Da hat sich sonst keiner rangewagt – und das Resultat ist gut.*

■ *Die Profis aus Vicenza machen wenigstens eine angefangene Sache richtig und kassieren nicht nur halbherzig Kohle ab mit 'nem minimalen Entwicklungsaufwand. Unverkürzte 1:87-Wagen ausländischer Verwaltungen – ein Thema auch für euch? Und während die Salzburger quer durch alle Länder 'n 1.- und 'n 2.-Klasse-Eurofima durchnudeln, da gibt's bei Lima vorbildgerechte ganze Züge.*

■ *Hatte mal 'ne 103 Vorserie von Lima. Super gemacht. Fuhr auch gut. Päng! Nach drei Stunden machte 'n Birnchen schlapp. Klar, das kann passieren. Aber wie krieg' ich die Haube ab? Da müssen irgendwo die Rasten sein, aber die saßen so verdammt stramm, ich dacht', gleich kracht's im Karton, aber gewaltig. Da sagt mir Strunz Conti grinsend: „Setz am besten vier kleine Schraubenzieher gleichzeitig von allen Seiten an. Und mit deiner fünften Hand ziehst du dann das Gehäuse vorsichtig nach oben ab. Viel Spaß dabei!"*

■ *Die unbelehrbaren Freaks können gern rumjammern und den Ade-Silberlingen nachweinen. Ich mein', die von Lima, die geben einen guten optischen Gesamteindruck ab. Und es gibt sie kompromisslos in wirklich allen Farbvarianten und Epochen. Von so einer Sortimentspolitik können sich andere eine Scheibe abschneiden.*

Und noch einmal: Total unterschiedliche Meinungen über die Produkte der sog. „Lima-Gruppe" sind angesagt. Auch für dieses Kapitel bemühten wir uns wieder einen Experten zu finden, der das Fabrikat schon seit zwei Jahrzehnten am Markt kennt. Vom Angebot unseres Manns aus der Szene, Professor Sub-Zero, dieses italienische Modellbahn-Fabrikat unvoreingenommen zu kommentieren, mussten wir gleich Abstand nehmen, nachdem die Analyse schon mit Aussagen begann wie: „Bella Italia! Was Lima in 1:87, das ist Fiat in 1:1 – Fiat = Fehler in allen Teilen!"

„Unser Mann fürs Südländische" ist H0-Fan Eros Semperit, der Lima seit 1990 mit System sammelt, als vom damaligen Importeur ernsthafte Bemühungen feststellbar waren, das Image der Kinderspielmarke zur sogenannten „Lima Nova-Qualität" weiterzuentwickeln. Damals war guter Wille im Spiel – und z. B. Dieselloks, wie eine deutsche 236 oder 270, waren Modelle, auf die die Fans schon seit Jahren gewartet hatten. Dass diese Nachbildungen dann aber quasi als Halbfertigbausätze geliefert wurden, da die Unsitte der prallen Zurüstbeutel noch das damalige Roco-Niveau in den Schatten stellte, hatten sich viele Fans allerdings offenbar anders gewünscht.

Ähnlich wie bei Piko, worüber weiter vorn zu lesen war, hat Lima bei Unverbesserlichen, die eh alles besser wissen wollen, bis zum heutigen Tag damit zu kämpfen, dass man sich noch an die alte „Billigzeit" erinnert, wo das Fabrikat allerhöchstens für Spielbahner geeignet war. Dass sich also die Profis aus Italien – was Formenbau, Detailreichtum oder Bedruckungsqualität angeht – inzwischen durchaus mit dem Salzburger Hersteller Roco messen können, nehmen zwar viele Fans zur Kenntnis – ohne aber akzeptieren zu wollen, dass man inzwischen auch beim Preisniveau des Wettbewerbers angekommen ist oder es gar noch überholt hat.

Da die Nutzung der Formen inzwischen firmenübergreifend erfolgt, so dass man Lima-Formen auch im Rivarossi-Programm findet (und die H0-Entwicklungen in der N-Spur unter Arnold erscheinen), das sei nur der Vollständigkeit halber ebenso erwähnt wie die Tatsache, dass auch die Marke Jouef im französischen Champagnole von diesem „freien Austausch" profitiert. Was also grundsätzlich für Lima gilt, das gilt auch für die verwandten Fabrikate.

Die Grundsatzfrage ist erst einmal, ob Lima & Co überhaupt gesammelt wird – und die Antwort lautet: „Jein". Denn: Den schon skizzierten Ruf aus alten Zeiten hat man zumindest im wertkonservativen Deutschland noch immer nicht ganz ablegen können – und in Österreich hat Roco einen „Heimspiel-Vorteil". Andererseits ist das Programm, was beispielsweise italienische, österreichische oder gar nordische Modelle angeht, so vielfältig und interessant, dass Freunde von Rollmaterial jener Länder kaum an Lima vorbeikommen.

Zielgruppe sind also – neben Sammlern für bestimmte Spezialgebiete – vor allem die Betriebsbahner, die sich bestimmten Epochen und Ländern verschrieben haben und vorurteilsfrei die heutige Qualität der Marke richtig einschätzen. Diese Fans sind durchaus bereit, für Lima-Modelle auch einen angemessenen Preis zu bezahlen, doch muss jedem klar sein, dass man bei einer späteren Verkaufsabsicht kaum den normalen Ladenpreis eines Artikels wiederbekommen wird, sofern man nicht aufwändig nach einem Nischensammler sucht, der sich exakt für das Produkt interessiert, das man selbst gerade abzugeben hat.

Das Image schlägt bekanntlich voll auf den Sammlermarkt durch – und zwischen den „Lima Nova"-Anfängen und dem heutigen Standard ist immerhin mehr als ein ganzes Jahrzehnt vergangen. Unser Experte Eros Semperit wird deshalb der Frage nachgehen, wieso der Markenname bis heute in breiten Hobbykreisen immer noch wenig im Image geliftet dasteht.

Nach der Marktbeobachtung von Eros ist es einmal so, dass fast alle für den deutschen Markt entwickelten Formenneuheiten nach einiger Zeit irgendwie in Ramschaktionen oder kombinierten Paketpreis-Aktionen gelandet sind. Wer sich also eine Vorserien-E 10 oder einen Eurosprinter zum regulären Ladenpreis angeschafft hat, musste einige Jahre später mit Schrecken sehen, wie es zu unübersehbaren Preisrutsch-Kampagnen für diese Artikel kam.

Für den eh erst im Aufbau begriffenen Sammlermarkt dieser Marke ist das eine mittlere Katastrophe – und psychologisch bedeutet es nichts anderes, als dass sich in den Köpfen der Hobbybahner das immer noch nicht ausgerottete Vorurteil wieder neu festsetzt, was da lautet: Lima ist heutzutage einfach zu teuer für das, was geboten wird. Deshalb kracht logischerweise der Preis nach ein paar Jahren rapide in den Keller.

Dabei lag es oft gewiss nicht an der Qualität der Modelle, sondern an den Quantitäten einer Baureihe, die die Importeure des Landes beim Werk orderten (oder ordern mussten?), damit sich die Produktion der Formenneuheit überhaupt rechnet. Und auch in den Nachbarländern sah es mitunter nicht besser aus.

So hat Lima Österreich eine fast unüberschaubare Variantenzahl der Ellok-Reihen 1042/1142 aufgelegt. Wenn aber eine Variante die nächste jagt, dann ist es unausbleiblich, dass von irgendwas auch mal zuviel produziert wird, und das landet dann zum Beispiel im Haus-raus-Ausverkauf bei einem der großen Spezialversender des Landes. Da der seine in der Händlerbranche gefürchteten „gelben Listen" aber einer nicht gänzlich unbekannten Fachzeitschrift beiliegt, weiß so jeder Freak sofort flächendeckend, was mal wieder als Superangebot des Monats zum Verramschen ansteht.

Gibt's aber auch nur eine Lokvariante zum Hammerhartpreis, dann hat nach gewohnter Manier danach niemand Lust, die nächste Variantenneuheit zum normalen Ladenpreis zu erstehen. Was dann zwangsläufig passiert, wenn ein Preis allgemein als zu hoch eingestuft wird, das kennen wir schon von anderen Marken, die in den letzten Kapiteln diskutiert wurden.

Das ist aber noch lange nicht alles, was es zu beklagen gibt. Die Vertriebspolitik des Stammhauses und die komplizierte Zuordnung der Artikel auf die verschiedensten nationalen Importeure scheint bei Lima offenbar ein logistisches Problem zu sein. Oder anders gesagt: Wer heute eine Neuheit bestellt, darf sich nicht automatisch darauf verlassen, diese in den nächsten Monaten auch wirklich zu erhalten.

Bevor wir aber dazu kommen: Zum ersten allgemeinen megaschlechten Eindruck trägt erst einmal das Prospektmaterial des Herstellers selbst bei, das schon seit Jahren beispiellos verbesserungswürdig ist. Das beginnt – immer wieder neu und immer wieder ärgerlich – bereits damit, dass ein nicht gerade unübersehbarer Teil der angekündigten Neuheiten nur mit mehr oder minder gut belichteten Vorbildfotos dokumentiert wird. Wann die Produkte denn später mal erscheinen sollen, darüber gibt es oft keine besonders treffsicheren Auskünfte von Seiten der Landesimporteure.

Auch die Begleittexte in den Lima-Katalogen lassen des öfteren durchaus arg zu wünschen übrig. Damit aber noch nicht genug. Ganz klasse wird's, wenn Texte und Bilder nun überhaupt nicht mehr zusammenpassen und Händler sowie Endkunden gemeinsam darüber rätseln können, was denn mit einer angekündigten Neuheit denn wohl nun wirklich gemeint sein könnte. Solche Klopfer wagen sich nicht viele Hersteller, so dass man am Ende oft genug wirklich positiv überrascht sein muss, dass überhaupt etwas Vorbildgetreues bei der Auslieferung eines neuen Produktes dabei herausgekommen ist.

Dazu hat Eros ein Beispiel aus dem 2000er Neuheitenprospekt herausgesucht, bei dem nicht nur ihm die Haare zu Berge stehen. Bei den am Markt gut eingeführten deutschen „Silberlingen" wird eine neue Packung mit einem Steuerwagen und einem 2.-Klasse-Wagen angeboten, zu der keine Ergänzungen (z. B. ein AB-Wagen) avisiert sind. Und so funktioniert das Puzzlespiel bei Lima:

■ Im Begleittext ist zu lesen, dass es sich hier um zwei Wagen in der Farbgebung „beige-türkis" handelt.

■ Wer nicht gerade farbenblind ist, dem dürfte schon mal auf den Magen schlagen, dass die Abbildungen hingegen Fahrzeuge in der neueren Lackierungsvariante grün-grau zeigen. Mit „t/b" hat das schon mal rein gar nichts mehr zu tun.

■ Das abgebildete Muster des Steuerwagens übertrifft alles, denn auf dem Längsträger gibt's ein klassisches DB-Logo und auf der Stirnseite einen DB AG-Magerkeks.

■ Und damit auch überhaupt nichts mehr nachvollziehbar ist, führt der Prospekt in einem Vorschalttext zu den Silberlingen aus: „Neben den bereits produzierten grünen Varianten gab es auch beige-blaue Versionen."

So, da haben wir es nun: Die Wagen sind also entweder türkis-beige, und wenn das nicht, dann halt grün-grau oder beige-blau. Das dürfte erst mal reichen, damit Sie eine Lotteriebestellung bei Ihrem Händler aufgeben können. Eros gehört allerdings zu den Fans dieser Marke, die über Durchhaltevermögen verfügen und die solche Prospektangaben nun lange noch nicht an den Rand der Verzweiflung bringen. Außerdem sammelt er Silberlinge und will natürlich keine Variante verpassen. Die Frage ist nur noch: Wie wird diese Variante denn wohl aussehen – und wie ordere ich deshalb eine realistische Zuggarnitur?
Eros löchert deshalb seinen Händler Teddy Kléber, der eh fünf laufende Meter Vorbildliteratur über Personenwagen bei sich unterm Dach gelagert hat und auch diverse Lima-Leute im In- und Ausland kennt.

Teddy gelangt deshalb nach einigen logischen Denkkombinationen zu folgendem Ergebnis:

■ Es macht wenig Sinn, diese Wagen schon wieder in „t/b" oder grün-grau auszuliefern und dann nicht einmal einen Wagen der kombinierten ersten und zweiten Klasse neu aufzulegen.

■ Im Vorbild gibt es noch eine Farbvariante der Epoche IV, die Lima bisher noch nicht gemacht hat. Das ist die sog. Karlsruher Versuchslackierung. Die Fahrzeuge wurden damals in azurblau-beige gespritzt.

■ Von dieser Variante gab es nach Teddys Recherche nur zwei Einzelstücke, nämlich je einen Steuerwagen und einen Wagen der 2. Klasse.

■ Das würde ja geradezu wie die Faust aufs Auge bei diesem Neuheitenset passen, denn dann stimmt sogar noch der Vorschalttext und die Wagen sind tatsächlich „beige-blau".

■ Und da Eros sich davon keine ganze realistische Garnitur zusammenstellen kann, reicht es völlig, wenn er bei Teddy dieses Set exakt einmal vorbestellt.

Damit scheint das Rätsel entschlüsselt – und so sahen es auch einige andere Versandhändler, die in ihren Vorbestelllisten dasselbe annahmen. Eros kann also mit sehr geringem Restrisiko ordern.
Zurück zu dem schon angeschnittenen Thema. Etwas kommt neu heraus. Aber das muss noch lange nicht heißen, dass Sie als Lima-Fan diesen Artikel dann auch wirklich sofort und prompt bekommen können. Folgende Erfahrungen machte Eros:

„Vor ein paar Jahren bestellte ich mir bei meinem Händler Teddy Kléber einen kompletten 8-teiligen stilechten SNCF-Corail-Zug. Nach einem halben Jahr kassierte ich auch Wagen, nur der größte Batzen – nämlich die der zweiten Klasse – kamen nicht mit.
Ein Jahr später hieß es unter vorgehaltener Hand, die Auflage sei längst ausverkauft, jetzt käme die nächste Variante – und es stehe in den Sternen, wann und ob die klassischen Versionen noch mal aufgelegt würden.
Ich machte Teddy übel Druck, ob er meine Wagen verschlampt oder gar nicht bestellt hätte, denn was soll ich mit einem Zug ohne 2. Klasse-Wagen? Der gab meinen Ärger an den Importeur weiter und kassierte offenbar die Antwort, von den Dingern seien fast keine in Deutschland angekommen, so dass die Auflage wohl bevorzugt im Hauptland Frankreich gelandet sei. Drei Wagen habe ich dann nach extremen Recherchen ein Jahr später über einen französischen Händler gekriegt. Der Preis betrug mit Versand um die 100 Mark das Stück – und den letzten fehlenden brachte mir ein Kumpel aus einem Urlaub im italienischen Como mit, wo das Wägelchen in einem Laden rumstand.
Was nützt mir ein Angebot, welches nur auf dem Papier steht? Seitdem bestelle ich Lima Auslands-Ware nur noch über einen ausländischen Händler, der direkt in Italien bestellen kann. Jetzt klappt's immer. Aber das kann ja wohl nicht normal sein, oder?"

Die Sache mit den Ersatzteilen ist die nächste Geschichte. Es kann mitunter zu einer sportlichen Disziplin ausarten, bestimmte Teile zu bekommen. Es besteht also, wie man so schön sagt, durchaus noch ein Potenzial für Verbesserungen in den Bereichen von Service, Vertrieb und Logistik.

Eros gibt für diejenigen, die auch nicht auf die interessanten und gut detaillierten Lima-Wagen aus-

ländischer Bahnverwaltungen verzichten wollen, die folgende Durchhalteparole aus, die er sich offenbar bei Enrico abgeguckt hat:
„Wenn man sich's leisten kann, dann empfehle ich Folgendes: Bestellt von einer Garnitur immer einen Wagen mehr, als ihr wirklich braucht. Den kann man dann im Extremfall als ET-Spender auseinandernehmen, bevor mal irgendwann die benötigten Ersatzteile eintrudeln. Sind sie dann da, wird das Wägelchen wieder vervollständigt und auf dem Second-Hand-Markt angeboten. Da ist man dann immer auf der sicheren Seite."
Hat man da noch Worte …?

Andere Fabrikate

Die Auswahl der hier analysierten Firmen spiegelt die Marktlage der Fabrikate wieder, die im deutschsprachigen Raum gut vertreten sind. Das soll keineswegs heißen, dass andere – oder kleinere – Hersteller schlechtere Modelle bauen. Ganz im Gegenteil: Über das Geheimtipp-Fabrikat Electrotren habe ich mich schon an anderer Stelle in diesem Buch ausgelassen.
Und wer sich für Güterwagen interessiert, der kommt zum Beispiel an den superdetaillierten Produkten der österreichischen Firma Klein Modellbahn (nein: Die ist echt nicht identisch mit dem Spielbahner-Fabrikat Kleinbahn!) nicht vorbei. Die Frage ist dabei jedoch immer, wie die Präsenz solcher Firmen am Markt ist. So ist es also durchaus möglich, dass Produkte solcher Anbieter mit einem super Preis-Leistungs-Verhältnis Ihre eigene Sammlung oder Ihren Anlagenbetrieb bereichern. Das ist die eine Seite. Die andere ist, wie die Sache aussieht, wenn Sie später einmal solche Produkte – unabhängig von deren Qualität – wieder veräußern wollen.

Da der Kreis der Liebhaber von Modellen solcher Hersteller natürlich klein ist, braucht man mehr Geduld, um diese Artikel überhaupt wieder loszubringen (wenn man es denn wirklich jemals wieder möchte). Dabei hat sich gezeigt:

Modelle kleinerer Firmen verkaufen sich auf dem Second-Hand-Markt nicht über den Preis!

Wer also bei sich aussortierte Electrotren- oder Klein-Güterwagen nicht sofort wieder verkauft bekommt, der sollte nicht den Fehler begehen, die noch mal um 50 % im Preis runterzuzeichen. Denn damit leistet er nur dem ungestützten Gefühl der unwissenden Fans Vorschub, die da denken werden: *„Was ist denn das für 'n Billigfabrikat? Das kann ja wohl nichts sein!"*

Frei nach dem Motto: „Was der Bauer nicht kennt, das frisst er nicht!" nützt es also wenig, Hobbyfreunde mit Unterwasserangeboten zu Modellkäufen von Firmen verleiten zu wollen, die ihnen fremd sind.
Auch zum halben Preis werden Sie deshalb solche Artikel nicht verhökert bekommen. Das Einzige, was letzten Endes passieren wird, ist, dass sie Fans auf den Plan rufen, die solche Fabrikate durchaus schätzen können und dann zuschlagen.
Oder anders ausgedrückt: Sie haben den gut informierten Hobbybahnern solche Produkte geradezu nachgeworfen – und im Übrigen zur Wertstabilität und zum Imageaufbau der betreffenden Marken aber auch gar nichts beigetragen.

280 004-3

Lektion 7
Wo kaufe ich für mein Hobby ein?

Der kompetente Fachhändler von nebenan: Gibt's den überhaupt noch?

Eines liegt nahe, wenn man an Modellbahnen denkt: das Modellbahnfachgeschäft. Am besten am selben Ort oder zumindest nicht gar zu weit weg. In unserem zweiten Kapitel in diesem Buch haben Sie schon einiges über die werte Händlerschaft erfahren – und der dort abgedruckte „Händler-Schnelltest" kann Ihnen dabei helfen herauszufinden, ob der ausgewählte Händler eher „Top" oder eher „Flop" ist.

Schwierig wird's, wenn der heutzutage gar nicht so seltene Fall eintritt, dass es überhaupt keinen Fachhändler mehr in Ihrer unmittelbaren Nähe gibt – oder nur noch einen mit einem stark eingeschränkten Sortiment. Das Fachgeschäftesterben hat im letzten Jahrzehnt bereits rapide zugenommen, und das kommt auch daher, dass der Geschäftszweig Modelleisenbahnen als kapitalintensiv gilt und – auch wenn man es auf Grund der zum Teil hohen Produktpreise gar nicht glauben mag – mitunter nur sehr geringe Gewinnspannen ermöglicht.

Das allgemeine Preisniveau liegt zudem – und dazu kommen wir noch gleich – zumindest in Deutschland dauerhaft am Boden, weil es diverse Versender gibt, die permanent Sonderpreisware in den Markt hineinschleudern, so dass der Fachhändler am Ort auch im Preis nachgeben muss, um sich, so gut es halt geht, nicht gar zu weit vom Preislevel der Billigverramscher von der „Grünen Wiese" abzuheben.

Wer aus Altersgründen nicht aufgibt und dann auch kaum noch einen Nachfolger findet, der es sich antun will, dem scheidenden Geschäftsmann einen Warenbestand von einer viertel Million Euro abzukaufen, der versucht sein Heil mitunter mit einer Mixpreisstrategie, indem er beispielsweise in seinem Laden auch andere Produktgruppen führt, von denen sich besser leben lässt als vom Verkauf von Rollmaterial für Modellbahnen.

Der eine handelt mit Pötten und Pfannen, andere haben eine Lottoannahme und ein Schreibwarengeschäft integriert – und der dritte hat vielleicht den Fotoservice für eine überregional tätige Fotoladenkette dazugenommen. Das alles ist nicht verwerflich, sondern eine logische Folge des starken Konkurrenzdrucks bei gleichzeitig stark dezimierten Ertragsaussichten.

Der Fachhändler hat's also schwer, denn man erwartet von ihm alles: Er soll super sortiert sein (und muss folglich viel Kapital binden), damit man sich auch alles angucken kann, er soll einen prima Service bieten – und am besten auch noch so günstig sein wie ein Versandgeschäft, das im Unterwasserpreisbereich agiert. Man muss kein Hellseher sein, um zu erkennen: Das klappt nicht. Aber man kann als Händler versuchen, in allen Disziplinen gut und in einigen sehr gut zu sein. Für Sie als Neu- oder Wiedereinsteiger ins Hobby wäre es erst einmal gar nicht schlecht, wenn Sie tatsächlich ein Fachgeschäft finden, mit dem Sie auf Dauer zufrieden sind, denn gerade am Anfang ist es nicht verkehrt, einen Fachmann öfter gratis um Rat fragen zu können. Die Kataloge der Hersteller sind bunt und schön, und ein Versender schickt Ihnen natürlich gern alles zu, aber dann müssen Sie meistens selbst damit fertig werden. Bei komplizierten Artikeln wie Digitalprodukten ist es aber fast unmöglich, sich am Anfang allein durchzuwurschteln und vielleicht noch mal irgendwo anrufen zu dürfen, wenn man nun gar nicht mehr weiterkommt.

Leider ist es bei Modellbahnshops nicht anders als in anderen Industriezweigen auch: Es gibt gut sortierte Geschäfte (und sogar gut sortierte und gleichzeitig preisgünstige) mit Kompetenz, andere dagegen vereinen sämtliche miesen Eigenschaften auf einmal: Sie sind teuer, schlecht sortiert, bieten einen Null-Service und obendrein noch einen brummigen unmotivierten Verkäufer, dem es schon zuviel ist, wenn Sie eine Lokomotive nicht gleich kaufen, sondern zuvor doch tatsächlich erst einmal auf dem Testgleis laufen lassen wollen.

Diese Erfahrungen müssen Sie selbst machen – und die können dazu führen, dass Sie sogar gern 40 Kilometer weiter zum übernächsten Geschäft fahren, weil der eigentlch nächste Laden, zehn Kilometer entfernt, von einem launischen „Schnarchzapfen" geführt wird, der dem mutigen Motto frönt: Wir sind teuer, aber dafür sind wir auch schlecht!

Dabei ist die Größe eines Geschäftes – oder auch des Ortes, in dem sich das Geschäft befindet – nicht unbedingt immer ein Gradmesser dafür, wie gut der Laden denn wohl sein mag. Es gibt Riesengeschäfte, in denen Sie die Loks aus voluminösen Regalen – ähnlich wie an der Kühltheke im Supermarkt – gleich selbst entnehmen können, und sofort fallen von hinten wieder drei neue nach, wenn Sie die vorderste Reihe abgeräumt haben. Das Be-

Der Tipp: Erarbeiten Sie sich Ihren persönlichen Rabatt

Modellbahnartikel sind ein „Luxusgut“: Es ist schön, sie zu besitzen – aber man „braucht“ sie eigentlich nicht. Deshalb befindet sich der Händler immer in dem Dilemma, dass er einerseits gern einen ordentlichen Gewinn machen möchte, anderseits aber auch weiß, dass er mit gekonnten Tiefpreisaktionen dem Kunden etwas mehr Geld aus der Tasche ziehen kann, als dieser sich das beim Betreten des Geschäfts vielleicht so gedacht hat.

Wenn Sie zu denjenigen gehören, die gleich bei fünf Händlern Stammkunde sind und bei jedem immer nur die Artikel kaufen, die sich dort gerade im Preisverhau befinden, dann können Sie davon ausgehen, dass man Ihnen niemals bei Normalware auch nur einen müden Euro nachlassen wird – denn das Geld, das der Händler auf diese Weise „zu wenig“ von Ihnen einkassiert hat, wird er auf andere Weise versuchen, wieder hereinzuholen: Hat Ihre Lok beispielsweise mal ein paar Wehwehchen, können Sie getrost davon ausgehen, dass man Ihnen, dem Gelegenheitskunden, bei den Serviceleistungen gehörig „das Fell über die Ohren ziehen“ wird. Die Treue zu einem guten Fachhändler kann sich deshalb auf die Dauer durchaus auszahlen, auch wenn die Konkurrenz von nebenan mal bei einzelnen Artikeln um wenige Prozentpunkte günstiger ist. Als guter Stammkunde müssen Sie vielleicht für die Herstellerkataloge weniger oder gar nichts bezahlen – und mitunter investiert der Händler auch mal eine halbe Stunde unberechnete Arbeitszeit, um Ihnen eine Lok wieder zu richten, die Mucken macht. Zudem haben schon viele Fans klein angefangen und sich dann zäh nach oben hochgearbeitet. Soll heißen: Wer anfangs das „Normalpreisniveau“ des Händlers stützt, kann später einmal, nachdem er zum bekannten Stammkunden avanciert ist, als derjenige dastehen, der einen Dauerrabatt bei einigen Produktgruppen eingeräumt bekommt und nicht mehr überall die Preise bezahlen muss, die auf den Auszeichnungsetiketten aufgedruckt sind.

ratungspersonal scheint in solchen Läden ungewöhnlich häufig eine Dauerpause zu machen, denn zu erblicken sind weit und breit nur Einsortierkräfte, die aber leider bei lästigen Fragen nicht weiterhelfen können.

In ganz großen Geschäften ist der Chef unter Umständen als Einkaufsleiter und Oberverwalter des Warenwirtschaftssystems gar nicht selbst „vorn an der Front“ tätig. Und die Billighilfskräfte wissen vielleicht allerhöchstens noch, dass „Fleischmann“ keine Leberwurstsorte ist und in welchen Regalen in welcher Reihe die Produkte denn einsortiert sind, so dass Sie bitte selbst danach gucken, ob ein gewünschter Artikel auch greifbar ist. So ein Ambiente kann frustrierend sein – und ob Sie so ein „Fach“geschäft wirklich unterstützen wollen, sollten Sie sich gut überlegen.

Auch bei kleineren Städten mit einem Modellbahngeschäft am Ort kann dieses durchaus gut sortiert und aufgrund der günstigeren Ladenmiete gegenüber einem Innenstadtshop der nächsten Großstadt mitunter sogar preisgünstig sein. Bei meinen Reisen durch Deutschland erlebe ich jedes Jahr wieder solche Überraschungen. Erblicken Sie in Händler- Kleinanzeigen in den Fachmagazinen beispielsweise solche Städte wie Lilienthal, Middelsfähr oder Langenlonsheim – ich schätze, dass Sie bei mindestens zwei Orten aus diesem Trio nicht wissen, wo diese sich überhaupt befinden –, so sollten Sie diesen Geschäften, wenn sich Ihnen die Chance bietet, durchaus mal einen Besuch abstatten: Sehr oft werden Sie positiv überrascht sein!

Neben einem guten Service und einer großen Produktbreite möchten Sie natürlich – auch im Fachgeschäft – günstig einkaufen, denn ich nehme an, dass auch Sie nichts zu verschenken haben. Abgesehen davon können Sie sich natürlich in kürzerer Zeit einfach mehr fürs Hobby leisten, wenn Sie preisgünstig einkaufen. Deshalb soll jetzt einmal versucht werden, die Fachhändler in verschiedene Kategorien zu unterteilen, so dass Sie sich ein Bild davon machen können, welche Art von Händler Sie jeweils vor sich haben. Dann können Sie auch besser reagieren und Ihre Käufe so steuern, dass Sie die jeweilige Geschäftspolitik des Händlers in Ihre persönlichen Kaufplanungen mit einbeziehen.

Der Immer-teuer-Hochpreisexperte

Es gibt Leute, mit denen kommt man einfach nicht ins Geschäft. Wenn viele Händler vielleicht mal gerade mit Ach und Krach 20 Prozent auf ihre Einkaufspreise aufschlagen und hoffen, sich damit

Der Tipp: Preisvorteil über den Eisenbahnclub

Nicht jeder kauft so viel, dass er sich gleich binnen kurzer Zeit als „1a-Kunde" beim Händler profilieren kann und deshalb einen individuellen Spezialrabatt eingeräumt bekommt. Wer damit leben kann, dass andere die Ware für einen selbst heranschaffen, der ist mitunter auch in einem Modellbahnclub gut aufgehoben. Abgesehen davon, dass man seine eigenen Neuerwerbungen auf der großen Clubanlage vor stilechten Zügen fahren lassen kann, haben einige größere Clubs die Sache mit dem Rabatt beim Fachhändler schon vor Ihnen erfolgreich ausgetestet und treten deshalb als „Sammelbesteller" auf. Der Händler kann sich dann überlegen, ob er den Mitgliedern freiwillig auf Dauer etwas nachlässt (wenn sie sich fuderweise mit Bestellungen bedanken) oder ob er lieber riskieren will, dass der Händler zwei Orte weiter das Geschäft macht. Auf diese Weise profitieren Sie als Clubmitglied, der ein „Kleinbesteller" ist, von den besseren Einkaufsbedingungen, die so mancher Club ausgehandelt hat.

irgendwie über Wasser zu halten, dann nützt Ihnen das wenig, wenn Sie sich einen Händler ausgeguckt haben, der um die 50 Prozent draufhaut, aber Ihnen gnädigerweise einen zehnprozentigen Dauerrabatt für Vielkäufer einräumt, so dass Sie effektiv „nur noch" um die 20 Prozent mehr zahlen als woanders. Ob das so ist, werden Sie aufgrund von Preisvergleichen bei mehreren Händlern ja relativ rasch herausbekommen.

Gründe für ein teures Geschäft gibt es viele: Das kann die 1a-Innenstadtlage mit hohen Quadratmetermieten sein – oder einfach der Wunsch des Ladeninhabers, dass Sie ihm sein nächstes Zweifamilienhaus und seinen nächsten Luxus- Geländewagen mitfinanzieren mögen. So jemand pokert darauf, dass Leute entweder aus Bequemlichkeit oder, weil sie viel Geld übrig haben, das man als Händler gern „abschöpfen" möchte, trotzdem bei ihm kaufen, ungeachtet der hohen Preise für die Ware.

Vermutlich wird es so sein, dass auf die Dauer einfach der Preis zwischen Ihnen beiden steht und

es nie zu einer ausgiebigen Freundschaft kommen wird. Das aber sollte Ihnen, selbst wenn es der Händler von nebenan ist, wenig ausmachen. Verzichten Sie lieber darauf, auszutesten, ob Sie nicht langfristig doch viel günstigere Preise heraushandeln können. In fast allen Fällen dürften Sie sich an diesem Projekt die Zähne ausbeißen.

Der Auslaufartikel/-Verramscher

Das Angebot auf dem Markt, gerade an Rollmaterial, ist riesengroß – und ständig kommen neue Produkte und neue Farbvarianten hinzu. Wer als Händler realistisch kalkuliert, wird zu dem Schluss gelangen, dass ihm Ware, die aus dem Angebot der Hersteller fliegt, auf die Dauer in seinen Regalen keinen großen Nutzen mehr stiftet. Die Devise lautet: aus den Augen, aus dem Sinn. Und das heißt: Was der Kunde nicht mehr im Katalog sieht, das interessiert ihn bald auch nicht mehr sonderlich.

Natürlich kann man als Händler darauf pokern, dass mit der Zeit auch wieder ein paar Fans „nachwachsen“ oder sich bei anderen das Interessengebiet verlagert und sie folglich erst später merken, dass sie früher etwas verpasst haben, nach dem sie nun aufwändig suchen müssen. Nur ist es so, dass man auf diese Weise arg viel Kapital binden müsste, wollte man darauf hoffen, dass alle Auslaufartikel später vielleicht doch noch zum Normalpreis abzuverkaufen sind.

Der Händler, der die Lage also kaufmännisch vorausschauend einschätzt, durchforstet einmal im Jahr seine Regale und wird die Lagerhänger „raushauen“. Der erste Schritt der Kunden im Laden führt daher häufig zum Sonderpreisregal – und da lassen sich mitunter schöne Sachen mit einem nicht zu verachtenden Preisabschlag erstehen.

Selbstverständlich kann man sich nicht darauf verlasen, dass der Händler auf jeden Fall von allen Artikeln, die gerade auslaufen, zuviel „gebunkert“ hat, so dass sich eigentlich alles auf die Dauer günstiger erwerben lässt, wartet man nur lange genug. Aber: Es gibt durchaus viele Sachen, die man „gern hätte, aber nicht unbedingt braucht“. Gerade bei solchen Produkten könnte man die Wartezeit bis zum Auslauf einfach mal „aussitzen“ und sich dann freuen, wenn es einem gelingt, sie doch mal günstiger erstehen zu können.

Der Neuheiten-Preisbrecher

Eine andere, gar nicht mal so dumme Strategie ist die folgende: Der heutige schnelllebige Markt lebt von den Novitäten. Was schon ein Jahr auf dem Markt ist, gilt als alter Hut und wird kaum noch beachtet. Die Industrie muss deshalb pausenlos Neuheiten herausbringen, um in aller Munde zu bleiben: Diese Novitäten werden ausführlich in der Fachpresse gewürdigt und erzeugen deshalb oft ein „Muss-ich-auch-haben-Gefühl“. Hier setzt der geschickte Kaufmann an.

Der Verkaufsprofi hat unterschiedliche Kalkulationsaufschläge für Neuware und für so genannte Backlistartikel – das ist die Standardware, die sich schon länger in den Katalogen der Hersteller tummelt. Dieser Händler geht den entgegengesetzten Weg des Auslauf-Verramschers: Er lockt die Fans mit niedrigen Preisen von Neuheiten in seinen Laden, schafft dadurch viele Kaufkontakte und kann als Nebeneffekt darauf hoffen, dass auch ein paar Backlistartikel zusätzlich gekauft werden, die er freilich mit einer anderen Handelsspanne ausgezeichnet hat. Entpuppt sich Ihr Händler als so ein gewiefter Experte, ist es keine schlechte Idee, immer dann zuzuschlagen, wenn die Artikel noch neu und daher bei ihm günstig sind.

Natürlich gibt es auch Händler, die beide Strategien kombinieren: Alles Neue ist zunächst einmal günstig. Danach wird es etwas teurer, und wenn es dann wieder aus dem Programm fliegt, wird es (sofern das Lager dann noch nicht geleert ist) wiederum heruntergezeichnet. So ein Händler ist geradezu ein Glücksgriff, und so hoffe ich, dass Sie unter Schnäppchen-Gesichtspunkten langfristig so jemanden auftun werden.

Der Aktionswaren-Profi

Nicht nur die Händler haben mitunter volle Lager und leere Kassen, auch eine Stufe vorher bei den Produzenten kommt so was durchaus mal vor. Dann heißt es auch hier: „Das Zeug muss raus, aber schnell!“ In den letzten Jahren war am Markt immer häufiger die Strategie zu beobachten, dass es herstellerseits für die Händlerschaft Tiefpreisaktionen mit ausgesuchten Produkten aus Überbeständen gegeben hat. Man kann das als Nikolausaktion tarnen, oder als Freudenfest, weil man gerade eine runde Zahl an Jahren am Markt ist – oder einfach als einen netten Zug des Herstellers anpreisen, während der sich insgeheim denkt: Wenn wir mit einer Dumpingaktion dem Endverbraucher das Geld aus der Tasche ziehen, dann kann eben der sein sauer Erspartes nicht mehr für die Normalpreisprodukte der Konkurrenz ausgeben – und dann geht's meinen Mitbewerbern ganz schön dreckig, da sie auf ihrer Ware sitzen bleiben.

Dieser moralisch nicht ganz einwandfreie Gedankengang ist für den Modellbahnfan wie ein Geschenk des Himmels: Ganz urplötzlich ist bei seinem Händler mitten im Raum ein Spezialdisplay aufgebaut, das mit einer großen Menge an Loks und Wagen vollgestellt ist – und das zu Preisen, bei denen einem die Kinnlade nach unten klappt. Für den Händler ist die Sache – sofern es ihm gelingt, an solchen Herstelleraktionen teilhaben zu dürfen – auch nicht schlecht, weil die Modellbahner automatisch annehmen, der Fachhändler hätte aus eigenem Antrieb heraus seinen Kunden ein großzügiges Sonderangebot beschert, so dass es sich schon aus diesem Grund lohnt, öfter mal den Laden aufzusuchen und zu durchforsten. Dass der Händler an solchen Artikeln, prozentual gesehen, häufig noch viel mehr verdient als an der Normalware, weiß man nicht – aber man muss es eigentlich auch nicht wissen, denn so eine Aktion erfreut im Grunde genommen (fast) jeden: Den Händler, der als Wohltäter erscheint, obwohl er oft gar nichts dafür kann (und der vielleicht auf diese Weise Zusatzumsatz macht) – und den Modellbahnfreund, der im Laden endlich mal wieder etwas preisgünstig „abstauben" kann.
Das Ganze funktioniert natürlich nur, wenn es nicht zu häufig und von verschiedenen Herstellern abwechselnd solche Aktionen gibt, denn ansonsten verfeuert der Kunde auf die Dauer seinen ganzen Hobbyetat nur noch für diese Überraschungspreishämmer und hat schließlich kein Geld mehr, um sich auch noch die Normalpreisartikel zu kaufen, die er ansonsten vielleicht mitgenommen hätte. Die logische Folge: Weil diese nun flächendeckend im Regal beziehungsweise im Lager liegen bleiben, gelten auch sie irgendwann als der ultimative Verkaufsflop. Dann müssen als nächstes wiederum diese Artikel rausgeramscht werden, so dass eine Preisaktion schon fast die nächste jagt.
Ohne hier darüber im Detail nachdenken zu wollen, welche Auswirkungen solch eine Politik auf die gesamte Branche hat, sei an dieser Stelle einmal festgehalten: Der regelmäßige „Inspektionsbesuch" beim Fachhändler kann durchaus lohnenswert sein, denn wenn man gerade zum richtigen Zeitpunkt aufkreuzt, lassen sich öfter mal die Produkte aus den neuesten Preisaktionen „abziehen".

Der Versandhändler: Gut & günstig – oder etwa doch nicht?

Der moderne Versender, so heißt es, drückt die Ware preisaggressiv in den Markt und ist deshalb derjenige, der dem klassischen Fachhändler die Rosinen wegschnappt und ihn dadurch in die Pleite treibt. Ein ganz übler Finger also – so zumindest sehen es, immer wieder neu, einige Branchenfachblätter, die gern von Fachhändlern gelesen werden. So hat man auch gleichzeitig einen guten Sündenbock dafür, wenn die eigenen Umsätze zurückgehen.
Doch so einfach ist die Sache nicht. Es gibt inzwischen in unserer Republik genügend Landstriche, in denen Sie mit einem Zirkel durchaus einen Radius von 50 Kilometern und mehr auf der Landkarte einzeichnen können, und innerhalb dieser Zone befindet sich gar kein oder kein gut sortiertes Fachgeschäft mehr. Insofern ist es erst einmal grundsätzlich als ein Verdienst qualifizierter Versender anzusehen, den immer größer werdenden Kreis an Hobbyfans in der „Modellbahnwüste" bedienen zu können. Denn nicht jeder hat ganz zufällig Lust, 100 Kilometer im Auto zu verbringen, um sich überhaupt etwas kaufen zu dürfen.

Der Tipp: Fachhändler mit Versandabteilung können der Geheimtipp sein

Es gibt kleinere, eher unscheinbare Fachgeschäfte, die sind auf die Idee gekommen, dass es gar nicht mal so schlecht wäre, dann, wenn morgens um 9 Uhr niemand was im Laden kaufen will, ein paar Versandpakete zu packen und somit Zusatzumsatz zu tätigen. Solche Versender, die streng genommen gar keine sind, können für den Modellbahner, dem der Fachhandel vor Ort „abhanden gekommen" ist, von unschätzbarem Nutzen sein.
Kaufen Sie bei so einem Shop ein, in dem der Chef noch selbst bedient, lernen Sie – wenn auch nur am Telefon – durch regelmäßige Anrufe den Inhaber höchstpersönlich kennen und Sie werden auf die Dauer als guter Stammkunde genauso bedient wie bei einem klassischen Fachhändler, wenn es ihn denn in Ihrer Nähe noch gäbe.
Bei so einem Geschäft fallen vielleicht sogar des öfteren mal ein paar Schnäppchen aus Überbeständen für Sie ab, die der Händler unauffällig an Sie durchreicht und bei denen er es sich damit ersparen kann, das eigene Preisniveau im Ladengeschäft durch Preisherabzeichnungen von Einzelartikeln kaputtzumachen.

Dampflok: Ist die schwarz und hat die so einen Tender hinten dran?

Einige große Billigversender arbeiten mit Telefonistinnen auf Stundenbasis. Wenn Sie hier eine Frage haben, dann bekommen Sie ein echtes Problem. Und das geht dann so:

- Wenn Sie was bestellen wollen, geht das noch glatt über die Bühne, denn bei einer exakten Angabe wie: „Bitte 1x Roco 63635 Ellok-Baureihe 150 grün“ kann die Dame im PC schon noch nachschauen, ob der Artikel lagernd ist (vorausgesetzt, die Pflege der EDV-Daten funktioniert und der Computerbestand stimmt mit dem Lagerbestand überein).
- Ganz schön schwierig wird's aber, wenn Sie sich an folgender Testbestellung versuchen würden: „Möcht' gern 'ne Streckendiesellok in HO Gleichstrom. Baureihe 215 oder 216 oder 218. Fabrikat egal, aber sie sollte altrot sein, nicht so neumodisch: Türkis/Beige mag ich nicht, und Neurot natürlich auch nicht. Was haben Sie denn so da?“ Jetzt prophezeie ich Ihnen, dass die ungelernte Fachkraft verschärfte Probleme hat, denn woher soll sie – von den Artikelnummern mal ganz zu schweigen – auswendig wissen oder schnell herausbekommen, dass es zum Beispiel eine 215 von Roco, eine 216 von Brawa und eine 218 von Fleischmann in solchen Farben gibt? So einen Versender tun Sie sich also besser gar nicht erst an.

Es ist wahr, dass es einige Unterwasserpreis-Versender gibt, die dauerhaft Modellbahnartikel nach der Formel „mein eigener Einkaufspreis + die Mehrwertsteuer = der Verkaufspreis“ inserieren. Das heißt, es wird Ware durchgeschoben. Dabei ist durchaus die Frage erlaubt, wie so jemand von dem Null-Ertrag seine eigene Existenz bezahlt, zudem die Ware im Lager, die ganzen Raumkosten, die Anzeigen in den Fachmagazinen und dann noch den Packexperten, der alles bruchsicher auf die Reise bringen soll.
Klar, das funktioniert nicht, und alle paar Jahre erwischt es mit schöner Regelmäßigkeit so einen „Strategen“, der dann die berühmten Finger nach oben strecken muss. Sonderbar, aber wahr: Nach jedem Abgang, bei dem sich jemand mit dieser Taktik prompt in die Pleite geritten hat, steht unter Garantie wieder einer neu auf, der es mit exakt derselben Strategie versucht. Für den Fachhandel ist das in der Tat wenig erfreulich, denn solange es solche Verramscher gibt, ziehen die zumindest einen Teil des Umsatzes vom Fachhandel weg, der damit immer weniger einnimmt, aber natürlich trotzdem ein pralles Lager vorweisen soll, damit der geneigte Fan sich auch alles genau im Laden anschauen kann (um es danach womöglich noch bei einem Versand zu bestellen, der diese Ware vielleicht um fünf Prozent günstiger inseriert hat).
Bleiben wir erst einmal beim Versender, der den Fachhandel in den Regionen ersetzt, in denen dieser gar nicht mehr vertreten ist. Es gibt durchaus Versandgeschäfte, die beraten Sie telefonisch, bieten dazu einen guten Service an (Sie schicken Ihre defekte Lok einfach an den Versender) – und Ersatzteile können Sie dort auch ordern. Damit haben Sie quasi einen Versender mit Fachhandelsqualitäten. Wie man sich denken kann, hat diese Leistung selbstverständlich ihren Preis und solche Versender werden Sie nicht im Tiefstpreisniveau finden, sondern im Bereich der Kategorie „normal günstig“. Ein großer Versender kann viel am Lager haben – aber es muss nicht zwangsläufig so sein. Ein praller 300-Seiten-Katalog mit eng bedruckten Preislisten heißt nun lange noch nicht, dass diese Ware auch am Lager ist. Im dreistesten Fall ist es sogar so, dass der Versand einige Sortimente, nach denen nicht so ganz häufig gefragt wird, einfach einmal durchkalkuliert und als Preisliste abdruckt – und das war's dann schon. Der Händler hat möglicherweise überhaupt nichts am Lager und wird seinerseits erst mit einer Bestellung beim Lieferanten tätig, wenn Sie die Ware bei ihm ordern.
Ob das so ist, werden Sie rasch herausbekommen – denn es nützt Ihnen wenig, wenn Sie an einer Anlage weiterbauen wollen, und dann nach zehn Tagen auf einmal eine Meldung des Versandes im Briefkasten vorfinden, bedauerlicherweise seien alle langen flexiblen Gleise, die Sie bestellt haben, gerade herstellerseits im Rückstand. Selbstverständlich werde man Ihnen aber irgendwann später mal die bestellte Ware zukommen lassen …
Gute Versender prüfen, so wie der Fachhändler am Ort auch, Funktionsware, bevor sie abgeschickt wird. Das kostet natürlich Zeit – und damit Geld. Wer hingegen im Dumpingpreisbereich arbeitet, dem fehlt dazu logischerweise die Zeit. Das heißt, Sie als Endkunde machen die Endkontrolle, denn heutzutage kann man leider nicht mehr automa-

Der Tipp: Rückstandsverwaltung – was ist das, bitte schön?

Bedingt durch eine Professionalisierung des Hobbys und damit einhergehend der Aufteilung eines Modells in verschiedene Varianten kommen immer mehr limitierte Einmal- Sonderserien in kleiner Auflage auf den Markt, so dass sich jeder Modellbahner die für seine Epoche passende Variante heraussuchen und vorbestellen kann. Das sollte im Versandhandel so gut wie beim normalen Fachhändler funktionieren.

Zwar steht oft in den Anzeigen und den gedruckten Kundeninfos der Text dabei: „Auslieferung in der Reihenfolge des Bestelleingangs" – nur klappt das leider sehr oft nicht, da die EDVSysteme so etwas meist nicht automatisch verwalten können. Verschärft wird die Sache dadurch, dass etliche Fans limitierte Produkte grundsätzlich (warum auch immer) erst dann ordern, wenn der Bestellschluss des Handels beim Produzenten schon lange vorbei ist. Das heißt im Normalfall: Bei Auslieferung einer Lok hat der Versender mehr Bestellungen vorliegen als er Loks erhält. Was macht er nun, sofern er die Maschine nicht mehr nachordern kann? Die Wirklichkeit sieht da bedauerlicherweise oft sehr abenteuerlich aus: –

- Es geht tatsächlich nach der Reihenfolge des Bestelleingangs. Dann sind sozusagen alle Fans vor dem hohen Herrn Versender gleich, egal, ob sie bei ihm nun viel oder wenig bestellen. Das heißt: Auch der Superstammkunde, der aus Versehen zu spät orderte, kriegt nicht die Lok eines eher „unwichtigeren" Kunden abgezweigt. Seien Sie versichert, dass dies nicht sehr oft passiert. –
- Der Händler lässt den Computer entscheiden, wer eine Lok bekommt. Diese Variante ist so eine Art Lotteriespiel für Sie, da eigentlich niemand genau weiß, wer das EDV-Programm für diese Fälle wie programmiert hat und was nun wirklich passiert. –
- Es geht nach Umsatzgröße der Kunden. Wird eine Neuheit jetzt nur mengengekürzt ausgeliefert (was bei einigen unfreundlichen Herstellern durchaus öfter mal passiert), dann erhalten die beiden Modellbahnclub-Großbesteller von dem Versender das gesamte Kontingent – und Sie als „ganz normaler Fan" bekommen irgendwann später mal auf der Rückstandsliste eine Notiz abgedruckt: „Kann leider nicht mehr geliefert werden." In diesem Augenblick werden Sie die Lok dann unter Garantie auch woanders nicht mehr ganz einfach erhalten. –
- Der Computer sortiert die „Bewerber" nach Nachnamen, Ortsangaben oder nach Postleitzahlen aufsteigend. Sind Sie bei dem Versender nun als „Zero Zwießele" aus „99947 Zimmern (bei Bad Langensalza)" geführt, haben Sie leider ausgesprochen schlechte Karten bei dem Versuch, das von Ihnen vorbestellte Produkt aus einer verknappten Auflage überhaupt jemals zu erhalten.

tisch davon ausgehen, dass die Hersteller überhaupt so einen Schritt der Qualitätskontrolle in ihrer Fertigung eingeplant haben. Es gibt Produzenten, die stehen in dem Ruf, sich diese Abteilung eingespart zu haben, weil es immer noch billiger kommt, fünf von 100 Loks umzutauschen als erst mal 100 Loks vor der Auslieferung selbst zu testen. Noch schlimmer muss es dann kommen, wenn beim Versender auch kein Geld mehr für eine qualifizierte Eingangskontrolle da ist: Rasch die Schachteln in einen dünnwandigen Versandkarton geknallt, eine Lage zusammengeknülltes Packpapier drauf, mit einem Streifen Packband alles verschließen – und ab geht die Post. Wie der von Ihnen beauftragte Versender arbeitet, müssen Sie selbst austesten. Aber glauben Sie mir: Wenn Sie zweimal nacheinander so einen „Bruch" erhalten haben, dass Ihnen die Haare zu Berge stehen und Sie sich nun zeit- und kostenaufwändig mit Retouren herumschlagen müssen, dann nützt Ihnen ein eventueller Schnäppchenpreis überhaupt nichts. Wechseln Sie in diesem Fall lieber sofort den Versender! Eine beliebte Methode von gewieften Versendern soll hier auch noch gleich genannt werden: Häufig werden in den Fachmagazinen die „Highlights" unter den Neuheiten der Industrie mit niedrigen Vorbestellpreisen inseriert. Das heißt aber noch lange nicht, dass alle anderen Neuheiten (und erst recht die ganz normale Lagerware) auch zu diesen Konditionen abgegeben – und damit fast verschenkt – werden. Damit praktizieren diejenigen Versandgeschäfte das so überaus beliebte Motto aus der Politik: Mit der linken Hand gibt man ein bisschen und mit der rechten holt man es sich doppelt wieder zurück. Soll heißen: Es wird darauf ge-

93 374

Hp. TEUFELSHÖHLE
Fahrdienst

pokert, dass Sie aufgrund der inserierten Niedrigpreise auch Ihren anderen Bedarf bei dieser Quelle gleich mitbestellen, so dass die Kasse dann trotzdem noch kräftig klingelt.
Mein Tipp: Wenn Sie der ultimative Schnäppchenjäger sind, dann besorgen Sie sich am besten die prallen Versandkataloge mehrerer Versender. Auf diese Weise können Sie durch Quervergleiche herausbekommen, ob das Preisniveau linear gleich ist oder ob man versucht, Sie mit speziellen Artikeln zu ködern.

Der Kauf auf Tauschbörsen: Die Chance des großen Angebots

Die nächste Möglichkeit, um an Material für sein Hobby zu kommen, ist der Besuch so genannter Tauschbörsen, auf denen allerdings immer weniger getauscht wird. Der nette private Modellbahner, der ein einziges kleines Tischchen gemietet hat, auf dem er 20 Loks und Wagen auslegt, von denen er sich im Rahmen einer Sammlungsbereinigung trennen möchte, ist leider zunehmend eine Seltenheit.
Das Geschäft machen immer öfter Profis und Halbprofis, die meterlange Tische gebucht haben und darauf zum Teil Ware auslegen, deren Umfang das Lager vieler kleiner Fachhändler sprengen würde. Aber auch Fachhändler selbst nutzen durchaus die Möglichkeit, auf Börsen auszustellen, um auf diese Weise zum einen ein paar Neukunden zu gewinnen – und zum anderen einem größeren Publikum ihre Lagerhänger zu herabgesetzten Preisen präsentieren zu können.
Der größte Vorteil einer (gut organisierten) Börse ist das reichhaltige Angebot an Ware. So kann man, wie beim Fachhändler auch, die Produkte vor dem Erwerb begutachten und das Rollmaterial auch mal auf ein paar Schienenstücken ausprobieren, bevor man entscheidet, ob man jetzt wirklich die Geldbörse zückt oder lieber die Finger davon lässt. Ein guter Grund, Börsen zu besuchen, liegt in der Tatsache begründet, dass dort öfter Second- Hand-Händler auftreten, deren Hauptbeschäftigung darin liegt, ganze Sammlungen aufzukaufen, wenn Modellbahnaussteiger diese am Stück zum Erwerb anbieten. Auf diese Weise findet man dann mitunter ein riesiges Angebot an „neuer Second-Hand-Ware" mit Artikeln, die schon seit Jahren im Fachhandel ausverkauft sind. Folglich lassen sich auf diese Weise Zuggarnituren endlich vervollständigen oder Loks erwerben, nach denen man schon so lange sucht.

Ja, wo sind sie denn, die Schnäppchen?

Ein Blick hinter die Börsenkulissen offenbart, dass Sie als Besucher bedauerlicherweise das letzte Glied in der Kette der Schnäppchenjäger sind:

- Mehrfache Besuche ein und derselben Börse am gleichen Standort werden Ihnen auf Dauer die Erkenntnis bringen, dass mehr als 90 Prozent der Fläche von immer denselben Leuten (mit fast derselben Ware) vorgebucht sind. Für den „Normalmenschen", der dort vielleicht einmalig etwas anbieten möchte, bleibt da oft kein Platz mehr.
- So ein Privatsammler, der einfach mal ein paar Artikel „raushauen" will, würde außerdem das Preisniveau der Börse kaputt machen. Hat so jemand nun doch einen Platz durch Vorbestellung eines Tisches ergattert, passiert es gar nicht mal so selten, dass ein großer Second-Hand-Profi das Angebot auf dem Tischlein vor Börsenbeginn gegen Bargeld besenrein abräumt und die Sachen anschließend auf seinem eigenen Tisch zum Verkauf stehen – nun mit einem wesentlich höheren Preisniveau ausgezeichnet, versteht sich.
- Während sich die Besucher noch an der Eingangstüre vor Einlassbeginn die Nase platt drücken, geht's innen drin bereits munter zu, denn die Aussteller filzen erst einmal gegenseitig all jene Ware, die sie als Schnäppchen zu erkennen glauben. So blüht der Kauf- und Tauschhandel schon vor Börsenbeginn ganz heftig. Da bleibt dann leider mitunter für den normalen Besucher nicht mehr viel zum günstigen Preis übrig ...

Die Börsenszene hat aber auch noch ein anderes Gesicht. Nicht jeder, der dort ausstellt, ist ein feiner Kerl, den man in eine gepflegte Unterhaltung verwickeln kann. Einige Börsenprofis haben durchaus noch Nachhilfebedarf in guten Umgangsformen den potenziellen Kunden gegenüber – und es ist außerdem schon so, dass zwischen den ganzen seriösen Anbietern auch schillernde Gestalten auftreten, die so aussehen, als würden ihre meterhoch aufgetürmten Warenberge aus dem letzten großen „Bruch" bei einem Fachgeschäft ein paar hundert

Kilometer entfernt stammen. Und das ist zum Teil auch schon vorgekommen!
Ein Missverständnis besteht darin, dass viele Fans glauben, „Börse" sei ein Synonym für „billig". Das muss nicht so sein – im Gegenteil: Einige Verkäufer überbieten durchaus das Preisniveau der am Orte ansässigen Fachhändler und pokern offensichtlich darauf, dass viele Interessenten im hektischen Börsenrummel den Überblick verlieren und zudem auch nicht bequem, wie zu Hause beim Studium mehrerer Preislisten auf einmal, vergleichen können. So hoffen sie, Umsatz tätigen zu können, weil dem Fan in diesem Augenblick entweder die direkte Vergleichsmöglichkeit fehlt – oder weil mancher so heiß auf die Ware ist, dass er lieber schnell kauft, als die Nerven zu haben und abzuwarten, ob bei einem eher hohen Preis der Artikel nicht doch wie Blei liegen bleibt. Denn es könnte ja jemand anders kommen, der einem die Wunschlok wegkauft, weil derjenige noch schwächere Nerven hat als man selbst …

Der Kauf per Kleinanzeige: Reine Vertrauenssache

Modellbahnen kaufen kann man auch von privat zu privat – per Kleinanzeige in den diversen Fachmagazinen. Gerade in Deutschland ist hier das Angebot ziemlich groß, während die Fans benachbarter Länder – egal, ob es nun Österreich oder Frankreich ist – ganz offensichtlich das, was sie einmal erworben haben, ungern wieder hergeben. Die Fachverlage unterstützen dieses Treiben noch durch mitunter sehr niedrige Anzeigenpreise. Das ging bis hin zu der Möglichkeit, Gratisannoncen schalten zu dürfen, aber da der Umsatzkuchen auch bei den Fachzeitschriften sehr begehrt ist und man der Konkurrenz nichts gönnt, haben zahlreiche Verfugungen, mit denen sich einige Verlage gegenseitig bombardierten, dazu geführt, dass Kleinanzeigenschaltungen heutzutage nicht mehr ganz umsonst möglich sind – sondern halt nur noch gegen eine, wenn auch mitunter sehr geringe „Schutzgebühr".
Der Kauf per Anzeige hat etwas mit Vertrauen zu tun. Denn ob etwas wirklich „neuwertig" oder nur „probegelaufen" ist, das wissen Sie halt erst dann, wenn Sie die Modelle auch in den Händen halten. Und ob sich etwas wirklich „in gutem Zustand" befindet oder nicht, darüber können ganz subjektiv die Meinungen stark auseinander gehen. Denn wenn Sie selbst ein gründlicher Zeitgenosse sind, während der Verkäufer das alles nicht so eng sieht, ist Ärger vorprogrammiert. Umso ärgerlicher, weil Sie in vielen Fällen den Betrag vorab überweisen und dann versuchen müssen, ihn sich wiederzuholen, wenn die geschickte Ware wirklich objektiv mangelbehaftet sein sollte.
Einen Privatmann zeichnet gegenüber einem Versandhändler auch noch die Tatsache aus, dass er im Normalfall kein Profipacker ist. Sollten Sie eine bestellte Lok also im dünnen Schuhkarton notdürftig ausgestopft erhalten, dann ist der Frust groß, wenn der Verkäufer hinterher angibt, die Maschine sei echt in einwandfreiem Zustand gewesen, als sie auf die Reise ging. Das kann schon so sein, nur nützt Ihnen das wenig, wenn Sie letztendlich einen Schrotthaufen erhalten, bei dem die Post unter Hinweis auf die nicht fachgerechte Verpackung die Schadenserstattung berechtigterweise verweigert.
Dennoch: Ich persönlich schätze den Weg, Modell-

Der Tipp: Neuware auf Börsen – ist das normal?

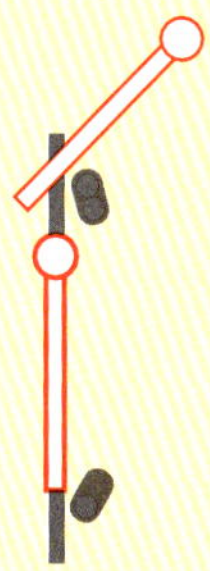

Zwar soll, jedenfalls offiziell, auf Tauschbörsen keine brandaktuelle Ware angeboten werden, aber daran hält sich eigentlich fast niemand. Ganz im Gegenteil: In einigen Gegenden werden die Neuheiten von führenden Produzenten mitunter schon auf Börsen angeboten, bevor sie im Fachhandel flächendeckend durchverteilt sind. Und dann natürlich auch noch gleich zu Preisen, für die der Fachhändler sie nicht mal selbst einkaufen kann. Wieso das überhaupt möglich ist, müsste ein ganzes Extra-Kapitel mit diversen Spekulationen füllen. Tatsache ist natürlich, dass man an solchen Hammerangeboten schlecht vorbeigehen kann. Tatsache ist aber auch, dass die meisten Börsenanbieter als Privatleute auftreten und Ihnen keinerlei Garantie bieten. Hat eine neue Lok also einen versteckten Mangel oder knallt nach zwei Stunden Betriebszeit der Decoder durch, können Sie sich überlegen, wie erfreut Ihr Fachhändler sein wird, wenn Sie sich nun zu ihm trauen, um ihn zu fragen, ob er so eine Maschine, von der Sie zufällig „vergessen" haben, wo die eigentlich herkommt, nicht für Sie im Werk umtauschen kann …

bahnartikel auf diesem Versandweg zu erwerben, durchaus, denn wer Glück hat, lernt auf diese Weise ein paar freundliche Zeitgenossen kennen und hat zudem die Chance, mitunter preisgünstig an Artikel zu kommen, die jemand einfach „loseisen" will. Interessant sind zum Beispiel größere Sammlungsbereinigungen, wenn ein Hobbyfreund mit einem großen „Befreiungsschlag" vom Sammler zum Betriebsbahner mutiert und auf einmal Hunderte von Artikeln auf dem Markt anbietet. Da in diesem Fall kein Second-Hand- Händler zwischengeschaltet ist, der freilich auch noch ein bisschen an der Ware verdienen möchte, kann man beim Stöbern in solchen Listen manchmal durchaus fündig werden.
Ohne Ihnen den Mund nun aber gar zu wässrig machen zu wollen, müssen Sie bei dieser Spielart auch ein paar persönliche „Verluste" einkalkulieren, nämlich die folgenden:

- Eine beachtliche Anzahl von Leuten inseriert zwar die „superpralle Sonderliste" gegen Rückporto, schickt aber dann überhaupt nichts. Diese schrägen Vögel sammeln offensichtlich postfrische Briefmarken oder, aus ganz düsteren Motiven heraus, die Adressen von Modellbahnfans – etwa für einen Diebstahl.
- Die „Hammerpreisliste" entpuppt sich mitunter auch als der wahre Preishammer im negativen Sinne, so dass Ihr Fachhändler bei dem Preisniveau durchaus noch hätte mithalten können. Dann ist's wirklich schade um das hinausgeworfene Rückporto.

Andererseits habe ich selbst aber schon hervorragende Versandlisten von privat entdeckt, wo man sich als Modellbahner tatsächlich als wahrer Abstauber betätigen konnte. Der Sammlungsbereiniger (oder Hobby- Aussteiger) verfährt dann ganz offenbar nach der Devise: Alles muss 'raus, und das sogleich. Wenn Sie mal an so jemanden kommen, lässt es sich durchaus verschmerzen, bei anderen Adressen hier und da auch mal ein paar Euro an Briefmarken in den Sand gesetzt zu haben.
Zudem geht der Trend dahin, dass es, vor allem bei Jüngeren, heutzutage schon als ziemlich altmodisch gilt, Schriftstücke (und damit auch Versandlisten) mit der „Bummelpost" zu verschicken. Alles muss elektronisch per Computer abgewickelt werden, per E-Mail beziehungsweise über Internet, und das alles auch sofort. Warten ist eine Tugend, die im Aussterben begriffen ist. Und das heißt: Es fordern immer weniger Leute auf dem Postwege Versandlisten an. Das aber ist Ihre Chance, unverzüglich bei guten Angeboten zuschlagen zu können, ohne dass Sie sich womöglich einem immer größer werdenden „Konkurrenzdruck" ausgesetzt sehen!

Der Tipp zum Anzeigen „studieren":

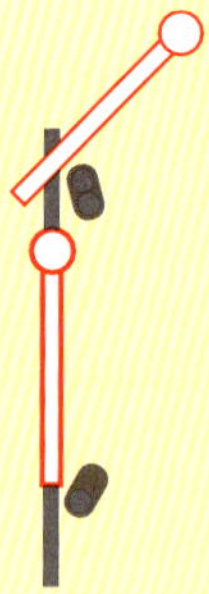

Die Tatsache, dass man als Privatmann zu günstigen Tarifen Kleinanzeigen schalten kann, wird leider auch immer häufiger von Geschäftsleuten missbraucht, die wenig Lust verspüren, erhöhte Zeilenpreise für gewerbliche Anzeigen zu entrichten. Prompt inserieren diese Herren unter Privatverkäufen, zugeschickt bekommen Sie aber dann Versandlisten ganz normaler Geschäftsprofis. Merken Sie sich solche Namen und schreiben Sie die besser nie wieder an. Dann gibt es noch diejenigen Halbprofis, die in fast allen Magazinen in fast jeder Ausgabe gleich dutzendweise Privatanzeigen schalten: Diese Experten suchen dann in fünf Anzeigen bestimmte Ware, während sie in anderen fünf Anzeigen gleichzeitig massenhaft andere Modelle zum Verkauf anbieten. Ziel solcher Aktivitäten ist es, billig einzukaufen, um die Produkte dann wieder teuer anzubieten. Verfolgen Sie deshalb die Kleinanzeigenszene in den Fachzeitungen über mehrere Monate hinweg, bevor Sie gar zu oft Rückporto spendieren: Tritt jemand pausenlos unter An- wie auch Verkäufen auf, will derjenige Kasse machen – und die Adresse können Sie gedanklich gleich tilgen. Lesen Sie die Anzeigentexte rückwärts, können Sie es sich beim massenhaften und wiederholten Auftauchen bestimmter Namen gleich sparen, den Rest der Anzeige überhaupt noch zu lesen. Lassen Sie solche Leute auf ihrer Ware buchstäblich sitzen!

Auktionen im Internet: Das moderne Medium startet durch

Stellen Sie sich mal Folgendes vor: Sie wollen bei Ihrem Händler eine neue Lok erwerben. Der gute Mann hat die nur einmal vorrätig. Kaum sind Sie dabei, ein paar Scheine über den Tresen zu schieben, kommt jemand herein, legt 20 Euro mehr auf den Tisch und sagt: „So, jetzt gehört sie mir." Der Händler sieht das erfreut auch so. Was machen Sie jetzt? Oder anders gefragt: Werden Sie diesen Laden noch einmal betreten?

Diese Frage sollten Sie sich stellen, bevor Sie anfangen, im Internet Modellbahnen zu kaufen, oder besser: zu ersteigern, denn bei dieser Spielart geht es nicht darum, im Netz die Preisliste eines Versenders herunterzuladen oder dort gleich online anzukreuzen, was Sie gern hätten, um Ihre Bestellung dann per elektronischer Post auf die Reise zu schicken. Denn diese Variante wäre ja eigentlich nichts anderes als die moderne Form des Kaufs im Versand, nur sind Sie hier beim Herunterladen der geballten Preislisten aus dem Netz so frei, sich das Rückporto für die Anforderung von Listen auf dem Postweg zu sparen – dafür aber beackern Sie Ihren Drucker, der Ihnen dann die gewünschten 150 Seiten liefert. Dass einen das vielleicht den Inhalt einer halben Tonerkartusche kostet und damit x-mal so viel wie die gedruckte Liste per Post, sei einmal dahingestellt: Hauptsache, man ist Internet-Profi und kann deshalb mitreden.

Nein, bei den immer beliebter werdenden Internet-Auktionen passiert Folgendes: Private (?) Anbieter stellen einzeln die Produkte ins Netz, von denen sie sich trennen wollen. Diese kann man auf dem Bildschirm anklicken und dazu – wenn man Glück hat – auf einer vom Verkäufer ausgefüllten Maske noch Zusatzinfos ansehen.

Der Verkäufer bietet diese Artikel entweder frei ohne Mindestpreis an oder aber er verlangt, dass ein bestimmtes Mindestgebot abgegeben werden muss. Gebote können die registrierten Bieter online abgeben, so dass Ihr eigenes derzeitiges Höchstgebot also sofort in dem Augenblick, in dem Sie es am PC eingegeben haben, im Netz erscheint. Leider gibt es natürlich ein Auktionsende für jeden Artikel. Das kann zum Beispiel eine Frist von drei Tagen oder einer Woche sein. Derjenige, der am Schluss der Auktion in der buchstäblich letzten Sekunde das höchste Gebot abgegeben hat, erhält den Zuschlag und bekommt das Objekt zugesprochen.

Das alles wird durch den Internetanbieter verwaltet, der sich meist auch gleich eine Einstellgebühr für jedes Angebot und eine prozentuale Beteiligung für jedes verkaufte Stück genehmigt. Diese Beträge muss zwar der Verkäufer zahlen, doch immer mehr Leute gehen dazu über, diese lästigen Summen gleich dem Bieter aufzubrummen, so dass, neben dem Porto für den Artikelversand, hier weitere Zusatzkosten entstehen können.

Es ist schwer, diesen Verkaufszweig für Modelleisenbahnen treffsicher zu würdigen, da er sich immer noch schnell fortentwickelt. Faktum ist jedoch, dass sich bei allem Neuen unschöne Geschäftemacher geradezu herausgefordert fühlen, die Chancen, die so ein modernes Medium bietet, für ihre eigenen Zwecke zu missbrauchen.

Oft wird – das ist ein Faktum – alter Schrott übers Internet angeboten. Zufällig oder absichtlich fehlen zum Beispiel die Artikelnummern, und so kommen Sie gar nicht auf die Idee, dass bei der Angebotszeile „fünf neue gedeckte Fleischmann-Güterwagen (Mindestgebot 49 Euro)" rein zufällig dies nur alte „Möhren" ohne Kurzkupplungs-Kinematik und ohne Originalkarton sind – Modelle also, die der betreffende Anbieter vorher weder auf der Börse noch per Kleinanzeigenliste weggebracht hat. Dass einige Anbieter mitunter offenbar nicht mal Grundkenntnisse in der deutschen Rechtschreibung oder vom Modellbahnmarkt haben und wahrlich dümmliche Produktbeschreibungen wie „Diesellock („Lok" mit „ck" ...) von Lima, rot, schön, ganz neu" ins Netz stellen, das braucht schon gar nicht mehr kommentiert zu werden.

Als besonderer Hemmschuh dieses Vertriebszweiges erweist sich die Anonymität des Verkäufers. Der darf nämlich (so wie der Bieter auch) mit einem Pseudonym auftreten. Das heißt: Wer denn nun wirklich „Graf Mucki" ist, bei dem Sie gerade eine Lok ersteigern wollen, das wissen Sie erst dann, wenn Sie bei Auktionsende den Zuschlag erhalten haben. Einige Leute haben sich in der Kleinanzeigenszene, von der wir eben sprachen, einen so schlechten Ruf „erarbeitet", dass bei ihnen fast niemand mehr etwas bestellen würde, wenn sie mit ihrem „guten Namen" inserieren. Solche Leute sind natürlich hervorragend in dem neuen Medium aufgehoben.

Interessant ist, dass einige virtuelle Auktionshäuser inzwischen Maßnahmen zur Selbstregulierung eingebaut haben. So können nach einem getätigten Geschäft der Käufer wie der Verkäufer den jeweils anderen Partner des Auktionsartikels hinterher mit einem „Plus"- oder einem „Minus"-Zeichen bewerten, je nachdem, ob man als Verkäufer mit der Zahlungsmoral des Kunden oder als Käufer mit der Qualität der eingetroffenen Ware zufrieden war. Tritt also Graf Mucki gehäuft als Auktionsanbieter auf, kann man sich online eine Statistik auf den Bildschirm zaubern lassen, wieviele positive wie negative Bewertungen der Mann denn schon hat.

Wichtig erscheint mir dabei nicht, wie die ausgeklügelten gegenseitigen Bewertungen funktionieren – sondern vielmehr, dass solche Systeme überhaupt eingeführt wurden. Das zeigt nämlich die pure Notwendigkeit an, dass bei diesem Vertriebs-

Der ultimative Tipp bei Auktionen: Bieten mit Augenmaß

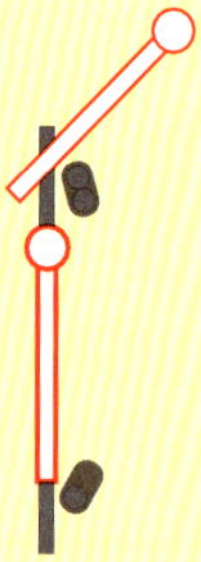

Der Reiz von Versteigerungen beruht ganz offensichtlich auch darin, dass man sich dem Sog des Mitbietens schwer entziehen kann, wenn man für sich selbst entschieden hat, einen bestimmten Artikel jetzt besitzen zu wollen. Was bei keinem Händler im Laden und bei keiner Modellbahnbörse funktioniert, das klappt hier recht oft: Konkurrierende Fans bieten sich in der Endphase der Auktion gegenseitig hoch und schalten dabei offenbar ihren Verstand aus.
Das nützt letztendlich nur dem Verkäufer, wenn mehrere Bieter alle von dem Gedanken besessen sind, es den anderen, die ein bestimmtes Modell auch haben wollen, jetzt mal so richtig zu zeigen, frei nach dem Motto: „Aha! Das ist doch unter Garantie schon wieder Captain Zottel, der mich da überbieten will. Den mach ich fertig – Und wenn ich dafür das Doppelte bieten muss, Hauptsache, dieser Kretin kriegt das Teil nicht!" Wenn Sie doch einmal in die Welt der Internetauktionen einsteigen wollen, dann halten Sie sich am besten zurück: Setzen Sie sich vorab ein Limit! Bieten Sie nicht mehr, als Sie für eine Lok oder einen Wagen auch im Fachgeschäft oder auf einer Börse bezahlen würden. Wenn Sie merken, dass Ihnen das schwer fällt und Sie auch dazu neigen, anderen online Preislektionen erteilen zu wollen (obwohl Sie sich streng genommen damit nur selbst strafen und nicht die anderen), dann lassen Sie es lieber ganz bleiben, sich bei diesem Medium weiter zu engagieren.

zweig, noch viel mehr als bei anderen Verkaufskanälen, vieles im Argen liegt, so dass solche Sanktionssysteme auch dringend gebraucht werden.
Und, ganz im Vertrauen gesagt, wenn Graf Mucki es nun geschafft hätte, fünf Pluspunkte und 15 Minuspunkte innerhalb kürzester Zeit zu ernten, dann wird er sich danach einfach über den Computer seiner Freundin neu registrieren lassen und vielleicht als „Bruder Eros" wieder neu und ohne ein Minuskonto auftreten. Dann kann er unvorbelastet ganz von vorn anfangen und es wieder so richtig krachen lassen, bis den Leuten auffällt, dass er als „Minus-Mann" nicht gerade die beste Adresse ist, von der man etwas ersteigern sollte. Mitarbeiter meines Teams, die die Modellbahn-Internetszene im Detail verfolgen, berichten immer wieder, dass es tendenziell bei diesen Versteigerungen so aussieht:

- Entweder man stellt von der Technik überholten „Schrott" ins Netz und hofft darauf, dass jemand das kauft, nur weil's billig ist. Tatsächlich funktioniert das sogar sehr oft, so dass man hier – vermutlich an Unwissende – alten Krempel veräußert bekommt, für den der Platz auf jedem Börsentisch schon fast zu schade wäre.
- Oder aber bestimmte Artikel werden bis zum Auktionsende gar nicht verkauft: Verlangt der Verkäufer zum Beispiel ein realistisches Mindestgebot im „normalgünstigen" Bereich, dann ist die Sache zum Ersteigern irgendwie uninteressant, weil man hier ja nicht das Ultraschnäppchen machen kann.
- Ist es andererseits so, dass kein Mindestgebot gefordert wird, dann ersteigert irgendein zweifelhafter Spaßvogel eine Lok in der letzter Minute für 25 Euro, auch wenn die durchaus einen Marktwert von 100 Euro hätte. Dabei ist egal, ob er die Lokomotive überhaupt braucht, Tatsache ist vielmehr: Dem dummen Anbieter, der sich fälschlicherweise darauf verlassen hat, dass sich dieser Artikel hochsteigern wird, hat man es echt gezeigt, und nun muss er seine Ware zum Dumpingpreis abtreten.

Bei Modellbahnauktionen im Internet geht's also hauptsächlich darum: Entweder der Verkäufer wird über den Tisch gezogen und muss seine Verkaufsartikel viel zu günstig hergeben oder der Käufer wird über den Tisch gezogen, weil er Minderwertiges zu überhöhten Preisen ersteigert hat.
Diese moralisch verwerfliche Atmosphäre übt offensichtlich auf viele Leute einen besonderen Reiz aus.Freilich, es gibt auch Ausnahmen, und mitunter kann man als Modellbahnprofi bei Einzelartikeln fündig werden, die man schon lange gesucht hat und die nun jemand gerade im Netz anbietet. Dann kann man sich den Preis überlegen, den man für so ein Modell im Höchstfall zu zahlen bereit ist.
Der Tipp für den Anfänger, für den der Markt nicht vollständig transparent ist, lautet aber: Dieses Medium ist für den Einstieg in das Modellbahnhobby gänzlich ungeeignet. Nur erfahrene Profis, die sich im Marktangebot, in den Sortimenten der Modellbahnhersteller und womöglich noch im Preisspiegel des Handels auskennen, können diese Auktionen zum eigenen Gewinn nutzen! Alle anderen schauen eher in die Röhre.

Lektion 8
Zehn Profi-Tipps zum Schluss

Tipp Nr. 1: Sonderserien gibt's oft nachgeworfen

Auch wenn es Ihnen unlogisch erscheinen mag: In letzter Zeit tritt immer häufiger der Fall ein, dass gerade die Normalware viel mehr als limitierte Serien nach ein paar Jahren im Preis steigt (oder weniger nachgibt als die Sonderserien). Das hat etwas mit der Bestelllogik der Fachhändler und der Endkunden zu tun.

Wie wir gesehen haben, steigt die Anzahl der Neuheiten raketenartig an. Also ordern die Händler und Fans erst einmal die Sachen (oder zumindest noch einen Teil davon), von denen sie glauben: Die gibt's nur kurz, da sie ja ultralimitiert sind. Die normalen Neuheiten, folgt man dieser Logik, kann man sich dann ja immer noch später kaufen, wenn man mal wieder etwas mehr Geld hat.

Das aber erlebt man natürlich nie, da der Dauerbeschuss mit dem limitierten Firlefanz ja niemals endet. Deshalb ist der Ordereingang beim Hersteller, was die normalen Neuheiten angeht, oft sehr flau – und dann nimmt der diese Produkte mitunter rasch wieder aus seinem Sortiment. Fällt das jetzt den Freaks auf, ist's leider zu spät – und die Sachen liegen dummerweise auch kaum beim Händler rum, der immer noch betet, irgendwann müssten doch noch mal ein paar Sammler kommen und ihn von den streng limitierten Teilen erlösen, die schon fast im Regal angewachsen zu sein scheinen.

Also: Denken Sie mal darüber nach, ob Sie sich nicht erst die „stinknormalen" Neuheiten sichern wollen. Den ganzen Rest können Sie häufig später noch nachkaufen, wenn der im Preisverhau landet …

Tipp Nr. 2: Sie haben die Marktmacht – und nicht die Hersteller

Lassen Sie sich nicht zum Spielball von denjenigen machen, die Ihnen etwas vorschreiben wollen. Es ist Ihr Geld – und Sie können kaufen und verkaufen, was Sie wollen und wann Sie es wollen. Ob eine Quasi-Preisbindung am Markt durchsetzbar ist, das entscheiden nicht die, die sie festgesetzt haben, sondern Sie als derjenige, der das Geld zückt und später – sollten Sie sich zum Verkauf von eigenen Stücken entschließen – ungern viel nachlassen will.

Verbessern Sie am besten auch Ihre Nervenstärke: Man muss nicht alles sofort besitzen, wenn man nicht 100%ig vom Produkt oder von der Preisstellung überzeugt ist. Ich weiß, das muss man üben – ebenso wie sich die Gleichung: *„Limitiert = bitte sofort kaufen!"* nur außer Kraft setzen lässt, wenn Sie sich darüber klar werden, dass es für Sie besser ist, wenn Sie sich nicht andauernd in Ihren Entscheidungen fremdbestimmen lassen.

Tipp Nr. 3: Entrümpeln Sie Ihr Hobbybudget

Haben Sie schon einmal darüber nachgedacht, dass alle „Begleitkosten" für Ihr Hobby ja auch irgendwie ins Budget eingehen und eigentlich einkalkuliert werden müssten, wenn es darum geht, mit dem spitzen Bleistift nachzurechnen, ob an einer verkauften Lok denn de facto wirklich etwas hängengeblieben ist?

Viele Leute geben Unmengen für Clubbeiträge oder Zeitschriftenabos aus. Da können locker 300 bis 600 Euro im Jahr zusammenkommen – viel Geld, für das man sich schon etliche neue Loks kaufen könnte. Gehen Sie also mal in sich: Wieviel bringen Ihnen persönlich die einzelnen Clubmitgliedschaften und Abos? Was wollen Sie eigentlich lesen:

- Entweder ein Magazin, in dem die meisten Profianzeigen drin sind, damit Sie sich schnell Händler-Schnäppchen sichern können, wenn die inseriert werden?
- Und brauchen Sie ein Fachblatt zusätzlich, das Sie ausführlich über alle Neuerungen und Umlaufpläne des großen Vorbildes auf nicht nur ein paar winzigen Seiten informiert? Auch dafür gibt es Spezialzeitschriften.
- Oder reicht Ihnen ein Magazin, in dem von allem ein bisschen und von nichts ein bisschen mehr drin ist? Klar, das gibt's auch – wenn Ihnen ein Neuheiten-Messebericht reicht, der nur aus ein paar Seiten mit wenigen zusammengewürfelten Fotos besteht: Kein Problem!
- Oder lieben Sie gar schöne bunte Bilderchen und tolle Fotostorys vom Kaliber: „Auf zehn Seiten der exklusive Fotobericht über Vorbild & Modell zum Thema: Das einzige Abstellgleis in Kirchlinteln – oder: Das Leserdiorama im Spannungsfeld zwischen der Epoche IV und der Epoche V!"

Brauchen Sie aber irgendwas davon nicht, so heißt das Zauberwort: Kündigung. Es gibt auch neue Magazine – und alteingesessene, die moderner und besser werden. Solche verlegerische Leistungen kann man durchaus mit einem Neuabo belohnen!

Tipp Nr. 4: Glauben Sie nicht alles, was Sie lesen

Es gibt Magazine, die finden alles toll – und am besten kaufen Sie sich dann jede Neuheit gleich sofort, nur weil diejenigen Schreiberlinge, die die Besprechungsmuster nicht aus eigener Tasche bezahlen mussten, gar nicht darüber nachdenken wollen (oder können), ob sie der Hobbyszene mit den ewigen beschönigenden Tests nicht letzten Endes einen Bärendienst erweisen – und man irgendwann gegenüber jeglicher Lobhudelei so abgestumpft ist, dass niemand mehr merkt, wenn eine Novität wirklich mal bahnbrechend gut ist.

Entwickeln Sie also ein gesundes Maß an Kritikfähigkeit – auch in Ihrem eigenen Interesse als Sammler, der vielleicht in der Zukunft öfter mal eine Sammlungsbereinigung durchführen wird. Denn wenn Sie dann einiges partout nicht wegbekommen werden, dann können Sie kaum auf die Hilfe derjenigen hoffen, die Ihnen damals ohne jegliche Einschränkung zum Kauf der ach-so-tollen Modelle geraten haben.

Tipp Nr. 5: Händler wie Harry Hemmschuh sind Gold wert

Ein Gespür für den Markt entwickeln Sie nicht nur dadurch, dass Sie mehrere Fachzeitungen lesen, in denen aus nachvollziehbaren Gründen wohl kaum die furchtbarsten Pleiten der Branche und deren Hintergründe im Detail ausgewalzt werden. Tendenzen und Erfahrungen, die eben nicht in der Zeitung stehen, sind für Sie als Sammler, der in die Zukunft schaut, viel wichtiger. Wenn Sie also einen Händler haben, zu dem sich ein Vertrauensverhältnis aufbauen lässt und der Sie mit Insider-Infos versorgt, dann wird sich das für Sie später von ganz allein rechnen. Dazu gehört allerdings, dass Sie den guten Mann nicht täglich für die (viel zu) hohen Preise im Laden fertigmachen, für die er sehr oft auch nichts kann.

Tipp Nr. 6: „Fahren" und „Sammeln" streng auseinanderhalten

Sie können nicht zwei Fliegen mit einer Klappe schlagen. Also: Entweder Sie sammeln etwas oder

Sie fahren damit. Oder ungeschönt ausgedrückt: Entweder Sie geben Geld für etwas aus und nutzen die Funktionen dieser Artikel gar nicht – oder Sie haben Ihren Spaß damit und machen Geld kaputt. Eins geht nur, jedenfalls an ein und derselben Lok. Denken Sie daran, dass Sie Ihren Gebrauchtwagen nach drei Jahren wohl auch kaum als neuwertiges Sammlerstück veräußert bekommen.

Sammeln Sie wirklich mit System, dann dürfte Ihnen auf die Dauer – wenn Sie denn genügend Schachteln haben – die Entscheidung leicht fallen, von einigen Loks und Wagen im Regal wirklich die Finger zu lassen. Denn: Fahren kann man auf einer Anlage eh nicht mit 50 Loks auf einmal. Überlegen Sie sich am besten, ob es unter Wertgesichtspunkten nicht vielleicht besser ist, mit zwei Loks je 50 Stunden zu fahren als 50 Loks mit jeweils zwei Betriebsstunden auf dem Buckel zur absoluten Gebrauchtware zu degradieren.

Tipp Nr. 7: Ein klarer Kopf hilft, wenn Verramschungen anstehen

Viele Leute hauen ihre ganzen Ersparnisse auf den Kopf, wenn's beim Händler denn mal wieder eine neue Hau-raus-Aktion nach dem Motto gibt: „Alles da drüben im Regal zum halben Preis!"

Überlegen Sie gut, ob Sie sich mit solchen Produkten bevorraten wollen, um sie später mit einem erhofften Gewinn wieder weggeben zu können. Meistens hat das nämlich schon einen tieferen Sinn, wenn etwas preisgünstig abverkauft wird. Niemand will Ihnen etwas schenken – und was nützt es Ihnen, die letzten Loks aus einer Serie ohne digitale Schnittstelle und Schwungmasse mit einem Rabatt von 30 % nachgeworfen zu bekommen, wenn die ein Jahr später durch eine komplette Überarbeitung des Modells um 40 % im Wert gefallen sein dürften?

Tipp Nr. 8: Sammlungen müssen gepflegt werden

Man sammelt nicht einfach so vor sich hin und verstaut „das Zeugs" im feuchten Keller bei hoher Luftfeuchtigkeit oder in der Scheune im Anbau neben dem eigenen Häuschen.

Es ist erstaunlich, wie viele Leute sich einen feuchten Kehricht darum scheren, ob ihre „Lieblinge" denn auch wirklich gut untergebracht sind. Kunst-

stoff-Loks lagert man nicht im Sommer in der irre heißen Dachluke, so dass sich bald die Gehäuse verbiegen oder die Plastik-Zahnräder krachen – und einige Motoren danken es einem mit totalem Verharzen, wenn man sie im Winter bei einer Temperatur von 5 Grad im Keller halb erfrieren lässt. Wer zum Beispiel von Raumtrocknern für die Keller von Altbauten nichts wissen will, weil die mindestens so viel kosten wie vier oder fünf Loks auf einmal und zudem auch noch Strom ziehen, der sollte sich fragen, ob es auf die Dauer nicht vielleicht ein teureres Vergnügen wird, wenn einem die Loks von innen verrotten und man dann letztendlich eine „Totalabschreibung" vornehmen muss.
Und noch etwas apropos Scheunentür & Co.: Sammlungen verstaut man nicht einfach hinterm Bretterverhau im Keller, den jeder 50-Kilo-Ganove schon dadurch knacken kann, indem er mit seinen Motorradstiefeln gegen das morsche Holz tritt. Abgesehen davon gibt es auch Hausratsversicherungen, die eine Modellbahnsammlung zu einem einigermaßen zivilen Preis mitversichern – für den Fall der Fälle, vor dem niemand gefeit ist.

Tipp Nr. 9: Ärger mit der Sammlermarke? Steigen Sie einfach um!

Sie kennen doch sicher das Sprichwort, das einem früher die Freunde gern als Trost mitgaben, nachdem sich die erste Liebe aus dem Staub gemacht hat: Andere Mütter haben auch schöne Töchter!
Wird Ihnen Ihr Stammfabrikat zu teuer oder fühlen Sie sich so gegängelt, dass Sie's denen am liebsten

mal so richtig zeigen würden? Das ist kein Problem, denn wir haben ja gesehen, wie vielschichtig und differenziert das Hobby inzwischen geworden ist. Wenn alles nichts mehr hilft, dann versuchen Sie's doch mal mit einem Konkurrenzfabrikat, bevor Sie endgültig die Lust am Hobby verlieren und ganz aussteigen. Ich meine: Das wäre zu schade – für Sie und für die ganze Szene. Vielleicht krachen sogar die Produkte Ihrer nächsten Lieblingsfirma nicht alle gar so rasant im Wert herunter wie die des Ärgerfabrikats, auf welches Sie vorher geschworen haben? Also: Nicht nur schimpfen, sondern auch handeln, denn nur dann bewegt sich im Markt etwas!

Tipp Nr. 10: Der Wertzuwachs liegt im „EK" begründet

Der „EK" – das ist der Einkaufspreis; in diesem Fall: Ihr persönlicher Einkaufspreis. Wenn Sie die Neuheiten auf die Dauer hundsteuer einkaufen und nur dem lieben Händler auf diese Weise dabei helfen, ausschließlich seinen eigenen Wohlstand zu mehren, dann wird es lange Gesichter geben, wenn Sie sich später mal wieder von einigen guten Stücken trennen wollen. Denken Sie daran: Wenn Sie um 20 % teurer einkaufen als Ihr guter Kumpel von nebenan, dann müssen die Modelle in den nächsten Jahre aber ganz kräftig im Wert steigen, damit Sie auch noch etwas davon haben.
Günstige Einkaufsquellen minimieren also Ihr persönliches Risiko, dass Sie später übel Geld drauflegen werden, wenn einige Loks und Wagen mal wieder Ihr Haus verlassen sollten. Bündeln Sie deshalb am besten Ihre Bestellungen bei einem Händler – und „erarbeiten" Sie sich auf

die Dauer auf diese Weise nicht nur ein gutes Vertrauensverhältnis, sondern auch noch gleich ein für Sie gutes Preisniveau. Denn irgendwann wollen Sie ja nicht unbedingt bei jedem Artikel gleich immer den Preis bezahlen, der nun gerade auf dem Preisschild draufsteht.

Statt eines Nachwortes: Sammlerkataloge – braucht man die?

Wer systematisch sammelt und über die Entwicklung des Preisniveaus stets informiert sein will, für den führt kein Weg vorbei am Kauf eines Sammlerkataloges für die Marken, auf die er sich spezialisiert hat. Relativ wenig nützen einem logischerweise Aufstellungen, die auf aktuelle Preisnotierungen gänzlich verzichten. Man kann es auch so ausdrücken: Lieber Kataloge mit Preisangaben, auch wenn einige Notierungen mal ganz krass daneben liegen – als ein Werk, das sich ganz dezent zurückhält und sich deshalb zum Thema Preise ausschweigt.

Als weitere Komponente ist zu berücksichtigen, dass so ein Sammlerkatalog auch in regelmäßigen Abständen erscheinen muss, damit er überhaupt einigermaßen aktuell ist. Beklagenswert ist in diesem Zusammenhang zum Beispiel der sogenannte „Mikado", den es als Handbuch für verschiedene Sammlermarken gab und der vorbildlich aufgebaut war: Neben jeder Artikelnummer fand sich gleich das passende Farbfoto derjenigen Objekte. Leider erschien die letzte Ausgabe im Jahre 1988. Das ist bitter. – Wer Märklin sammelt, der kommt an dem im Buch bereits mehrfach erwähnten „Koll's" nicht vorbei, der in verschiedenen Ausgaben jährlich erscheint und als das Standardwerk für Märklinisten gilt (Infos: Verlag Joachim Koll, Brandenburger Straße 36, D-61348 Bad Homburg). Für den Gleichstrom-Bereich existieren vom Verlag Wieland Schemenau (Friedrich-Kaiser-Straße 15, D-55270 Ober-Olm) aktuelle Sammlerkataloge zu den Gebieten Trix HO, Minitrix, Fleischmann HO und Fleischmann N.

Eine Bewertung der Sammlerkataloge soll an dieser Stelle nicht vorgenommen werden.

Die letzten Worte zum Thema von Dédé:

„Ich hab' mir meine eigene Meinung gebildet: Sub-Zero kann meinetwegen bei mir morgen vorbeikommen und alles einladen. Jetzt ist Schluss mit lustig. Ich nehm' mir einen der Tipps aus Lektion 7 zu Herzen, auch wenn's weh tut. Aber keine Bange: Ich fang' als Betriebsbahner, der nebenbei auch ein bissel sammelt, neu wieder an. Werde mich nächste Woche mal mit Lux Dunlop und Strunz Conti unterhalten. Ich hoffe, dann liege ich nicht ganz daneben!"